储能科学与工程专业"十四五"高等教育系列教材

蓄冷技术及应用

主　编　刘圣春　孙志利　王　霜
副主编　吴冬夏　陈　淼　代宝民　田　绅
主　审　王如竹　张　华

科学出版社

北　京

内 容 简 介

本书从专业技术原理和工程实际应用的角度出发,全面梳理和总结了蓄冷技术的原理及应用现状。书中介绍了蓄冷技术的概念、分类及发展历程,深入探讨了蓄冷材料的种类、性能及应用,以及蓄冷设备、蓄冷系统的构成和工作原理。在此基础上,详细介绍了蓄冷系统的建模及求解方法,为实际工程应用提供理论支持。另外,本书还重点阐述了蓄冷技术在民用空调和冷链物流等领域的应用,并探讨了蓄冷技术在其他领域的应用。

本书可作为高等学校储能科学与工程、能源与动力工程、新能源科学与工程、建筑环境与能源应用工程等专业本科生的教材,也可作为动力工程及工程热物理学科、能源动力专业研究生的教材,还可作为储能、制冷及低温、新能源等领域科研人员和工程技术人员理论及应用方面的参考用书。

图书在版编目(CIP)数据

蓄冷技术及应用 / 刘圣春, 孙志利, 王霜主编. -- 北京 : 科学出版社, 2025. 4. -- (储能科学与工程专业"十四五"高等教育系列教材). --ISBN 978-7-03-080721-2

Ⅰ. TB66

中国国家版本馆 CIP 数据核字第 2024KB3377 号

责任编辑:余 江 / 责任校对:王 瑞
责任印制:师艳茹 / 封面设计:马晓敏

科学出版社 出版

北京东黄城根北街 16 号
邮政编码:100717
http://www.sciencep.com

北京富资园科技发展有限公司印刷
科学出版社发行 各地新华书店经销

*

2025 年 4 月第 一 版 开本:787×1092 1/16
2025 年 4 月第一次印刷 印张:14 3/4
字数:359 000

定价:69.00 元

(如有印装质量问题,我社负责调换)

序

储能已成为能源系统中不可或缺的一部分，关系国计民生，是支撑新型电力系统的重要技术和基础装备。我国储能产业正处于黄金发展期，已成为全球最大的储能市场，随着应用场景的不断拓展，产业规模迅速扩大，对储能专业人才的需求日益迫切。2020年，经教育部批准，由西安交通大学何雅玲院士率先牵头组建了储能科学与工程专业，提出储能专业知识体系和课程设置方案。

储能科学与工程专业是一个多学科交叉的新工科专业，涉及动力工程及工程热物理、电气工程、水利水电工程、材料科学与工程、化学工程等多个学科，人才培养方案及课程体系建设大多仍处于探索阶段，教材建设滞后于产业发展需求，给储能人才培养带来了巨大挑战。面向储能专业应用型、创新性人才培养，昆明理工大学王华教授组织编写了"储能科学与工程专业'十四五'高等教育系列教材"。本系列教材汇聚了国内储能相关学科方向优势高校及知名能源企业的最新实践经验、教改成果、前沿科技及工程案例，强调产教融合和学科交叉，既注重理论基础，又突出产业应用，紧跟时代步伐，反映了最新的产业发展动态，为全国高校储能专业人才培养提供了重要支撑。归纳起来，本系列教材有以下四个鲜明的特点。

一、学科交叉，构建完备的储能知识体系。多学科交叉融合，建立了储能科学与工程本科专业知识图谱，覆盖了电化学储能、抽水蓄能、储热蓄冷、氢能及储能系统、电力系统及储能、储能专业实验等专业核心课、选修课，特别是多模块教材体系为多样化的储能人才培养奠定了基础。

二、产教融合，以应用案例强化基础理论。系列教材由高校教师和能源领域一流企业专家共同编写，紧跟产业发展趋势，依托各教材建设单位在储能产业化应用方面的优势，将最新工程案例、前沿科技成果等融入教材章节，理论联系实际更为密切，教材内容紧贴行业实践和产业发展。

三、实践创新，提出了储能实验教学方案。联合教育科技企业，组织编写了首部《储能科学与工程专业实验》，系统全面地设计了储能专业实践教学内容，融合了热工、流体、电化学、氢能、抽水蓄能等方面基础实验和综合实验，能够满足不同方向的储能专业人才培养需求，提高学生工程实践能力。

四、数字赋能，强化储能数字化资源建设。教材建设团队依托教育部虚拟教研室，构建了以理论基础为主、以实践环节为辅的储能专业知识图谱，提供了包括线上课程、教学视频、工程案例、虚拟仿真等在内的数字化资源，建成了以"纸质教材+数字化资源"为特征的储能系列教材，方便师生使用、反馈及互动，显著提升了教材使用效果和潜在教学成效。

　　储能产业属于新兴领域，储能专业属于新兴专业，本系列教材的出版十分及时。希望本系列教材的推出，能引领储能科学与工程专业的核心课程和教学团队建设，持续推动教学改革，为储能人才培养奠定基础、注入新动能，为我国储能产业的持续发展提供重要支撑。

中国工程院院士　吴锋

北京理工大学学术委员会副主任

2024 年 11 月

前　言

随着经济社会的快速发展，能源消耗不断上升，环境污染问题日趋严重。党的二十大报告提出："完善能源消耗总量和强度调控，重点控制化石能源消费，逐步转向碳排放总量和强度'双控'制度。推动能源清洁低碳高效利用，推进工业、建筑、交通等领域清洁低碳转型。"国家"十四五"规划中明确提出："推进能源革命，建设清洁低碳、安全高效的能源体系，提高能源供给保障能力。"

蓄冷技术作为一项关键储能技术，在促进制冷行业能源结构转型、构建现代能源体系、提高能源利用灵活性、推动可再生能源发展等方面都发挥着重要作用。蓄冷技术为电力系统提供灵活的负荷调节能力，有利于实现制冷行业电力系统供给的绿色转型。同时，蓄冷技术可以与可再生能源实现有效耦合，克服其间歇性弊端，提高制冷行业可再生能源的利用率。蓄冷技术在冷链物流等领域的应用可以显著降低制冷系统的能耗，减少碳排放，为实现绿色低碳冷能贡献力量。蓄冷技术通过其独特的能源管理和负荷调节功能，在节能、环保、能源利用等方面展现出了巨大的潜力和价值，受到了广泛的重视。

随着蓄冷技术在各领域的推广和应用，基于高等教育人才培养的现状，迫切需要编写系统全面的蓄冷技术教材，以满足工程技术人员的培养需求。目前市面上详尽介绍蓄冷技术的教材较少，内容相对分散或缺乏系统性，难以满足高等教育教学的需要。在贯彻落实国家科教兴国战略及人才强国战略，树立节能降碳、多能互补、能量管理的工程教育理念，培养造就专业技能扎实、创新能力强、符合经济社会发展需求的蓄冷技术后备人才的背景下，本书力求从基础理论到应用实践，全面系统地阐述蓄冷技术，为相关专业学生和工程技术人员的理论学习与技能培养提供参考。本书主要内容包括蓄冷技术的研究背景与意义，蓄冷材料，蓄冷设备，蓄冷系统，蓄冷工程设计、经济性及建模，民用暖通空调蓄冷技术，冷链物流用蓄冷技术，蓄冷技术在其他领域的应用等。

参与本书各章编写的人员如下：
第1章　李晓凤、陈爱强（天津商业大学）
第2章　陈淼、李晓凤（天津商业大学）
第3章　代宝民、王派（天津商业大学）
第4章　吴冬夏、张娜（天津商业大学）
第5章　刘圣春、代宝民（天津商业大学）
第6章　付海玲、贾利芝、王子月（天津商业大学）
第7章　田绅（天津商业大学），王霜（昆明理工大学）
第8章　孙志利、吴冬夏（天津商业大学）

全书由刘圣春、孙志利、王霜、吴冬夏、陈淼、代宝民、田绅统一整理和定稿。在本书编写过程中，得到了上海交通大学王如竹教授和上海理工大学张华教授的审改和帮助，在此表示衷心的感谢。天津商业大学学生徐智明、郭神通、李硕、李鑫海、王飞、王佩瑶、谢添、张世一、张植青、赵萧涵、吕显、赵旺、商照远、闫江漫等为全书整理做了大量辅助性工作，谨致谢意。在编写过程中参考了大量的文献，已在参考文献中详尽列出，在此也向这些文献的作者们表示由衷的感谢。

由于编者水平有限，书中难免有欠妥之处，恳请广大读者批评指正。

刘圣春

2024 年 10 月

目　　录

第1章 绪 论

1.1 蓄冷技术的研究背景与意义

人口的快速增长和工业现代化的迅猛发展,导致人类对于能源的需求量也越来越大,能源短缺和环境污染问题日益加剧。为了应对能源与环境两大问题,我国持续推进能源结构调整,大力发展可再生能源,提高可再生能源利用率。随着科技的发展和社会文明的进步,制冷技术广泛应用于各个领域。在食品的储存和运输中,制冷技术的应用可延长食品保质期,降低损耗;在日常生活中,舒适性空调可为人们创造适宜的生活和工作环境;在工业领域,可为工业生产提供生产工艺所需的生产和测试温度;在农业中,可用于对农作物的种子提供低温处理,建造人工气候育秧室;在医疗卫生行业中,手术与局部冷冻配合具有很好的治疗效果,疫苗、药品、血浆等也需低温保存;在航空航天领域,卫星发射过程中可调节卫星内部温度,还可为航天员提供生活保障;此外,在军事、新能源、科学实验研究等领域,制冷技术也起着至关重要的作用。

我国已成为全球制冷产品生产消费及出口大国,制冷行业正步入高质量发展新阶段。中国制冷学会统计数据显示,我国空调产品占全球产量80%以上,冰箱冰柜占比达50%,商用制冷达50%,汽车空调超过30%。目前,中国已成为全球最大的制冷设备生产基地和消费市场,制冷空调行业用电量占全社会总用电量的15%以上,且年均增长在20%左右,制冷产业的碳排放超过10亿吨,占全社会总排放量的9%以上,同时,据统计,正以两位数规模扩张的冷库无疑是当下的"能耗大户",中国冷库每年电费超过800亿元。

随着经济的快速发展,我国用电量和电力装机规模逐年增加(图1-1),但用电负荷峰谷差较大。蓄冷技术是能源科学技术中的重要分支,是一种用于低于环境温度能量的储存和应用的技术。蓄冷技术通过在电网负荷较低的时段蓄冷,并在高峰时段释放冷量,有效缓

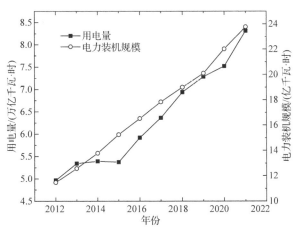

图 1-1 全国 2012~2021 年用电量和电力装机规模图

解了用电高峰时电网的配电压力，具备节能减排、节约成本、平衡电网负荷、提高设备利用率、改善电力投资效益以及提升供冷系统的适应性和灵活性等多重优点，是一种具有广阔发展前景的节能技术。同时，太阳能、风能、潮汐能等可再生能源因其分布范围广、储量丰富而且无污染等优点被广泛应用，但是由于其不稳定性、间断性和分散性，在时间和空间上存在供需不匹配问题，蓄冷技术可以有效解决间断性可再生能源在时间、空间等方面供需不匹配的矛盾。

综上所述，蓄冷技术是提高可再生能源利用率以及平衡传统电力系统负荷的有效技术之一。

1.2 蓄 冷 技 术

工质在吸热或放热过程中，会引起温度或物性状态的变化，蓄冷技术正是利用工质状态变化过程中所具有的显热、潜热效应或化学反应中的反应热来实现冷量的有效存储与合理利用。我国对蓄冷技术的应用历史悠久，早在先秦时期，就有利用天然冰块来储存食物的记载，《诗经》有云："二之日凿冰冲冲，三之日纳于凌阴"。《周礼》中也记载"夏，颁冰，掌事"，指在周朝有掌管窖冰、用冰的官员。1978 年，湖北省随县(今随州市)曾侯乙墓出土的青铜冰鉴，堪称我国的冰箱之祖。它是一件双层器，方鉴内套有一方壶。夏季，鉴、壶壁之间可以装冰，壶内装酒，冰可使酒凉。可以说，青铜冰鉴是迄今为止世界上发现最早的冰箱。秦朝时期，出现了专门的冰窖，用于储存冬天的天然冰块，以便在夏天使用。到了汉代，冰窖的规模进一步扩大，冰块不仅可以用来储存食物，还用于降温。唐宋时期，冰块制作技术有了新的发展，人们开始利用冷却原理制作人工冰块。明清时期，储冰技术更加成熟，出现了各种形状和大小的冰块，用于食品保鲜和降温。此外，明清时期还出现了专门制造冰块的冰厂，大大推动了储冰技术的发展。

在 20 世纪 30 年代，蓄冷空调最早开始使用，主要用于影剧院、乳品加工厂等。后来由于蓄冷装置成本大、耗电高，此项技术的发展停滞了一段时间。到 20 世纪 70 年代，由于全球性能源危机，一些工业发达国家夏季的电负荷增长和峰谷差拉大的速度惊人，不得不增建发电站以满足高峰负荷，但夜间发电机组闲置或在低负荷低效率下运行。因此，工程技术人员开始试验性地采用冰蓄冷技术，该技术在 20 世纪 80 年代以后得到快速的普及与提高。其中，直接蒸发式管外结冰技术率先应用于冰蓄冷空调系统，并以此为基础，行业不断探索创新，相继开发出其他冰蓄冷系统与设备，冰蓄冷系统在各类空调项目中的应用持续增多。

由于电力公司制定分时计费电价，对采用蓄冷技术的用户给予奖励或资助，美国的蓄冷技术开始崛起。美国特拉华大学在 20 世纪 70 年代，首先应用某种冰点为 12.8℃的盐类水化物进行空调蓄能实验；到 80 年代，应用冰点为 8.3℃的硫酸钠作为蓄冷相变材料，并于 1982 年建成应用该工质的蓄冷空调系统。1986 年美国圣地亚哥州立大学建立能源工程研究所，1990 年开始对蓄冷技术和系统进行计算机模拟和优化节能设计研究，加快了蓄冷技术的发展应用。1990 年 5 月美国开始实施推动蓄冷空调技术发展的三年计划，同时成立了国际蓄热咨询委员会和蓄热应用研究中心。美国采暖、制冷与空调工程师学会(ASHRAE)的《蓄冷空调》技术手册于 1985 年出版，并于 1987 年列入 Handbook 中，经过几次修正改版，于 1997 年成功出版了《蓄冷工程——从设计到运行》；美国空调与制冷协会(ARI)在 1993 年拟定了蓄冷设备性能规范标准 Guideline T，并在 1998 年制定了 Standard 900《蓄热冷却设备》，为蓄冷技术应用提供技术指导。至 1994 年底，美国有 4000 多个蓄冷空调项目，其中水蓄冷占 10%，共晶盐蓄冷占 3.3%，冰蓄冷占 86.7%。这些蓄冷系统主要应用于写字楼、学校、教堂、冷库、医院等。同时，美国 Calmac 蓄冰筒、Fafco 蓄冰槽、MaximICE 动态蓄冰广泛应用于工程项目中。

日本在 1990 年以前主要发展水蓄冷技术。1956 年，东京海上火灾保险公司建立了第一个水蓄冷空调系统；1966 年，日本 NHK 广播中心建立了 9000m³ 的水蓄冷槽应用于空调系统中。到 1981 年，日本第一个冰蓄冷空调系统在鹿岛四国支社建立。1984 年，日本电力公司实施分时电价政策，政府和电力公司通过税收、电价政策、奖励制度鼓励冰蓄冷空调的应用。电力公司与空调设备公司联合开发蓄冷系统和装置，以提高蓄冷空调的适用性，1988 年，日本 9 家电力公司与大金工业、日立研究所、三菱重工、三菱电机共同开发了小型冰蓄冷空调，大金工业开发了冰蓄冷 VRV 系统，Nihon Spindle 公司采用 Calmac 蓄冰筒制成了整体式冰蓄冷空调机组。1997 年，日本通产省将"日本热泵中心"改名为"日本热泵·蓄热中心"，可为蓄冷技术应用提供指导工作，以促进蓄冷空调系统的发展。据不完全统计，截至 2004 年，日本水蓄冷空调项目有 2625 项，冰蓄冷空调项目有 23128 项，蓄冷移峰电力输送量为 $1.53×10^6 kW·h$。

在 20 世纪 70 年代，我国将水蓄冷空调系统应用于体育馆建筑中，从 90 年代开始，一些工程的应用逐渐增加。1993 年 5 月，在深圳电子科技大厦中采用的法国 Cristopia 冰球蓄冷系统投入使用，这是我国第一个高层建筑采用冰蓄冷空调系统项目。至 1999 年，我国已建成冰蓄冷、水蓄冷、直接蒸发式冰盘管、机械制冰、外融冰盘管、不完全冻结式盘管、冰球、冰板等各式冰蓄冷系统工程案例。截至 2007 年，我国已经在投产和施工中的项目分布于 20 多个省市，全国有 2/3 的省市建设有蓄冷空调系统。

现今，蓄冷技术已突破传统水蓄冷和冰蓄冷的单一模式，形成了包含显热蓄冷、潜热蓄冷、热化学蓄冷等在内的多元化技术体系。同时，蓄冷技术的适用范围不断拓展，不仅在空调领域保持核心应用地位，更在食品乳业、农业、工业等多个行业实现深度渗透，展现出强大的技术适应性与行业兼容性，成为跨领域能源优化的重要技术支撑。

常见的蓄冷技术可分为物理蓄冷和热化学蓄冷两大类。其中，物理蓄冷有显热蓄冷和潜热蓄冷两种类型，显热蓄冷主要利用液体或固体的温度变化进行蓄冷、放冷；潜热蓄冷主要依靠蓄冷材料的相变过程进行蓄冷和放冷，主要包含固-液转换、固-气转换、液-气转换和固-固转换四种形式。图 1-2 显示了蓄冷技术的分类。表 1-1 对三种蓄冷技术进行了对

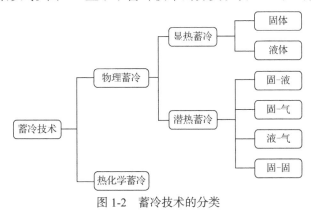

图 1-2　蓄冷技术的分类

比，潜热蓄冷相较显热蓄冷技术可以储存更多的冷量，较热化学蓄冷技术难度和成本均较低，因此潜热蓄冷受到更广泛的关注。

表 1-1 三种蓄冷技术的比较

蓄冷方式	显热蓄冷	潜热蓄冷	热化学蓄冷
蓄冷密度	较小	中等	大
保温措施	需要	需要	不需要
蓄冷周期	较短	较短	长
优点	初投资小、技术成熟	相变温区窄、控温精度高、装置体积小	能量损失较小、蓄冷容量较大
缺点	能量损失较大、所需设备体积庞大	热导率低、长期储存能量损耗大	技术难度大、成本高

1.2.1 显热蓄冷

显热蓄冷根据蓄冷材料的温度降低将冷量储存起来，该过程没有相变，也没有发生任何的化学反应，是最简单的蓄冷技术。显热蓄冷系统蓄冷和放冷的过程是利用材料的温度变化来进行的，在一定的温度范围内，材料的比热容基本不变。在显热蓄冷中，存储的热能值 Q 与蓄冷材料总质量 m、材料的比定压热容 c_p 以及蓄冷前后的温差 ΔT 有关，即

$$Q = mc_p\Delta T \tag{1-1}$$

由于水具有高的比热容和良好的对流传热特性，既可作为蓄冷工质又可作为传热工质，因此水是最常见的蓄冷材料之一。水蓄冷技术通过冷水机组在夜间用电低谷时段制备冷水，然后将其储存在储水罐中。白天，当需要供冷时，这些低温水被直接送到末端设备进行换热，释放冷量后再次回到储水罐。水蓄冷具有经济简单的优点，因为它可以使用常规冷水机组和消防水池等现有设施来进行冷量储存，从而节省初始投资成本。此外，由于其技术的成熟度和简便性，水蓄冷系统的维护和操作也较为简单，并且能实现大温差送水和作为应急冷源。但由于其蓄冷密度相对较低，水蓄冷系统占用空间较大，且在蓄冷体积和送风温度方面存在一些局限性。水蓄冷主要应用于大型建筑的空调系统中，尤其是可以利用消防水池进行冷量储存的场景。

显热蓄冷中，蓄冷材料的比热容越大，蓄冷密度越大，所储存的冷量就越多。一般为了达到足够大的蓄冷量，需要大量的蓄冷材料，占用空间较大。显热蓄冷技术未来应当致力于开发具备更低运行温度、更大蓄冷密度的新材料。

1.2.2 潜热蓄冷

潜热蓄冷是通过蓄冷材料的相变，利用吸收或释放相变潜热达到蓄冷的目的，潜热蓄冷与显热蓄冷一样，并没有发生化学变化。由于工质发生相变时潜热值远大于显热值，因此潜热蓄冷具有更大的蓄冷密度。相变包括固-液、固-气、液-气以及固-固相变。固-气和液-气相变过程中有气体产生，体积变化很大，这导致在实际使用中需要特殊的设备来适应这种体积变化，增加了系统的复杂性和成本。固-固相变虽然在相变过程中体积变化不大，但是相变潜热较小，此外，固-固相变材料还可能出现塑晶现象，这会影响材料的长期稳定

性和可靠性。因此现今潜热蓄冷主要集中在固-液相变蓄冷的研究和应用中，为了满足不同场所、不同相变温度的需求，研究者开发出多种相变蓄冷材料，包括有机相变材料、无机相变材料、共晶相变材料等。

相变蓄冷主要利用相变材料在固-液转变过程中吸收或释放大量热量的特性来进行蓄冷和放冷(图 1-3 和图 1-4)。当材料从液态变为固态时，会释放热量，此时为蓄冷过程；反之，当环境温度升高，材料从固态转变为液态时，会吸收周围环境的热量，此时为放冷过程。这一过程的特点是：在材料吸热或放热的过程中，其温度保持相对不变，即在很小的温度范围内实现了大量的能量转换。在潜热蓄冷过程中一般有三个过程。

(1) 液体降温过程：液相相变材料从起始温度(T_i)降温至相变温度(T_c)，这一过程中，相变材料保持液体状态，温度降低，为显热蓄冷。

(2) 相变过程：相变材料在相变温度下凝固，由液体转变为固体，为潜热蓄冷。

(3) 固体降温过程：固相相变材料从相变温度降温至终了温度(T_f)，该阶段为显热蓄冷。

潜热蓄冷可以用式(1-2)表示：

$$Q = m\left(c_{p,l}\left(T_i - T_c\right) + c_{p,s}\left(T_c - T_f\right) + h\right) \tag{1-2}$$

式中，Q 为蓄冷量，kJ；$c_{p,l}$ 和 $c_{p,s}$ 分别为相变材料液相和固相时，温度变化范围内平均比定压热容，kJ/(kg·℃)；h 为相变材料的相变潜热，kJ/kg。

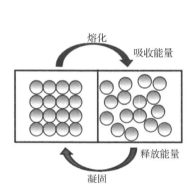

图 1-3 相变过程分子变化

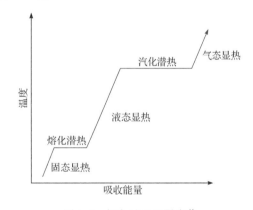

图 1-4 相变过程温度变化

潜热蓄冷中最常见的是冰蓄冷，冰蓄冷是利用水的相变潜热蓄冷的一种形式。冰的蓄冷密度很大，水在冰点温度(0℃)条件下，向外释放热量，凝固成冰；当冰融化成水时，则从外界获得热量。但是蓄冰时过冷度很大(4~6℃)，这使得其制冷机的蒸发温度必须降低。

例 1-1 将 1kg、5℃的水在标准大气压下等压降温至-5℃，试问在此过程中水经历了哪几个过程？一共放出多少热量？

解： 根据水的物性可以得知，水在标准大气压下凝固点为 0℃，因此该条件下，水经历了三个过程。

(1) 水从 5℃降温至 0℃，为显热蓄冷，该过程水的平均比定压热容为 4.2kJ/(kg·℃)，因此放出热量为

$$Q_1 = mc_{p,l}(T_i - T_c) = 1 \times 4.2 \times (5 - 0) = 21(\text{kJ}) \tag{1-3}$$

(2) 水在 0℃下凝固成冰，为潜热蓄冷，水在凝固过程中的潜热为 335kJ/kg，该过程的放热量为

$$Q_2 = mh = 1 \times 335 = 335(\text{kJ}) \tag{1-4}$$

(3) 冰从 0℃降温至−5℃，为显热蓄冷，该过程冰的平均比定压热容为 2.1kJ/(kg·℃)，因此放出热量为

$$Q_3 = mc_{p,s}(T_c - T_f) = 1 \times 2.1 \times (0 - (-5)) = 10.5(\text{kJ}) \tag{1-5}$$

则总的放热量为

$$Q = Q_1 + Q_2 + Q_3 = 21 + 335 + 10.5 = 366.5(\text{kJ}) \tag{1-6}$$

1.2.3 热化学蓄冷

热化学蓄冷是利用可逆化学反应过程中热能与化学能的转换进行蓄冷的。工质在受冷或受热时可发生可逆反应，分别对外放热或吸热，可达到蓄冷的目的。

例如，某化合物 A 通过吸热的正反应转化成物质 B、C，热能储存在物质 B、C 中，为放冷过程；当发生可逆反应时，物质 B、C 化合成 A，热能又重新释放出来，为蓄冷过程。其放冷和蓄冷过程可表示为

$$A \underset{\text{放热，蓄冷过程}}{\overset{\text{吸热，放冷过程}}{\rightleftharpoons}} B + C \tag{1-7}$$

可作为化学反应蓄冷的热反应很多，但要便于应用则要满足一些条件。例如，反应可逆性好、无明显的附带反应；正、逆反应都应足够快，以便满足对蓄冷和放冷的要求；反应生成物易于分离且能稳定蓄存，反应物和生成物无毒、无腐蚀性和无可燃性等。常用的主要有水合物、氢氧化物和金属氢化物等。

1. 水合物系

水合物系是利用无机盐 A 的水合-脱水反应，结合水的蒸发、冷凝而构成的化学热泵。其反应式为

$$A \cdot n\text{H}_2\text{O} \rightleftharpoons A \cdot m\text{H}_2\text{O} + (n-m)\text{H}_2\text{O} \tag{1-8}$$

2. 氢氧化物系

它利用的是碱金属、碱土金属氢氧化物的脱水-加水反应，该反应为可逆化学反应。反应式为

$$\text{M(OH)}_2(\text{固}) \rightleftharpoons \text{MO}(\text{固}) + \text{H}_2\text{O}(\text{气}) \tag{1-9}$$

3. 金属氢化物系

某些金属或合金在适当的温度和压力下可与氢反应生成金属氢化物，同时释放出大量热能；反之，金属氢化物在减压、加热的条件下，可发生吸热反应并释放出氢。其反应式为

$$\text{M}(\text{固}) + \frac{n}{2}\text{H}_2(\text{气}) \rightleftharpoons \text{MH}_n(\text{固}) + Q_{\text{M}} \tag{1-10}$$

式中，M 是储氢合金；MH_n 是金属氢化物。

1.3 蓄冷技术的作用

1. 移峰填谷

蓄冷技术的主要作用是移峰填谷、平衡电力负荷，通过将冷量储存起来，在电力需求高峰时段释放，从而减少电网高峰时段的空调用电负荷及空调系统装机容量。采用蓄冷技术可使耗电量大的制冷机组在夜间用电低峰时段运行，将常规用电负荷从白天的高峰期移至夜间的低谷期，这不仅改善了机组的运行状况，提高了效率，降低了能耗，还可缓解日益增长的电力需求对现有发电设备容量的压力，降低用电不平衡率，具有明显的经济效益和社会效益。实践表明，广泛应用蓄冷技术，既是实现移峰填谷的有效措施之一，又可减少发电机组的装机容量。

2. 减小制冷机组容量

目前，为满足用冷高峰时的冷量需求，大多数制冷机组的容量都是按照用冷高峰时的冷量设计的，普遍过大。但高峰用冷期的运行时间较短，多数时间机组是在 20%~40% 的容量范围内工作的，因此机组效率很低。采用蓄冷技术后，既可减小制冷机组容量，又可提高电能效率，还可降低高峰期停电的影响，明显提高了制冷系统运行的效率和可靠性。

3. 增加用户经济效益

采用蓄冷技术的制冷机组容量减小，可明显地降低制冷设备的初投资。同时，制冷机组的运行效率高，可以降低制冷设备的运行费用。并且，结合现有的峰谷电价政策，按电力公司制定的分时计算电价结构，可大大地节省电费。因此，用户可获得很大的经济效益。

4. 减少环境污染

由于采用蓄冷技术的制冷机组容量相对减小，因此也降低了制冷剂的消耗量和泄漏量，特别是对采用氟利昂制冷剂的制冷机组，必然会减轻对大气臭氧层的破坏作用和全球的温室效应。同时，制冷机组容量的减小也降低了运行噪声水平，改善了工作环境。并且采用蓄冷技术的制冷机组具有更高的运行效率，可降低碳排放量。

本 章 小 结

本章从多个角度深入探讨了蓄冷技术的重要性，强调了在当前全球能源需求迅速增长和环境污染日益严峻的背景下，蓄冷技术对于提高能源利用效率、减少污染以及平衡传统电力系统负荷具有重大意义。蓄冷技术根据基本原理分为显热蓄冷、潜热蓄冷和热化学蓄冷，由于潜热蓄冷性能优于显热蓄冷和热化学蓄冷而被广泛应用。潜热蓄冷中固-气相变和液-气相变容积变化较大，固-固相变稳定性较差，因此潜热蓄冷主要集中在固-液相变蓄冷的研究和应用中。实践表明，蓄冷技术通过移峰填谷优化电力资源配置，有效降低制冷机组装机容量，既为用户节省成本、提升经济效益，又通过减少能源消耗降低环境污染，在能源管理与环境保护中发挥着重要作用。

课 后 习 题

1-1　蓄冷技术应用的意义和作用是什么？

1-2　常见的蓄冷技术主要分为哪几类？它们各自的蓄冷原理是什么？

第2章 蓄冷材料

蓄冷技术广泛应用于民用和工业空调系统、冰箱冷库、冷藏车和建筑节能等领域，实现了电力系统和用户的双赢局面。潜热蓄冷，即应用相变材料蓄冷的技术，以高于其他两种方式 5～14 倍的蓄冷密度得到了广泛的关注和研究。相变材料是一类具有特殊功能的材料，主要通过液-固相变或固-液相变来储存和释放能量。

2.1 物 性 参 数

由于相变过程的特性，相变材料的物性参数成为至关重要的考虑因素。相变材料的物性参数(如热导率和密度)直接影响相变过程中热量的传导速度和储存密度，相变温度和相变潜热直接影响材料在能量储存和释放过程中的效率和大小。正确选择物性参数可以确保相变材料充分发挥其储能和释能的功效。

相变材料的密度因材料种类而异，密度是对特定体积内质量的度量，可以用符号 ρ 表示，国际单位制和中国法定计量单位中，密度的单位为 kg/m^3。一般来说，相变材料的密度随着温度、压力的变化也会发生相应的变化。表 2-1 为水在不同温度下的密度值。实际应用中，相变材料通常由多种物质组成，整体的密度取决于各组分的含量，具体数值需要结合材料组成、相态、温压条件等因素确定。

表 2-1　水在不同温度下的密度值

温度/℃	0	3.98	10	20	30	40	50	60
密度/(kg/m³)	999.87	1000.00	999.70	998.21	995.65	992.22	988.04	983.20

膨胀系数是非常重要的性能参数，为相变材料在相变过程中体积发生变化的比例。对于固-液相变材料，膨胀系数为从固态到液态或从液态到固态时体积发生变化的比例，通常用百分比表示。不同类型的相变材料，其膨胀系数有较大差异。典型有机相变材料的膨胀系数通常为 10%～20%。无机相变材料的膨胀系数较小，一般为 2%～10%。合理控制相变材料的膨胀系数是设计相变蓄冷系统的关键，既要保证足够的传热性能，又要避免容器破裂等安全隐患。

比热容又称质量热容，是单位质量物质的热容量，即单位质量的物体温度升高或者降低 1℃时所吸收或放出的热量。相变材料在相变温度附近具有很高的比热容，这是因为在相变温度区间内会吸收或释放大量的潜热。例如，水在 0℃左右的冰点附近比热容最大，可达 4.2kJ/(kg·℃)。

热导率是指在稳定传热条件下，在单位温差和单位面积条件下，单位时间内传递的热量，单位为 W/(m·℃)，它表示材料导热能力的大小，材料的化学成分、结构、密度、孔隙率和制造工艺都会影响热导率，其数值一般由实验测定。不同类型的相变材料，其热导率差异较大。一般而言，有机相变材料的热导率较低，无机相变材料的热导率较高。热导率较低的相变材料意味着热量传导速度慢，充放热过程会受到限制。热导率较高的相变材料有利于快速进行充放热，提高蓄冷/放热效率。

相变温度和相变潜热是相变材料的重要物性。物质从一种相态转变到另一种相态称作相变，相变的过程一般是等温或近似等温，该温度为相变温度，且在这一过程中伴随着大量热量的吸收或释放，这部分热量称为相变潜热。相变温度决定了相变材料的应用范围，相变潜热决定了蓄冷能力的大小。相变潜热越大，意味着材料在相变时可以吸收或释放的热量越多，蓄冷/放热性能越好，应根据实际应用需求进行选择和优化。

2.2　蓄冷材料分类

目前，常见相变蓄冷材料主要指相变温度在 25℃ 及以下的相变材料。蓄冷材料的分类方法有很多，可以根据相变形式、化学性质和封装技术等进行分类。

2.2.1　按相变形式分类

相变材料按照相变形式可以分为固体-固体、固体-气体、液体-气体和固体-液体四种类型，如图 2-1 所示。固-固相变是指材料的结晶形式发生改变，虽然状态并不发生改变，但其相变潜热较小，因此限制了其使用。固-气相变和液-气相变的相变潜热较大，但由于其体积变化大、所需设备复杂、经济实用性差，因此实际应用较少。固-液相变的相变潜热居中，且相变时体积变化不大，因此固-液相变材料具有很好的应用前景，目前应用最为广泛。

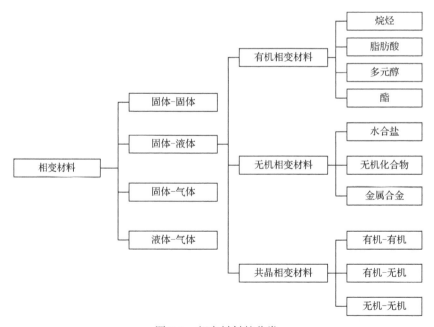

图 2-1　相变材料的分类

2.2.2 按化学性质分类

如图 2-1 所示，固体-液体相变材料按照化学性质大致可以分为有机相变材料、无机相变材料和共晶相变材料三大类。

1. 有机相变材料

有机相变材料是碳基化合物，通常归类为烷烃和非烷烃。随着分子量和碳原子数的增加，相变潜热逐渐升高。有机相变材料的优点是化学性质稳定、相变潜热高、相变温度稳定(无相分离)及自成核特性(无过冷)，但主要缺点是相变潜热会逐渐退化以及热导率较低。为了改善有机相变材料低热导率的问题，目前普遍采用向有机相变材料中添加纳米级金属材料、石墨粉以及碳纤维等方式来强化换热。这些添加剂可以改变材料基液的结构并与液体间产生微对流现象，从而加强能量传递，增强相变材料的导热能力。表 2-2 列举了目前得到广泛研究的有机相变材料及其热物性参数。

表 2-2 有机相变材料及其热物性参数

成分	相变温度/℃	相变潜热/(J/g)
十二烷	−12	216
二甘醇	−10～−7	247
四氢呋喃	5	280
十四烷	4.5～5.6	215
甲酸	7.8	247
聚乙二醇-400	8	99.6
己二酸二甲酯	9.7	164.6
十五烷	10	205
四丁基溴化铵	10～12	193～199
棕榈酸异丙酯	11	95～100
硬脂酸异丙酯	14～18	140～142
内基棕榈酸酯	16～19	186
辛酸	16.3	149
二甲基亚砜	16.5	85.7
乙酸	16.7	184
聚乙二醇-600	17～22	146
甘油	17.9	198.7
十六烷	18.1	236
硬脂酸丁酯	19	140～200

1) 烷烃

烷烃($CH_3(CH_2)_n CH_3$)是碳氢化合物下的一种饱和链烃，其整体构造大多仅由碳、氢、碳碳单键与碳氢单键所构成。通常随着碳原子数的增加,相变温度和相变潜热逐渐升高,如表 2-2 所示,十二烷、十四烷和十六烷的相变温度分别为$-12℃$、$4.5\sim5.6℃$和 $18.1℃$。烷烃材料具有安全可靠、价格低廉和无腐蚀性的优点,在 $500℃$ 以下具有化学惰性和稳定性,在相变过程中体积变化和蒸气压都比较小,使用寿命长。但其主要缺点是热导率较低,无法使用塑料封装,且具有易燃性。

2) 非烷烃

非烷烃相变材料主要包括脂肪酸$(CH_3(CH_2)_{2n} \cdot COOH)$、多元醇和酯。这部分有机相变材料数量巨大,属性各异,且具有易燃性,无法在高温、火焰、氧化剂的场合使用。其中,脂肪酸普遍具有相变潜热高、使用寿命长、无过冷等优点,然而其价格高于烷烃类 $2\sim$ 2.5 倍,而且具有腐蚀性。其他的非烷烃相变材料普遍具有热导率低、闪点低、有毒性等特点。

2. 无机相变材料

无机相变材料主要包含无机化合物、水合盐$(AB \cdot nH_2O)$和金属合金。其优点为成本低廉、导热性好、相变潜热不会退化,缺点是存在过冷、相分离现象并且腐蚀封装材料。表 2-3 列举了目前得到广泛研究的无机相变材料及其热物性参数。

表 2-3 无机相变材料及其热物性参数

成分	相变温度/℃	相变潜热/(J/g)
汞	-38.87	11.4
水	0	333
$POCl_3$	1	85
D_2O	3.7	318
$SbCl_5$	4	33
$LiClO_3 \cdot 3H_2O$	8	$155\sim253$
H_2SO_4	10.4	100
$NH_4Cl \cdot Na_2SO_4 \cdot 10H_2O$	11	163
$ICl(\beta)$	13.9	56
$K_2HPO_4 \cdot 6H_2O$	14	109
$NaOH$	16	200
MoF_6	17	50
$KF \cdot 4H_2O$	18	330

1) 无机化合物

无机化合物指不含碳元素的纯净物以及部分含碳化合物,如一氧化碳、二氧化碳、碳酸、碳酸盐、碳化物、碳硼烷、烷基金属、羰基金属和金属的有机配体配合物等在无机化学中研究的含碳物种的集合。由于其相变潜热普遍较小以及大部分无机化合物对环境和人体健康有害,如表 2-3 中的 NaOH 具有强腐蚀性,难以在蓄冷系统中得到广泛应用。

2) 水合盐

水合盐是指无机盐和水结合形成的结晶体。水合盐的固-液转变实际上是吸水和脱水过程，类似于热力学中的凝固和融化过程，其相变焓取决于水分子和盐分子之间的键强度。水合盐的脱水过程存在不一致熔融现象，如式(2-1)和式(2-2)所示，当失去一部分结晶水时：

$$\mathrm{AB} \cdot n\mathrm{H_2O} \longrightarrow \mathrm{AB} \cdot m\mathrm{H_2O} + (n-m)\mathrm{H_2O} \tag{2-1}$$

当失去全部的结晶水时：

$$\mathrm{AB} \cdot n\mathrm{H_2O} \longrightarrow \mathrm{AB} + n\mathrm{H_2O} \tag{2-2}$$

水合盐具有相变潜热高、热导率高、相变体积变化小、热应力效应弱、低毒性和价格低廉等优点。然而，过冷现象、相分离、与常用金属(铜、铝、不锈钢)发生腐蚀等问题制约着水合盐在蓄冷系统中的应用。

3) 金属合金

一些低熔点的金属及其合金由于其较高的密度并没有广泛应用在蓄冷系统中。然而，金属及其合金具有相变潜热高、热导率高、导电性好、蒸气压低和相变体积变化小等优点，因此低熔点液态金属已经在激光系统、USB 闪存和手机冷却中发挥着不可替代的作用。

3. 共晶相变材料

共晶相变材料通常是由两种或两种以上的低熔点成分在结晶过程中形成的晶体混合物，可细分为无机共晶相变材料、有机-无机共晶相变材料和有机共晶相变材料。无机共晶相变材料主要包括金属合金相变材料、水合盐及熔融盐共晶相变材料；有机-无机共晶相变材料主要是有机酸和水合盐的共晶相变材料；有机共晶相变材料包括有机酸共晶和石蜡。共晶相变材料最大的优势在于可以通过调节各组分材料的比例来实现对相变温度的控制，这是调节相变材料热物性的一种重要方法。例如，十四烷分别与十八烷、二十二烷和二十一烷结晶可实现−4~45.56℃的相变温度区间。此外，共晶相变材料还具有热导率高、密度大、无相分离和无过冷等优势，但相变潜热和比热容相较于烷烃和水合盐偏低。表 2-4 和表 2-5 分别列举了目前得到广泛研究的有机共晶相变材料和无机共晶相变材料及其热物性参数。

表 2-4 有机共晶相变材料及其热物性参数

成分(体积比)	相变温度/℃	相变潜热/(J/g)
十二烷和十三烷(60:40)	−9.7	159
十二烷和十三烷(50:50)	−9.1	145
十二烷和十三烷(40:60)	−8	147
十三烷和十四烷(80:20)	−1.5	110
十三烷和十四烷(60:40)	−0.5	138
十三烷和十四烷(40:60)	0.7	148
十四烷和十六烷(91.67:8.33)	1.7	156.2
十四烷和十六烷(60:40)	1.7~5.3	148.1~211.5
十四烷和十四醇(94:6)	5.1	202.1
辛酸和月桂酸(90:10)	3.77	151.5

成分(体积比)	相变温度/℃	相变潜热/(J/g)
癸酸和月桂酸(90：10)	13.3	142.2
癸酸和月桂酸(45：55)	17~21	143
癸酸和月桂酸(65：35)	18~19.5	140.8

表 2-5　无机共晶相变材料及其热物性参数

成分(质量分数)	相变温度/℃	相变潜热/(J/g)
ZnCl$_2$ 水溶液(51%)	−62	116.84
CaCl$_2$ 水溶液(29.8%)	−55	164.93
CuCl$_2$ 水溶液(29.8%)	−40	166.17
K$_2$CO$_3$ 水溶液(39.6%)	−36.5	165.36
MgCl$_2$ 水溶液(17.1%)	−33.6	221.88
NH$_4$F 水溶液(32.3%)	−28.1	187.83
NaCl 水溶液(22.4%)	−21.2	228.14
NaNO$_3$ 水溶液(36.9%)	−17.7	187.79
K$_2$HPO$_4$ 水溶液(70%)	−13.5	197.79
Na$_2$S$_2$O$_3$ 水溶液(71%)	−11	219.86
KCl 水溶液(72%)	−10.7	253.18
NaH$_2$PO$_4$ 水溶液(74%)	−9.9	214.25
Na$_2$CO$_3$ 水溶液(84%)	−2.1	310.23

4. 商用相变材料

除了以上在研究中得到广泛关注的相变蓄冷材料，很多相变材料已经发展成熟并开始商用。表 2-6 对部分商用相变材料产品进行了分类总结。目前商用相变材料产品主要是共晶盐溶液和有机烷烃，此外还有少量的脂肪酸和水合盐材料。其中，共晶盐溶液具有相变温度可以通过增加或减少溶质进行控制的特点，常用于工作温度为 0℃ 以下的中低温蓄冷系统。有机烷烃相较于脂肪酸和水合盐材料具有化学性质稳定、制造成本低的优点，在工作温度为 0℃ 以上的高温蓄冷系统中得到了广泛应用。

表 2-6　商用相变材料及其热物性参数

成分	相变温度/℃	相变潜热/(J/g)	种类
SN33	−33	245	共晶盐溶液
TH-31	−31	131	共晶盐溶液
SN29	−29	233	共晶盐溶液
SN26	−26	168	共晶盐溶液

续表

成分	相变温度/℃	相变潜热/(J/g)	种类
TH-21	−21	222	共晶盐溶液
SN21	−21	240	共晶盐溶液
STL-21	−21	240	共晶盐溶液
STL-16	−16	—	共晶盐溶液
SN15	−15	311	共晶盐溶液
SN12	−12	306	共晶盐溶液
MPCM-10	−9.5	150~160	有机烷烃
MPCM-30	−30	140~150	有机烷烃
RT3	3	198	有机烷烃
RT4	4	182	有机烷烃

图 2-2 展示了相变潜热和相变温度之间的关系。有机相变材料的相变温度主要分布在 −10~20℃，相变潜热分布于 80~280J/g，在 −5~5℃相变温度范围的有机相变材料相变潜热相对较高。无机相变材料，除低熔点金属外，相变温度普遍高于 0℃，其相变潜热跨度相对较大，分布于 10~330J/g，其中水的相变潜热最高，其次是水合盐，其他无机化合物和金属合金的相变潜热相对较低。有机共晶相变材料的相变温度主要分布于 −10~20℃，且半数集中在 5℃附近，相变潜热也较为集中，分布于 110~270J/g，峰值也出现在 5℃附近。共晶盐溶液的相变温度跨度最大，最低可达 −60℃以下，且普遍具有相对较低的相变温度，相变潜热分布于 110~320J/g，且相变温度越接近 0℃，相变潜热相对越高。商用相变材料相变温度分布于 −35~20℃，0℃以下产品以共晶盐溶液为主，相变潜热分布于 130~390J/g。

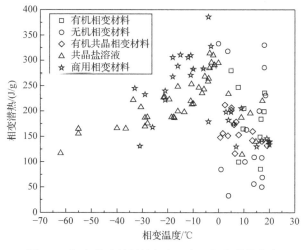

图 2-2 相变蓄冷材料的相变温度和相变潜热分布

选择合适的相变材料对于蓄冷系统至关重要。相变温度是否符合系统工况需求是相变材料挑选的第一要素。此外，热物性、化学性质和动力学性质都会在不同程度制约着相变蓄冷材料的应用。表 2-7 针对影响相变蓄冷材料应用的主要热物性和化学性质进行了比较,为实际应用过程中相变蓄冷材料的选取提供了参考。此外,生产成本、回收处理和环保性能等经济性及环境影响也是相变蓄冷材料在实际应用过程中不可忽视的因素。

表 2-7　相变蓄冷材料性质比较

性质	有机相变材料	无机相变材料	共晶相变材料
相变温度范围	较大	较小	可根据各组分含量控制
相变潜热	较高	较高	较低
比热容	较高	较高	较低
热导率	较低	较高	较高
密度	较低	较高	较高
过冷现象	不存在	存在	存在
相分离现象	不存在	存在	存在
退化现象	存在	不存在	存在
腐蚀性	较低	较高	较低
易燃性	较高	较低	较低

2.2.3　按封装技术分类

封装技术是蓄冷材料应用中的一个重要环节,它不仅能够防止材料泄漏,还能提高热导率和热稳定性。按封装技术可以分为以下几类。

(1) 宏观封装:使用大型容器(如球形、管状、圆柱形或矩形)来封装相变材料。这些容器可以由塑料、金属或其他材料制成,适用于大规模的热能储存系统。

(2) 微观封装(微胶囊):微胶囊化是将相变材料封装在直径小于 $1000\mu m$ 的小型胶囊中。这些胶囊可以由不同的材料制成,如聚合物、陶瓷或玻璃。

(3) 纳米封装:利用纳米材料对相变材料进行封装,这种封装技术可实现对相变材料的纳米级封装,具有热稳定性和结构强度高的优点,但制备工艺复杂,成本较高。

(4) 定形相变材料:由液态相变材料和液态聚合物混合而成,所选聚合物熔点应当远高于相变材料的熔点。

表 2-8 所示为不同封装技术的基本情况,具体制备方法见 2.3 节内容。

表 2-8　不同封装技术的基本情况

封装类型	尺寸范围	主要材料	优点	缺点
宏观封装	大于 1mm	塑料、金属	制造简单,成本低,适合大规模应用	热阻较大,无法适应相变材料的体积变化
微观封装(微胶囊)	$1\sim1000\mu m$	聚合物、陶瓷、玻璃	比表面积大,传热快,热稳定性和机械稳定性好	制造复杂,成本高,需要成核剂
纳米封装	小于 1000nm	高分子材料、金属、无机材料	提供极高热稳定性和结构强度,可改善热导率	制造成本高,技术复杂,大多处于研究阶段
定形相变材料	不定	聚合物	不需要外壳封装,形状多样	储热密度降低

根据实际应用的需求和限制来选择最合适的封装方法。在实际应用中，选择蓄冷材料时需要考虑其相变温度是否符合应用需求、相变潜热是否足够高、热导率是否有利于热量的快速吸收和释放、化学稳定性是否能够保证长期使用等。此外，封装技术的选择也对材料的应用性能有重要影响，如防止泄漏、提高热导率和热稳定性等。

2.3 制 备 方 法

相变蓄冷材料由于在吸热和放热过程中换热量较大，并且其相变过程中温度保持不变或有较小的变化，广泛应用于各个领域。由于固-液相变蓄冷材料有液体存在，容易产生泄漏，制约其使用范围，因此为了防止相变蓄冷材料泄漏，需要采取一些措施，主要有以下三种方法：基体与相变蓄冷材料共混法、微胶囊封装法和化学合成法。

2.3.1 基体与相变蓄冷材料共混法

在相变材料中添加基体材料，通过共混物理方法将基体与相变材料相结合，两者保持原来的物理和化学性质不变，所得复合材料在相变过程中无液体流动，整体呈固体状态，进而解决了相变材料融化后液体泄漏的问题。

1. 多孔介质吸附法

多孔介质吸附法利用多孔材料作为基体将相变蓄冷材料封装起来。一些具有较大比表面积以及微孔结构的材料可作为支撑材料。常用的制备方法主要为浸泡法和混合法。

(1) 浸泡法。

浸泡法是将多孔的基体材料浸泡在液态相变蓄冷材料中，基体材料中的微孔起到毛细作用，将相变蓄冷材料吸附到多孔基质中或填充到层状基质的间隙中，制得复合相变蓄冷材料。

(2) 混合法。

混合法是将基体材料与相变蓄冷材料预先进行机械混合，再通过压制、浇注等方式加工成一定形状的复合材料。

多孔介质吸附法不仅为复合相变材料提供了良好的机械强度，而且可有效防止相变过程中液相蓄冷材料的泄漏。常见的多孔材料主要有无机非金属矿物和多孔碳材料等。

2. 熔融/溶液共混法

熔融共混法将相变蓄冷材料与基体材料加热至熔融状态，然后将两种材料在高温下进行机械混合成为浓稠溶液，最终将混合溶液冷却后得到组分均匀、形状稳定的复合相变蓄冷材料。溶液共混法将相变材料与基体材料组分以水溶液的形式进行共混以制得复合相变蓄冷材料。在混合物中，基体材料的大分子链可约束相变蓄冷材料分子的运动，从而得到外观上无流动性、保持固体形状的复合相变蓄冷材料。

相对于熔融共混法，溶液共混法对熔点和分解温度的要求低得多，并且能大幅度降低材料热分解的发生概率，同时可提高相变蓄冷材料的分散程度，有利于得到成分更加均匀的复合相变蓄冷材料。共混法操作简便、工艺简单、生产成本低、可控性强，但由于共混法涉及相变蓄冷材料与基体材料的兼容性问题，限制了其应用范围。

3. 溶胶-凝胶法

溶胶-凝胶法首先将金属无机盐或金属醇盐等活性高的物质作为前驱体，溶于有机溶剂中，形成均相溶液，并进行 pH 调节。然后将相变材料与均相溶液充分混合均匀，混合物中的物质经过水解、缩合反应形成溶胶体系。接着使用蒸馏水或者乙醇对溶胶体系进行洗涤。最后将溶胶体系蒸发干燥，胶粒间聚合形成了填充有相变材料的定形胶体网络。

2.3.2　微胶囊封装法

微胶囊相变蓄冷材料是将相变蓄冷材料作为芯材，利用微胶囊技术分散为球形微小颗粒，再在表面包封形成核-壳结构的复合相变蓄冷材料，图 2-3 为微胶囊模型。在蓄冷和放冷过程中，芯材发生相变。由于外壁材料具有较高的熔点，可有效阻止相变蓄冷材料在相变过程中发生泄漏，并且可以有效解决相分离和腐蚀等问题，同时微胶囊的结构也大大增加了材料的比表面积，加强了与外界的换热性能。微胶囊壁材必须具备较好的热稳定性和化学惰性，目前采用较多的是各类有机聚合物。但有机聚合物往往

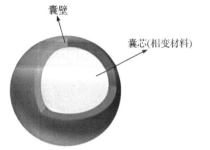

图 2-3　微胶囊模型

具有毒性和易燃性，并且有导热性能较差、热稳定性不佳等缺点，这制约了微胶囊相变蓄冷材料的应用。

制备微胶囊相变蓄冷材料的方法有很多种，常用的有界面聚合法、原位聚合法、复凝聚法、喷雾干燥法等。

2.3.3　化学合成法

化学合成法是一种通过化学反应将具有适宜相变温度和高相变潜热的固-液相变材料与其他材料结合，转化为化学性质稳定的固-固型复合相变材料的技术。这种方法的核心在于通过化学键将具有蓄冷功能的基团与其他大分子链结合，形成定形的相变蓄冷材料。

1. 嵌段共聚法

嵌段共聚法是一种高效能的化学合成技术，将相变材料(如聚乙二醇)分子链作为软段，另一种化学结构不同、熔点较高、结构稳定的骨架高分子作为硬段，通过共缩聚反应合成由末端相连的链段所组成的大分子聚合物。在嵌段共聚物中，软链段和硬链段组成具有网络能力的序列结构，即使发生固-液相变，由于高熔点的骨架分子没有熔化，限制了相变材料的宏观流动，仍能在一定程度上保持原样。图 2-4 为嵌段共聚物分子形成二维正方形微纳胶束的过程示意图。

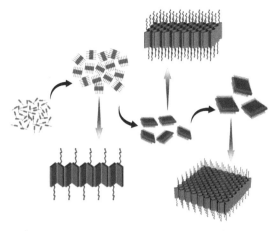

图 2-4 嵌段共聚物分子形成二维正方形微纳胶束的过程示意图

2. 接枝共聚法

接枝共聚法是在一种高熔点的高分子化学键上接上另一种低熔点的高分子支链而形成共聚物的方法。当低熔点的结晶性高分子支链发生从晶态到无定形态的相转变时,由于高熔点的高分子主链尚未熔化,限制了低熔点高分子支链的宏观流动,保持了材料的整体固体状态,图 2-5 为接枝共聚法示意图。

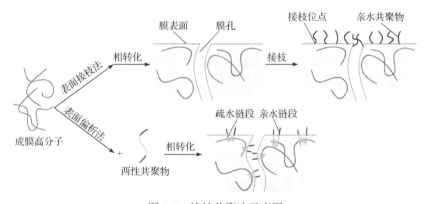

图 2-5 接枝共聚法示意图

化学合成法中使用的相变蓄冷材料一般为有机高分子聚合物,由于使用这种方法制备的定形复合相变蓄冷材料只存在固态的有序-无序结构转变来进行可逆的能量存储和释放,因此具有相变前后体积变化小、无过冷和相分离现象、无泄漏和稳定性好等优点,但通常制备工艺较复杂,周期长。

2.4 测 试 方 法

2.4.1 熔化-固体体积计量法

熔化-固体体积计量法可在测量精度要求不高时进行膨胀系数的测量。将一定质量的相变材料加热熔化至完全熔融状态，倒入玻璃量筒中记录体积刻度，待其固化后，再次记录固化后的体积刻度。比较初始体积、熔融体积和固化体积之间的差异，从而计算出材料在熔化-固体过程中的体积变化情况，基于此即可计算材料的膨胀系数。

2.4.2 差示扫描量热法

相变材料的热物性参数相变区间和相变吸热量主要依赖于差示扫描量热(differential scanning calorimetry，DSC)法进行测试。DSC 测试方法主要是通过程序对温度进行控制，测量待测试样和参比试样的能量差与温度的关系，来确定待测试样相变时的吸热量和相变温度区间。该方法所需要的样品量少，仅为几毫克，测试速度快且准确性高，可以对相变材料发生相变时的吸热量和相变温度区间进行测试。

DSC 可分为热流型和功率补偿型，常用的是功率补偿型，可以精确地控制和测量温度，有更快的响应时间和冷却速度，并且有较高的分辨率。用于测试的 DSC 内部结构单元如图 2-6 所示，主要为加热器、匀热炉膛、热流传感器和炉温测温传感器等。加热器用于给样品和参比物加热，一般采用电阻加热器，形式多样；匀热炉膛采用热导率高的金属作为匀热块，使炉膛内表面温度分布均匀；热流传感器用于快速准确地检测试验中样品、参比物之间产生的热流差；炉温测温传感器用于检测匀热块的温度，并将此信息返回微处理器用于炉温控制。此外，DSC 设备配有制冷设备、气氛控制器和信号放大器等。制冷设备用于给样品和参比物降温，有风冷、机械制冷及液氮制冷三种方式，根据试验的制冷速率及温度范围要求采用对应的制冷方式。由于样品在试验过程中可能会放出腐蚀和有毒气体，同时高温时可能被空气氧化，因此需要气氛来保护样品及排出样品生成的气体，气氛控制器用于气氛流量控制及气氛通道的切换。由于样品在一开始反应时，热流信号的变化十分微小，为了及时准确地检测样品的热流信号，需要信号放大器将热流传感器的信号放大。

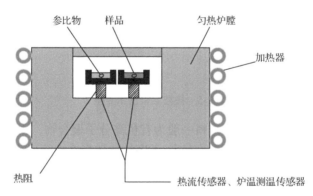

图 2-6　差示扫描量热仪结构单元

DSC 通过实时测量样品与参比物在相同温度程序下的热量差异，生成热流-温度曲线，用于分析材料相变、反应焓及热力学行为。使用时需精确制备微量样品(1～10mg)，设置温度范围与升降温速率，并在惰性或反应性气氛下运行，通过峰位置、面积及形状解析样品吸热或放热的峰值、熔化温度、相变焓等参数。图 2-7 为不同质量分数甘氨酸 DSC 曲线图谱。

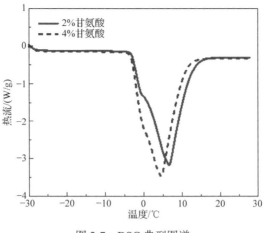

图 2-7　DSC 典型图谱

图 2-7 中 2%甘氨酸与 4%甘氨酸的曲线在约 5℃处呈现向下的放热峰(波峰朝下),放热峰的起始温度可通过基线切线与峰左侧拐点切线交点确定,图中两者起始温度均接近–5℃,表明不同浓度甘氨酸的结晶触发点相近。放热峰的最大温度点(峰顶)均位于 5℃左右,但 4%甘氨酸的吸热谷更深且跨度更大,表示其相变吸热效应更强。

综上所述,DSC 通过定量分析吸/放热过程的起始点、峰值及能量变化,为材料的结构设计、相变可逆性优化及热稳定性评估提供直接数据支撑,是解析材料热力学行为与相变机制的核心表征技术。

2.4.3　热导率测试方法

相变材料的导热性能主要通过测试热导率进行分析。目前常用的热导率测试方法主要为稳态法和非稳态法。稳态法指样品温度稳定后测量其温度分布和热量传递情况,从而确定热导率,具有测量原理简单、使用范围广和重复性高的优点,但所需时间较长。非稳态法通过短时间对材料施加热量并观察热响应来计算热导率,不需要等待材料达到热平衡,测量速度快,但测量原理复杂。

1. 稳态法

稳态法是测量材料热导率的一种常用方法,它依赖于建立材料内部的热平衡状态。在稳态条件下,材料内部的热流是恒定的,这意味着材料的热导率不随时间变化。稳态法是一种热导率的绝对测量方法,采用一维稳态模型,公式简单且具有较高的测量精度,其计算如式(2-3)所示。

$$\lambda = B \frac{Q_S}{\Delta T} \tag{2-3}$$

式中,Q_S 为单位时间内流过试样的热量,W;ΔT 为试样两个边界的温差,℃;B 为仪器常数。

常见的稳态法包括防护热板法、热流计法等。如图 2-8 所示，热流法实验装置设计主要通过使用热流计等设备，在试样两端施加恒定的温差。在试样表面设置若干温度测点，以监测温度分布。试样两端应与热流计良好接触，以确保热量全部通过试样传导。等待整个测试系统达到热平衡状态，即温度分布不再随时间发生变化，记录稳态时试样两端的温差 ΔT 和单位时间内通过试样的热量。

图 2-8　热流法实验装置示意图

稳态法适用于测量热导率较高、温度变化较慢的材料，如金属、无机材料等。对于热导率较低、温度变化较快的材料，如聚合物、复合材料等，则可能需要使用瞬态法来测量热导率。

2. 非稳态法

非稳态法基于非稳态导热微分方程，测量温度随时间的变化关系，它是一种瞬态测试方法，适合测量的材料热导率的范围较广，测量时间也较短。非稳态法主要包括热线法、热带法和瞬态平面热源法等。

热线法的测试原理是将一根金属线作为热源放置在初始温度分布均匀的试样内部，然后在金属线两端加上电压，使金属线温度升高，其升温速率与材料的导热性能有关。金属线不但具有提供内部热源的作用，同时可以作为测量温度变化的传感器。热线法的优点在于它可以消除试样边界与环境热对流的影响，比稳态法更为可靠。

热带法的测试原理是取一条很薄的金属片(即热带，常用金属铂片)代替热线法中的金属线，作为测试装置中的加热元件和温度传感器。所采用的金属片越薄，热带与待测试样的接触热阻越小，测量过程中的误差越小。该方法对一些松散材料和非导电固体材料测试结果具有较好的重复性和准确性，实际测量偏差最大不超过 5%。热带法一般适用于测量热导率小于 2.0W/(m·℃)的材料。

瞬态平面热源法是瑞典教授 Gustafsson 在热线法和热带法的基础上提出的。瞬态平面热源法与热线法和热带法一样都是采用一个电阻元件既作为加热热源又作为温度传感器，但是瞬态平面热源法改进了电阻元件的结构，采用了薄膜式传感器。传感器采用电热金属镍箔经过刻蚀处理后形成连续的双螺旋结构，并在双螺旋结构两边覆上几十微米厚的薄膜，起到电绝缘和保护作用，以适用于测量导电材料的热导率。双螺旋结构可以减小试样的大小以及探头与试样间的接触热阻，因此该方法测试时间较短，同时也具备很高的精确度。

2.4.4　扫描电子显微镜

扫描电子显微镜(scanning electron microscope，SEM)是研究蓄冷材料非常重要的工具。SEM 是一种利用电子束来进行高分辨率成像的显微镜，主要利用精细聚焦的电子束扫描样品，通过与样品的相互作用获得丰富的微观信息，并转换为高分辨率的数字图像。相比于光学显微镜，SEM 具有更高的分辨率和放大倍数，能够观察到更细微的微观结构和细节。SEM 的放大倍数能达到几十乃至几百万倍，可用于表面检测、颗粒形貌观察、显微组织分析等领域。

SEM 在蓄冷材料研究中的主要应用如下：①进行微观形貌的观察，通过 SEM 的观察可以了解相变蓄冷材料的表面结构，包括颗粒大小、形状、分布等方面，为材料的设计和改进提供参考；②相区分析，SEM 可以对相变材料中不同相的分布和形貌进行分析，发现材料中可能存在的缺陷、异物等问题，为材料性能提升提供依据；③成分分析，SEM 配备的能量色散 X 射线光谱仪(EDS)可以对相变材料的局部化学成分进行分析，观察相变过程中成分的变化，如相分离、化合物形成等。通过 SEM 观察，可以对材料的微观结构进行深入了解，为材料特性的研究和改进提供支持，还可以对相变蓄冷材料中的微观缺陷、结晶形态、晶界和晶粒尺寸等进行定量分析。

下面以十二烷为蓄冷材料、膨胀石墨(EG)为骨架的复合蓄冷材料为例，分析 SEM 在复合相变蓄冷材料中的应用。图 2-9 为膨胀石墨和十二烷/膨胀石墨复合相变材料的 SEM 图像。从图 2-9(a)可以看出，膨胀石墨呈蚯蚓状结构且存在大量的孔隙结构。孔隙结构通过石墨层相互连接，可以为十二烷提供大量空间，形成形状稳定的复合相变材料。图 2-9(b)为制备的十二烷/膨胀石墨复合相变材料的 SEM 图像，可以发现膨胀石墨的孔隙结构中充满了十二烷，且膨胀石墨的蚯蚓状结构仍然保持完整，其颗粒彼此独立未结块。

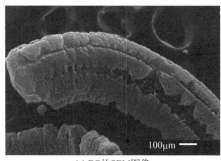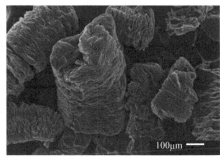

(a) EG的SEM图像　　　　　　　　(b) 十二烷/EG复合相变材料的SEM图像

图 2-9　EG 和十二烷/EG 复合相变材料的 SEM 图像

因此，SEM 作为一种高分辨率的表征手段，在相变蓄冷材料的微观结构、成分和相结构等方面提供了丰富的信息，帮助理解相变蓄冷材料的微观机制和性能表现，从而指导材料的改进和优化。随着 SEM 技术的不断发展，其在相变蓄冷材料研究中的应用将越来越广泛和深入，为相变蓄冷材料的科学研究和工程应用提供支持和帮助。

2.4.5　傅里叶红外测试

傅里叶变换红外光谱(Fourier transform infrared spectroscopy, FTIR)是一种广泛应用于材料分析和鉴定的重要分析技术。该红外光谱仪主要由光源、干涉仪、检测器和计算机等组成，其中干涉过程如图 2-10 所示，光线会分为样品光线和参考光线，即经过样品的光和未经过样品的光，光从光源经分束器分成两束，一束经过样品，另一束直接到达检测器，两束光再次交汇，从而产生干涉图谱。其主要工作原理是

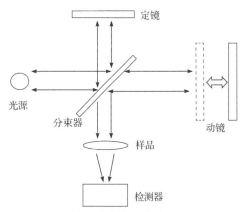

图 2-10　傅里叶变换红外检测干涉过程

基于样品对红外光的吸收特性，利用化学键的特定振动/转动特性，通过傅里叶变换将干涉图谱转换为红外吸收光谱。每种化学键都有其特定的振动频率，产生特征红外吸收峰，根据已有的标准谱库，对所得的吸收光谱进行分析解释，进而对样品的化学结构进行定性和定量分析。该红外光谱仪具有快速、非破坏性、灵敏度高、信噪比高、可定性和定量分析等优点，使用范围广泛，可分析固体、液体和气体样品，同时适用于有机和无机物质的分析。

在相变蓄冷材料合成过程中，FTIR 能够确定材料的化学成分、有机官能团的种类和数量、材料的结晶状态和配位方式等方面的信息。通过分析样品的红外吸收光谱，可以推断出材料的分子结构、键合情况以及表面的特性，为相变材料的制备、性能优化和应用提供参考和指导，具体应用如下：①FTIR 可以确定其化学组成和结构，通过分析特征红外吸收峰，可以鉴定材料中的有机化合物、无机盐、聚合物等成分；②通过分析复合材料在合成前后样品的红外吸收光谱差异，可以确定复合材料的吸附机理；③蓄冷材料在长期使用后可能存在老化现象，通过分析老化前后样品的红外吸收光谱差异，可以评估材料的热稳定性和化学稳定性。

图 2-11 为膨胀石墨、十二烷和十二烷/膨胀石墨复合相变材料的 FTIR 光谱。首先可以观察到十二烷的吸收峰，$2924cm^{-1}$ 和 $2853cm^{-1}$ 处的吸收峰分别对应于对称拉伸振动的—CH_3 和不对称拉伸振动的—CH_2—。—CH_3 的弯曲振动吸收峰出现在 $1466cm^{-1}$ 和 $1378cm^{-1}$，$721cm^{-1}$ 处的吸收峰揭示了—CH_2—的面内摇摆振动。在 FTIR 光谱中，膨胀石墨的吸收峰位于 $1637cm^{-1}$。十二烷和膨胀石墨的所有吸收峰均在十二烷/膨胀石墨复合相变材料的 FTIR 光谱中发现，同时没有出现新的吸收峰。上述结果说明十二烷和膨胀石墨是通过物理相互作用而不是化学反应结合在一起的。

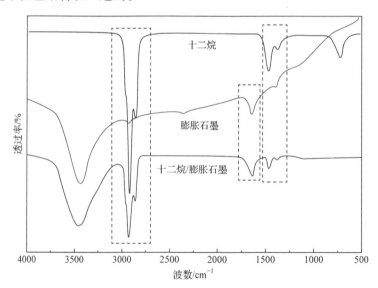

图 2-11　EG、十二烷和十二烷/EG 复合相变材料的 FTIR 光谱

因此，FTIR 是一种常用于相变蓄冷材料的分析技术，能够提供材料的化学结构、相变行为和吸附性能等关键信息，对相变蓄冷材料的开发和优化具有重要作用。

2.5 蓄冷材料的选择标准

相变蓄冷过程伴随着较大的冷量储存和释放，并且是一种等温或近似等温的过程，相变潜热一般较大。例如，冰的融化热量为 335kJ/kg，而水的比热容约为 4.2kJ/(kg·℃)，因此储存相同热量，冰比水所需的设备小很多。许多有机和无机物质可以作为蓄冷材料在所需的温度范围内发生相变，但其同时还要具备良好的物性和化学性质以及经济性和运行可靠性，主要有以下方面。

1. 热力学方面的要求

(1) 合适的相变温度。相变温度与所需要控制的温度直接相关，相变温度如果选择不当，导致蓄冷所需的耗能高，并且应用场所不易达到理想的控制温度。

(2) 较高的相变潜热。单位质量的相变蓄冷材料的凝固潜热大，就可以减少蓄冷材料的数量和设备的体积，可以降低成本。

(3) 密度较大。体积密度较大，可减小所需存储设备的体积。

(4) 比热容大，能存储较多的显热量。

(5) 热导率大，可以提高传热效率，降低传热过程中的冷量损失。

(6) 固相和液相组分一致，否则会改变其性质。

(7) 相变过程体积变化小。

2. 相变动力学方面的要求

(1) 较低的过冷度。

(2) 相平衡性质好，不产生相分离。

(3) 固化结晶速率高。

3. 化学性质方面的要求

(1) 化学稳定性好。材料在使用环境下能够保持其物理和化学性质的稳定，不会因温度变化而发生显著的变质或失效。

(2) 对容器无腐蚀性。理想的相变蓄冷材料应与盛装容器之间不发生化学反应，无腐蚀性。这一特性确保了材料在长期使用过程中不会对容器造成损害，同时也避免了可能产生的有害物质对环境的污染。

(3) 不燃烧、不爆炸、无毒，对环境无污染。

4. 其他方面的要求

理想的相变蓄冷材料还应具备易于大规模制备、价格便宜且易于获得等优点。在实际应用中，大规模的生产和低廉的成本能够显著降低系统的造价，从而推动相变蓄冷技术的广泛应用。通过优化制备工艺和原材料选择，可以降低生产成本，提高材料的性价比，使其更具市场竞争力。

总之，相变蓄冷材料应具备高温稳定性、低高温抗腐蚀性和与盛装容器不发生化学反应的特性，并符合无毒、无污染等环保标准。同时，它应易于大规模制备、价格便宜且易于获得，以满足实际应用的需求。这些特性将共同推动相变蓄冷材料在能源存储和回收领域的应用和发展。

2.6　蓄冷材料的缺陷与优化

相变蓄冷材料是蓄冷技术中重要的组成部分，其性能直接影响实际的应用效果。尽管相变蓄冷材料具有高能量密度、高效节能、适用性广和环保等优点，但是其在使用过程中也存在一些缺陷和局限性，如发生过冷和相分离现象，以及存在一定腐蚀性等。由于蓄冷材料的种类繁多、应用场景广泛，需要根据蓄冷材料的性质和具体的使用场合进行针对性的优化。

2.6.1　过冷度

在实际蓄冷应用中，典型的有机相变材料不会发生严重的过冷现象，而大多数无机相变材料在使用过程中存在过冷现象。如图 2-12 所示，过冷现象是指液态蓄冷材料冷却至"凝固点"时无法结晶，需要继续冷却到"凝固点"以下一定温度时才能出现结晶现象，即相变过程中的实际转变温度低于其凝固点温度。相变材料理论相变温度和实际相变温度之间的差值 ΔT 为过冷度，如式(2-4)所示。

$$\Delta T = T_f - T_r \tag{2-4}$$

式中，T_f 为理论相变温度，℃；T_r 为实际相变温度，℃。

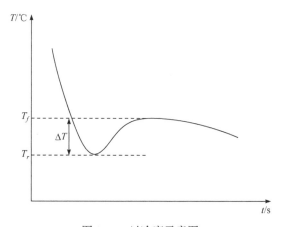

图 2-12　过冷度示意图

过冷度产生的原因主要为相变材料核化过程中需要一定的能量激活，在缺乏合适的核化位点时会导致出现过冷现象。冷却速度也会影响材料的过冷度，如果温度降低太快，容易导致颗粒无法聚集形成晶体，使实际结晶温度大大降低，过冷度增大。例如，通过对蓄冷材料 D-甘露醇的研究发现，当冷却速度超过 10℃/min 时，会出现过冷现象。下面将列举一些常见的具有过冷度的蓄冷材料，具体见表 2-9。

表 2-9 常见具有过冷度的蓄冷材料

物质	熔点/℃	潜热/(J/g)	过冷度/℃	冷却速度/(℃/min)
$C_8H_{16}O_2$	15	158	6.2	10
$C_{10}H_{20}O_2$	32	153	2.6	5
$KF \cdot 4H_2O$	18.5	231	33	0.2
$CaCl_2 \cdot 6H_2O$	29	191	30	0.2
$LiNO_3 \cdot 3H_2O$	29	231	40	10
$Na_2HPO_4 \cdot 12H_2O$	35	280	20	—
$Na_2SO_4 \cdot 10H_2O$	32	186	20	—

过冷度会影响相变材料的性能和效率，过高的过冷度会导致材料性能的下降。过冷度的存在可能会导致相变不稳定、结晶不完全或结晶不规则，引起剧烈的温度波动，降低材料的热交换效率和循环寿命，影响蓄冷性能，过冷状态下的相变可能会导致材料结构的不可逆变化。为了优化相变材料的过冷度，可以采取以下方法。

1. 添加晶种或成核剂

通过加入适量晶种或成核剂，如相同材料的稳定固体晶体、金属粉末、陶瓷微粒等，可以提供良好的核化位点，促进相变过程中的晶核形成和生长，有助于控制过冷度并提高相变的速度和效率。提供来自相同材料的稳定固体晶体作为晶种时，周围的液体会迅速生长在晶体周围。使用其他材料的固体颗粒作为成核剂时，该材料将作为非均相成核的基板。添加成核剂是触发过冷材料成核的最简单有效的方法，有时仅使用1%重量的成核剂即可将相变材料的过冷度降低 90%。其次，在材料中引入多孔结构、微纳米结构等，也可以为核化提供更多位点以降低过冷度。表 2-10 总结了以 $CaCl_2 \cdot 6H_2O$ 作为基底相变蓄冷材料时，添加不同种类、不同质量分数的成核剂对其过冷度的影响，由表 2-10 可知，成核剂的添加均有效降低了过冷度。

表 2-10 $CaCl_2 \cdot 6H_2O$ 相变蓄冷材料中成核剂添加对过冷度的影响

成核剂	添加的质量分数/%	过冷度降低值/%
$BaI_2 \cdot 6H_2O$	0.5	100.0
K_2CO_3	0.5	50.0
	0.1	58.2
$SrCl_2 \cdot 6H_2O$	1	100.0
$SrBr_2 \cdot 6H_2O$	1	90.7
	0.01	88.2
$BaCl_2$	0.1	91.6
	0.5	100.0
BaO	0.1	97.5
	0.01	84.0

2. 施加电场

施加电场是一种有效的调控蓄冷材料过冷度的方法。电场可以改变材料的分子排列和相互作用,从而影响相变的温度和速率。不同电极材料、电压、电流值、相变蓄冷材料浓度等都对过冷度有一定的影响。例如,在冰晶成核过程中,当不同电极浸入过冷水中时,与无电流实验相比,当施加直流电时,过冷度总是降低的。表 2-11 所示为使用电设备降低过冷度的实验,由表 2-11 可知,通过合理设计电场强度,可以实现对过冷度的精准控制,从而优化相变材料的性能。

表 2-11　使用电设备降低过冷度的实验

电流类型	电压/V	电极材料	相变材料	过冷度降低/%
直流	0~30000	Cu	H_2O	83
直流	0~8000	W	H_2O	100
直流/交流	0~1000	Pt, Ti	H_2O	83
直流	0~20	Cu, Al, Ni, Fe, Au	$C_{16}H_{36}BrN$	100
直流/交流	−2~1	Cu 合金	$CH_3COONa \cdot 3H_2O$	89
直流	0~1000	Ag	$C_4H_{10}O_4$	54

3. 机械方法

机械冲击可以引发成核,目前常用的机械方法主要为超声辐射和搅拌。超声辐射通常用于触发相变材料的成核,并且已经对不同的材料(水、盐水合物、糖醇)进行了多项研究。超声成核过程主要是由于空化,成核多发生在气泡坍塌的位置。空化是一种通过动态压力触发成核的方法,通过气泡崩溃局部施加高压。超声对诱导时间(即从超声波开始到第一个晶体出现的时间)有一定的影响,研究表明,晶体会被超声波产生的搅动侵蚀或破坏,超声波功率增加可以减小材料的粒径,在足够的超声功率下,诱导时间可以减少。超声处理前的过冷度、超声功率、探头的大小和探头的浸入深度等都会影响最终的过冷度。表 2-12 总结了部分利用超声降低过冷度的实验,由表 2-12 可知,超声可有效降低过冷度。

表 2-12　利用超声降低过冷度的实验

功率/W	频率/kHz	持续时间/s	材料	体积/($\times 10^3 mm^3$)	过冷度降低/%
40	36	1	H_2O	3	62
100	39	5	H_2O	3600	70
180	20	4000	H_2O	100	71
50	20	60	$CH_3COONa \cdot 3H_2O$	17	89
50	20	90	$Na_2HPO_4 \cdot 12H_2O$	50	100

搅拌对降低某些相变材料,特别是盐水合物的过冷度有显著效果,然而在此过程下的成核机理并不清楚。搅拌技术对于过冷度的影响可能有不同的效果,低搅拌速度可以降低过冷度,然而在中等搅拌速度下可能由于晶体破碎成小于临界半径的晶体,降低初级成核

效应，过冷度反而会增加。

因此，合理控制相变材料的过冷度是提高其蓄冷性能的关键。在实际应用过程中，添加成核剂被证明是最有效的解决方法之一，这种方法可重复且成本低廉，不需要特定的设备。超声波或电成核等技术在材料中动态诱导凝固，有可能会影响晶体的性质，且需要特定类型的设备，开发起来相对困难。

2.6.2 导热性

相变材料的导热性是非常重要的性能指标之一，直接影响着其在冷量存储和释放过程中的效率。相变材料在相变过程中需要吸收或释放大量潜热，良好的导热性可以提高热量的传递速度。导热性差会导致相变材料内部温度分布不均匀，降低热能存储和释放的效率。对于大多数相变材料而言，其热导率较低，影响实际使用效果，其中有机相变材料的低热导率是限制其广泛使用的主要因素之一，因此强化相变材料的热导率十分必要。目前常用的提高导热性的方法主要是通过在相变材料中添加高导热材料以增强其导热性，具体如下。

1. 添加金属材料

在相变材料中添加金属材料是提高导热性的有效解决方案之一。铜、铝、镍、不锈钢等各种形式(翅片、泡沫、刷子等)的金属通常用作导热促进剂的材料。其中，金属泡沫材料由金属通过模板铸造或脱合金制成，具有丰富的多孔结构，骨架之间相互连接，具有高热导率、稳定的热物理性能、低密度和高孔隙率，广泛应用于不同的场合，如蓄热系统、冷却系统等。与金属纳米颗粒相比，金属泡沫具有更大的纵横比和更低的密度，因此效果更优。金属泡沫孔隙率的选择非常关键，取决于其应用目的，图 2-13 是不同孔隙率的泡沫铜图像。如果使用金属泡沫的目的是提高传热率，应选择低孔隙率的泡沫，高孔隙率的泡沫适用于增强储热能力。当泡沫的孔隙率固定时，孔径对热导率的影响很小。当相变材料和泡沫层平行于热流方向时，相变材料/金属泡沫复合材料的热导率更高。

以石蜡/金属泡沫复合材料的热导率为例，进行实验测量和理论预测。结果表明石蜡/泡沫镍复合材料的热导率是纯石蜡的近 3 倍，石蜡/泡沫铜复合材料的热导率是纯石蜡的近 15 倍。与纯石蜡相比，石蜡/泡沫铜复合材料具有更好的传热能力，温度分布更均匀。泡沫铜的多孔结构增大了材料的热导率，但也阻碍了液体石蜡的流动。因此，金属泡沫材料的自然对流比纯石蜡弱，但整体热导率有所改善。

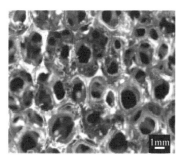 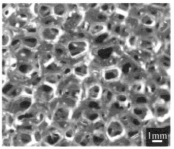 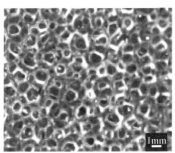

图 2-13 不同孔隙率的泡沫铜图像

2. 添加纳米材料

纳米颗粒的添加可以显著改善相变材料的热导率，主要原因如下：①纳米颗粒的加入改变了基础液体的结构，增强了混合物内部的能量传递过程，使得热导率增大；②纳米颗粒的小尺寸效应，使得颗粒与液体间有微对流现象存在，这种微对流增强了颗粒与液体间的能量传递过程，进而提高了整体热导率。常用的纳米颗粒可以分为金属基纳米材料和碳基纳米材料两大类。

1) 金属基纳米材料

在相变材料中添加高导热金属基纳米材料(纳米颗粒、纳米片、纳米线、纳米管和纳米纤维)可以显著增大其热导率，即以一定的方式和比例在相变材料中添加纳米级金属或金属氧化物粒子，形成新的强化传热介质。例如，在肉豆蔻酸中添加不同比例的 TiO_2、ZnO、CuO 和 Al_2O_3 纳米颗粒可以增大其热导率，当质量分数为 2% 时，肉豆蔻酸的热导率分别增大为原来的 1.5 倍、1.49 倍、1.45 倍和 1.37 倍。

2) 碳基纳米材料

将碳基纳米材料膨胀石墨、石墨烯、碳纳米管和碳纤维等与蓄冷材料进行复合是增大其热导率的常用方法之一。碳基纳米材料的热导率增强效果往往高于金属或金属氧化物纳米材料，因其具有更有效的网络结构，几乎没有微裂纹或松散界面。其中，膨胀石墨广泛应用于蓄冷材料中，其多孔结构可以为蓄冷材料提供更有效的传热路径。例如，以正癸酸、十二醇为蓄冷原材料，采用真空吸附法制备了添加膨胀石墨的复合相变材料，结果表明与未添加膨胀石墨的复合相变材料相比，热导率提高了 13.75 倍。

3. 结构设计

采用多孔材料或微胶囊等进行结构设计可以有效增强相变材料的导热性能。在相变材料基体中添加支撑材料，可以获得形状稳定的相变材料，增加相变材料与传热介质的接触面积，进一步提高热交换效率。微胶囊结构中微小的囊壁结构在相变过程中可以促进热量传递，提高热导率，提高相变材料与外界介质之间的热交换效率，提高能量储存和释放的效率。

2.6.3　相分离

相分离现象多发生于无机盐类相变材料中，指相变材料经过多次反复相变过程后不同相态会发生分离，即形成固态和液态的两个相区域。相分离现象会对材料的性能和效率产生负面影响，导致材料的相变温度和相变潜热等物性发生变化，降低材料的蓄冷效果。其次，相分离使得材料中实际参与相变的部分减少，降低材料的蓄冷储能容量。同时，相分离会增加材料内部的热传导路径，增大热阻，降低材料的热传导效率。因此，在设计和应用无机盐类相变材料时，需要考虑并解决相分离现象带来的问题，以提高材料的性能和应用效果。为了减少相变材料中的相分离现象，可以采取以下优化方法。

1. 添加增稠剂

增稠是在不改变相变材料熔点的情况下通过添加增稠剂来增加材料黏度的技术。增稠剂的使用使得无机盐水合物的固体颗粒更均匀地分布在溶液中。常用的增稠剂有无机增稠剂(硅藻土、凹凸棒石土、钠基膨润土、有机膨润土、分子筛、硅凝胶等)、纤维素醚(羧甲基纤维素钠、羟乙基甲基纤维素、甲基纤维素等)、天然高分子及其衍生物(海藻酸钠、淀粉、明胶、干酪素等)、合成高分子(聚乙烯醇、聚乙烯吡咯烷酮、聚丙烯酰胺等)和其他类别(络合型有机金属化合物等)。例如,添加纤维素衍生物可以使相变材料内形成三维基质,在相分离过程中起到屏障的作用。然而,添加增稠剂可能会导致潜热发生较为明显的降低,潜热的降低范围从约 4% 到 20%～35%。潜热的降低取决于添加到相变材料中的增稠剂的量。引入少量的增稠剂足以防止无机盐类相变材料中的相分离,同时保证潜热不降低。

以十水硫酸钠为冷能载体,添加增稠剂聚丙烯酸钠来抑制相分离,增稠剂使材料形成凝胶状,从而抑制相分离现象。如图 2-14 所示,没有添加聚丙烯酸钠的样品在静置 30 天后发生了明显的固液分离,形成了一个清晰层和一个浑浊层。分别加入质量分数为 0.5%、1.0% 和 1.5%聚丙烯酸钠的样品在静置 30 天后没有发生相分离。

图 2-14　添加不同质量分数聚丙烯酸钠后十水硫酸钠的相分离现象

2. 结构设计

采用多孔材料或微胶囊等进行结构设计也可以有效解决相分离问题。多孔结构材料可以形成稳定的孔道结构或网状结构,限制相变材料的流动,从而防止相分离发生。一些多孔材料,如膨胀石墨、硅藻土、膨胀蛭石、碳纤维、碳纳米管、石墨烯纳米片和纳米二氧化钛,可以用来解决相分离问题。例如,可以采用溶胶-凝胶法将盐水合物混合物($Na_2SO_4 \cdot 10H_2O$-$Na_2HPO_4 \cdot 12H_2O$)浸渍到多孔二氧化硅基质中,盐水合物会限制在二氧化硅基质中,有效抑制相分离。微胶囊结构能限制相变材料的流动,增强相变材料与基体的结合性,防止相变材料在使用过程中的沉淀和漏出现象,进一步减少相分离的可能性。

具有可调结构和良好机械流变性能的水凝胶材料可以快速自我修复,并广泛应用于相变材料中。以凝胶形式制备无机盐水合物是一种有效解决相分离的方法,可以使用多种方法实现凝胶化,包括聚合物链的物理缠结、静电相互作用和共价化学交联。虽然多孔材料可以解决相分离问题,但由于相变过程引起的无机盐水合物的体积应力会引起开裂,使用富含亲水基团的聚合物凝胶作为支撑材料已成为保持无机盐水合物形状稳定性的新方法。

3. 制备共晶

制备共晶材料可以在一定程度上解决相分离问题。通过共晶结晶，可以减少或抵消增稠剂的使用，从而保持复合相变材料的高热物性。例如，$Na_2HPO_4 \cdot 12H_2O$ 很少发生相分离，许多相变材料的相分离问题可以通过与其共晶来解决。将 $Na_2CO_3 \cdot 10H_2O$ 与 $Na_2HPO_4 \cdot 12H_2O$ 组合成共晶熔盐，这种共晶熔盐能有效防止相分离，并降低材料的过冷度。然而，对于一些需要保持相变温度恒定的场合来说，这种共晶结晶方法可能不合适，因为它会改变相变温度，使用须与实际可行性相关联。

4. 搅拌法

搅拌可以加快物质的扩散和混合，增加两相之间的接触界面面积，促进物质在界面上的传质和相互作用，同时，搅拌可以提高流体的传热效率，降低温度梯度，从而减少由温度差异引起的相分离。因此，搅拌通过改变流体的流动状态和界面状态，可以有效抑制相分离现象的发生，提高混合体系的稳定性。在实际应用中，合理选择搅拌条件是关键。

目前，添加增稠剂是改善水合盐类相变材料相分离问题较为快速、简便的方法。然而，各类增稠剂对改善相变体系的蓄冷性能效果不尽相同，仍需要通过大量实验逐一验证。制备定形相变材料不仅能有效改善相分离问题，还能优化相变潜热和热导率。相比添加增稠剂，该方法在改善相分离方面的效果更为显著。此外，还可以考虑采用其他创新性的方法，如引入纳米材料、构建复合结构等，进一步提高相变材料的综合性能，满足实际应用的需求。

2.6.4　腐蚀性

1. 添加缓蚀剂

缓蚀剂对相变材料溶液中金属的腐蚀速率有一定的抑制作用，通过添加不同比例的缓蚀剂可以有效抑制材料本身引起的腐蚀行为。例如，脯氨酸、蛋氨酸和其他氨基酸可以有效防止相变材料对碳钢的腐蚀行为。缓蚀剂分子吸附在容器表面形成保护层，大大降低了容器在酸性环境中的腐蚀速率。由于缓蚀剂技术具有良好的抑制效果和较高的经济效益，开发适合不同相变材料的缓蚀剂是解决相变材料腐蚀问题的有效途径。

2. 封装

相变材料封装技术的发展也可显著改善腐蚀问题，根据材料尺寸的不同，选择合适的封装方法变得尤为重要，可以使用聚合物作为封装材料将相变材料与容器分离。例如，使用金属作为封装材料，应选择不易腐蚀的金属，也可以对金属进行表面处理，如抛光处理、阳极氧化等增强其表面的耐腐蚀性。

3. 添加防腐涂层

在相变材料和包装容器之间添加涂层以避免直接接触是目前常用的防腐方法。由于添加涂层简单、快速、经济，这种方法已成为防腐的主要方法，通过添加涂层来减轻腐蚀，包装容器的使用寿命增加，可以带来更好的经济效益。

2.6.5　循环稳定性

相变材料在实际应用中需要经历多次相变循环，因此循环稳定性是影响相变材料大规模应用的关键问题之一。例如，无机盐水合物长时间暴露在连续的加热/冷却循环中时，它们储存冷量的能力通常会降低甚至消失。这是因为经过多次连续加热/冷却循环稳定性测试后，材料无法保持其原有的晶体结构，会生成新的晶体结构，这种新的晶体结构导致相变材料具有不同的热物性质，表现为相变温度、相变潜热和热导率的变化。

通过向相变材料中添加适量的稳定剂，可以改善其循环稳定性，减少相变过程中的相变温度漂移。采用多孔材料进行初级包封有利于解决无机盐水合物循环稳定性差的问题，特别是与包封前相比，潜热损失会更低。然而，随着循环时间的延长，无机盐水合物的潜热仍然会降低，循环寿命下降。因为无机盐水合物中所含的结晶水会更容易流失，多孔材料的封装不能完全抑制水分的消散，进一步密封无机盐水合物十分必要。如图 2-15 所示，膨胀石墨基体的微孔结构使游离水分子更容易停留在微孔中，在一定程度上缓解了无机盐水合物的相分离和脱水。然而，水仍然可以通过蒸发从膨胀石墨基体的开孔中溢出，因此还需要在膨胀石墨基体的基础上添加一层有机硅密封胶，以进一步抑制脱水。

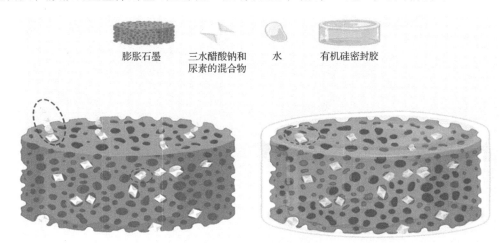

图 2-15　提高无机盐水合物循环稳定性的多尺度包封机理

在初级封装的基础上，使用聚乙烯吡咯烷酮、石蜡、商业密封剂、硅酮密封胶和其他密封剂进行二次封装，可以保留游离的水分子。密封胶仅在复合相变材料表面形成一层很薄的密封层，不影响相变材料的储能密度或相变材料内部的传热。多级封装具有更长的循环寿命，在数百次加热/冷却循环中潜热衰减很小；初级封装在数百次加热/冷却循环中潜热衰减非常大。因此，经过多尺度包封后，相变材料可以保持稳定的组成和相变性能。

本　章　小　结

本章主要介绍了常见的相变蓄冷材料，包括其物性参数、分类方法、制备方法、测试方法、选择标准以及其缺陷和优化。不同种类相变蓄冷材料的蓄冷能力不同，因此往往需要制备复合蓄冷材料来实现对材料相变潜热、相变温度和导热性等性能的控制。选择蓄冷材料时应根据特定的应用场景，充分考虑其物性参数是否能满足应用要求，同时应根据现有蓄冷材料存在的问题，如过冷度、相分离以及循环稳定性等进行针对性的调控和优化，以提高其蓄冷能力，降低经济成本，满足应用要求。

课 后 习 题

2-1　蓄冷材料的主要性能有哪些？如何通过实验测试这些性能指标？

2-2　什么是蓄冷材料的过冷度？过冷度对蓄冷材料性能有什么影响？如何降低过冷度？

2-3　蓄冷材料的热导率会影响热量的传递效率，如何改善蓄冷材料的热传导性能？

2-4　在材料设计中，如何有效预防和抑制相分离问题的发生？

2-5　不同应用场景下，蓄冷材料应选择何种性能指标作为主要考虑因素？

第3章 蓄冷设备

3.1 蓄冷器

蓄冷设备是一种能够储存冷量的装置，其工作原理主要依赖于显热蓄冷和潜热蓄冷两种方式。显热蓄冷通过降低温度来储存冷量，潜热蓄冷则通过相变材料(如冰)的凝固或融化过程来储存和释放冷量。

3.1.1 水蓄冷槽

1. 自然分层蓄冷

自然分层蓄冷方法是一种利用水密度随温度变化的特性，在蓄冷水箱内形成温度分层的蓄冷技术。这种方法通过巧妙的水力设计和运行控制，实现蓄冷水箱内冷水和热水的自然分层，从而提高蓄冷系统的效率。

水在4℃时密度最大，温度升高或降低都会导致水的密度降低。利用这一特性，冷水(低温)和热水(高温)可以在水箱内自然分层，不易混合。在蓄冷水箱内，4~6℃的冷水稳定地积聚在蓄冷槽的最低部位，而13℃以上的温水积聚在蓄冷槽的高部位，中间有一个较为明显的分层界面(斜温层)，通过控制进出水的位置和流量，可以维持这种分层结构。图3-1为蓄冷槽和斜温层内温度变化示意图。

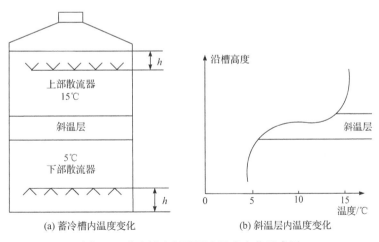

(a) 蓄冷槽内温度变化　　　　　(b) 斜温层内温度变化

图 3-1　蓄冷槽和斜温层内温度变化示意图

在蓄冷槽中设置了上下两个均匀分配的水流散流器。为了达到自然分层的目的，要求在蓄冷和放冷过程中，空调回流温水始终从上部散流器流入或流出，冷水则从下部散流器流入或流出，应尽可能形成分层水的上下平移运动。在自然分层的水蓄冷槽中，斜温层是一个影响冷热分层和蓄冷槽蓄冷效果的重要因素。这是由于冷热水间自然的导热作用而形成的一个冷热温度过渡层，并随储存时间的延长而增厚，从而减小实际可用蓄冷水的体积和可用蓄冷量。蓄冷槽储存期内斜温层的变化是衡量蓄冷槽蓄冷效果的主要指标，一般希望斜温层厚度为 0.3～1.0m。

　　为了防止水的流入和流出对储存冷水的影响，在自然分层蓄冷槽中通过水流散流器从槽中取水和向槽中送水。水流散流器可使水缓慢地流入蓄冷槽和从蓄冷槽中流出，以尽量减少紊流和扰乱斜温层。这样在蓄冷时，才能实现随着冷水不断从下部送入蓄冷槽和温水不断从上部抽出，槽内斜温层稳步上升，如图 3-2 所示。反之，当取冷时，随着温水不断从上部流入和冷水不断从下部抽出，槽内斜温层逐渐下降。

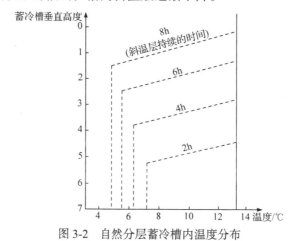

图 3-2　自然分层蓄冷槽内温度分布

　　图 3-3 为自然分层水蓄冷系统原理图。系统组成是在常规的制冷系统中加入蓄冷槽，如图 3-3(a)所示。在蓄冷循环时，制冷机组送来的冷水由下部散流器进入蓄冷槽，温水则从上部排出，槽中水量保持不变。在放冷循环时，水的流动方向相反，冷水由下部送至负荷端，回流温水从上部散流器进入蓄冷槽。图 3-3(b)为水蓄冷系统特性曲线图，纵坐标为温度，横坐标为蓄冷量百分比。A、C 分别为放冷循环时蓄冷槽的回水和出水特性曲线；B、D 分别为蓄冷循环时制冷机组的回水和出水特性曲线。一般用蓄冷效率来描述蓄冷槽的蓄冷效果。蓄冷效率定义为蓄冷槽实际放冷量与蓄冷槽理论可用蓄冷量之比，即蓄冷效率=(曲线 A 与 C 之间的面积)/(曲线 A 与 D 之间的面积)。

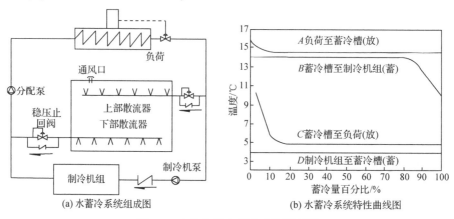

(a) 水蓄冷系统组成图　　　　　　(b) 水蓄冷系统特性曲线图

图 3-3　自然分层水蓄冷系统原理图

一般来说,自然温度分层结构稳定,能够提供持续、稳定的冷量输出,提高系统可靠性。另外,自然分层方法相较于机械混合和强制循环系统,设计和维护更为简单,若设计合理,其蓄冷效率可以达到85%～95%。

自然分层水蓄冷系统适用于需要大容量蓄冷且冷量需求较大的场合,如大型商业建筑、工业设施和区域供冷系统,尤其在电价差异较大的地区,能够显著提升经济效益。通过科学的设计和精细的控制,自然分层水蓄冷系统能够实现高效、稳定的冷量储存和释放,满足各种复杂工况下的制冷需求。

2. 多槽式蓄冷

多槽式水蓄冷系统是一种通过多个蓄冷槽(或水箱)和空槽交替运行,实现高效冷量储存和释放的蓄冷技术。这个系统的设计目的是提高储冷效率、灵活性和可靠性,特别适用于大规模冷量需求和复杂负荷波动的场合。

图3-4为多槽式水蓄冷系统流程图。系统中包含了多个蓄冷槽,将冷水和温水分别储存在不同的蓄冷槽中,空槽用于临时存放非冷水(即回水或室温水),在不同蓄冷槽之间进行水的转换和调节,利用设置的空槽实现冷、温水的分离,从而保证送至负荷的冷水温度维持不变。在蓄冷过程中,蓄冷槽自左至右逐个充满,进行蓄冷的蓄冷槽右侧槽中的非冷却水由下部阀门控制抽出,送至冷水机组冷却后进入蓄冷槽。当蓄冷槽充满时,紧靠右边槽中的温水也刚好倒空。类似地,当蓄冷过程结束时,右边第一槽是空的。在放冷过程中,方向相反。通过多蓄冷槽和空槽交替运行,确保每个蓄冷槽都有充分的时间进行冷量储存和释放,提高系统的整体效率。控制系统动态调度各蓄冷槽和空槽的运行,根据实际冷负荷需求和电价情况,灵活切换蓄冷槽和空槽的角色,实现经济效益最大化。系统中的多个蓄冷槽独立运行,当某个蓄冷槽出现故障时可以从系统中分离出来进行检修维护,其他槽仍然可以正常工作,确保系统的连续供冷能力。系统模块化设计,通过增加蓄冷槽和空槽数量,可以方便地扩展系统容量。多槽式水蓄冷系统要求使用的阀门较多,故系统的管路和控制较复杂,初投资和运行维护费用较高。

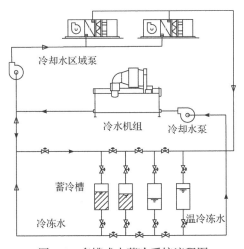

图3-4 多槽式水蓄冷系统流程图

3. 迷宫式蓄冷

迷宫式蓄冷系统是一种通过复杂的管道和流道设计来实现高效冷量储存和释放的蓄冷技术。其设计原理在于利用迷宫式结构延长水流路径、提高传热效率、减少冷热水混合、保持稳定的温度分层。

图 3-5 为迷宫式蓄冷槽示意图。水箱内部设计成迷宫式结构，通过复杂的管道和隔板设计形成复杂的流道网络，水流按照设计的路线依次流过每个单元格。冷水从底部进水口进入，通过迷宫式流道缓慢流动，逐渐沉积在水箱底部形成冷水区。热水从顶部进水口进入，通过迷宫式流道均匀分布在上层，形成热水区。迷宫式蓄冷法能较好地防止冷温水混合，但在蓄冷和放冷过程中，水交替地从顶部和底部进水口进入单元格，每两个相邻的单元格中就有一个是温水从底部进水口进入或冷水从顶部进水口进入，这样易因浮力而造成混合。因此，系统配备多个进出水口，通常设计在水箱的不同高度位置，以便分别引入冷水和排出热水，进出水口配有扩散器或喷淋装置，确保水流均匀分布。另外，若水流流速过高，则在蓄冷槽内会产生旋涡，导致水流扰动及冷温水的混合；若水流流速过低，则会使进出水口端发生短路，在单元格中形成死区，使其余空间不能得到充分利用，降低蓄冷系统的容量。

 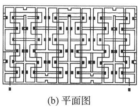 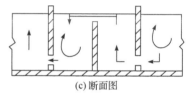

(a) 水流示意图   (b) 平面图   (c) 断面图

图 3-5 迷宫式蓄冷槽示意图

尽管迷宫式蓄冷槽内存在部分混合现象，但由于蓄冷槽由多个小槽组成，且有隔板隔离，因此，迷宫式蓄冷系统对不同温度的冷温水分离效果较好，而且这种设计有助于冷水和温水之间形成更稳定的温度分层，使出水温度更加均匀，提高了系统的整体效率。由于设计上的优化，迷宫式蓄冷槽通常可以在较小的空间内实现较大的热交换面积，对于空间受限的场所尤为适合。另外，迷宫式设计增加了水流经过的路径长度，使得水与槽壁的接触面积增大，提高了冷能的存储效率，更有效的热交换过程可以减少冷机运行时间，从而降低能源消耗。但其槽表面积和容积之比偏高，使储存冷量的热损失增加，流量大的情况下压力损失较大。由于内部结构复杂，清洁和维护工作比较困难和耗时，且精确制造迷宫式结构需要更高的技术标准和制造精度，对生产设备和技术要求较高。

迷宫式蓄冷技术通过复杂的内部通道设计，增加了水流路径长度和热交换面积，从而显著提高了冷却效率和能源利用效率。迷宫式蓄冷系统适用于需要大规模、持续冷却的场合，如大型商业建筑、数据中心、医院、教育机构和某些工业设施。其技术特点包括在较小的空间内实现高效热交换、利用低谷电价时段进行能源储存以及减少高峰时段的能源消耗，这些优点使得迷宫式蓄冷技术在现代建筑和工业中得到广泛应用。

4. 隔膜式蓄冷

隔膜式蓄冷槽利用物理隔膜(通常是特制的膜材料或可移动的刚性隔板)将蓄水槽分成两部分，其中一个空间储存较冷的水，另一个储存温度稍高的水，从而实现冷温水的分离。

图 3-6 为隔膜式水蓄冷槽示意图，为了减少温水对冷水的影响，冷水在下，温水在上。

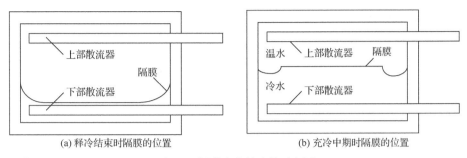

(a) 释冷结束时隔膜的位置　　　　　　　　(b) 充冷中期时隔膜的位置

图 3-6　隔膜式水蓄冷槽示意图

隔膜通常由耐腐蚀、耐低温且具有良好隔热性能的材料制成，如橡胶、特定类型的塑料或复合材料，这种材料可以有效隔断冷水和温水之间的热交换。隔膜可水平放置，也可垂直放置，相应地构成了水平隔膜式水蓄冷空调系统和垂直隔膜式水蓄冷空调系统，其系统示意分别如图 3-7 和图 3-8 所示。水平隔膜较容易维持稳定的热分层，即使出现小破洞也能靠自然分层原理限制上下方水的混流，从而保持冷却效率。水平隔膜已成功地用于许多蓄冷槽，均能维持较高的蓄冷效率，同时为了使蓄冷槽内水流分布均匀，可在上下安装分配器。垂直隔膜可以通过适当的管理和设计来维持热分层，但随着水流移动，隔膜与槽壁间发生摩擦，容易发生破裂或附着于吸入口而较少使用。

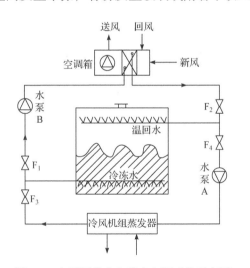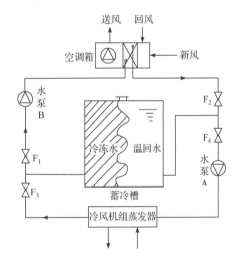

图 3-7　水平隔膜式水蓄冷空调系统示意图　　　图 3-8　垂直隔膜式水蓄冷空调系统示意图

隔膜式水蓄冷系统在为建筑提供高效冷却解决方案的同时，也带来了一定的挑战，特别是在成本和维护方面，因此对于考虑采用此类系统的项目，评估其长期的运营效益与前期投资是非常重要的。这种系统更适合于大型商业建筑或需要大量持续冷却的场所，如数据中心、大型办公楼等。

3.1.2　冰蓄冷罐

蓄冷空调系统中常用的蓄冷设备主要有盘管式蓄冷设备、封装式蓄冷设备等。下面介绍各种蓄冷设备的种类及性能。

1. 盘管式蓄冷设备

盘管式蓄冷设备是由沉浸在蓄冷槽中的盘管构成换热表面的一种蓄冷设备。在蓄冷过程中，载冷剂(一般为质量分数为 25%的乙二醇溶液)或制冷剂在盘管内循环，吸收蓄冷槽中水的热量，在盘管外表面形成冰层。取冷过程则有内融冰和外融冰两种形式。

外融冰方式指温度较高的空调回水直接送入盘管表面结有冰层的蓄冷槽中，使盘管表面上的冰层自外向内逐渐融化。由于空调回水与冰直接接触，换热效果好、取冷快，来自蓄冷槽的供水温度可低到 1℃左右。此外，空调用冷水直接来自蓄冷槽，故不需要二次换热装置。但是，为了使外融冰系统达到快速融冰放冷，蓄冷槽内水的空间应占一半，即蓄冷槽的蓄冷率(IPF)不应大于 50%，故蓄冷槽容积大。同时，由于盘管外表面冻结的冰层不均匀，易形成水流死角，使蓄冷槽局部形成永不融化的冰层，因此须采取搅拌措施，以促进冰的均匀融化。

内融冰方式指来自用户或二次换热装置的温度较高的载冷剂(或制冷剂)仍在盘管内循环，通过盘管表面将热量传递给冰层，盘管外表面的冰层自内向外逐渐融化进行取冷。冰层自内向外融化时，由于在盘管表面与冰层之间形成了薄的水层，其热导率仅为冰的 25%左右，因此融冰换热热阻较大，影响了取冷速率。为了解决该问题，目前多采用细管、薄冰层蓄冰。

与外融冰方式相比，内融冰方式可以避免外融冰方式由于上一周期蓄冷循环时，在盘管外表面可能产生剩余冰而引起的传热效率下降。另外，内融冰系统为闭式流程，对系统防腐及静压问题的处理都较为简便、经济。因此，内融冰蓄冷系统在空调工程中应用较多。

沉浸在蓄冷槽内的盘管结构形状常用的有三种，即蛇形盘管、圆筒形盘管和 U 形立式盘管。它们作为换热器的功能部件，分别与相应的不同种类的蓄冷槽组合为成套的各种标准型号的蓄冷设备。同时，这些盘管也可以根据需要制成非标准尺寸，并制作适用于各种建筑物布置的蓄冷槽，组成非标准的蓄冷设备以满足实际需要。

1) 蛇形盘管蓄冷设备

图 3-9 为蛇形盘管结构,为了便于安装与维护,当采用钢制或玻璃钢制整体式蓄冷槽时,槽体与墙壁或槽体之间一般应保持 450mm 的距离。

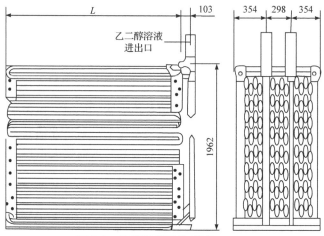

图 3-9　蛇形盘管结构(单位：mm)

2) 圆筒形盘管蓄冷设备

图 3-10 为圆筒形盘管蓄冷设备结构。盘管材质为聚乙烯,外径为 16mm,结冰厚度一般为 12mm。相邻两组盘管内,载冷剂出入口流向相反,有利于改善和提高传热效率,并使蓄冷槽内温度均匀。盘管组装在构架上,整体放置在蓄冷槽内。在充冷末期,蓄冷槽内的水基本上全部冻结成冰,因此该蓄冷设备又常称为完全冻结式蓄冷设备。

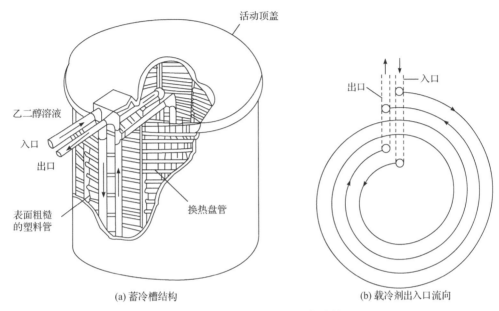

(a) 蓄冷槽结构　　　　　　　　　　　　(b) 载冷剂出入口流向

图 3-10　圆筒形盘管蓄冷设备结构

3) U 形立式盘管蓄冷设备

图 3-11 为 U 形立式盘管在蓄冷槽内结构图。盘管在蓄冷槽内,盘管材料为耐高、低温的聚烯烃石蜡脂,每片盘管由 200 根外径为 6.35mm 的中空管组成,管两端与直径为 50mm 的集管相连,其结冰厚度通常为 10mm。图 3-12 为 U 形立式盘管结构。U 形立式盘管的管径很小,因此很容易堵塞。如果载冷剂不经过过滤,或者没有很好地清洗过滤器,管道就会堵塞。

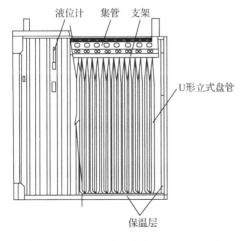

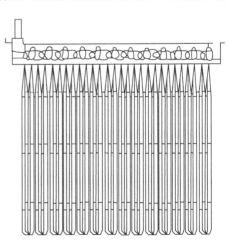

图 3-11　U 形立式盘管在蓄冷槽内结构　　　　　　图 3-12　U 形立式盘管结构

2. 封装式蓄冷设备

将蓄冷材料封装在球形或板状小容器内，并将许多这种小蓄冷容器密集地放置在密封罐或开式槽体内，从而形成封装式蓄冷设备。封装式蓄冷系统的流程可以是闭式的或开式的。封装在容器内的蓄冷材料有两种，即冰和其他相变蓄冷材料。

1) 冰球

法国 Cristopia 冰球式蓄冷设备使用用于空调蓄冷的 C.00 型冰球，其外径为 96mm，外壳是用高密度聚乙烯材料制成的，内充去离子水和成核添加剂。图 3-13 为蓄冷球结构。由于容器为刚性结构，水溶液注入并预留膨胀空间约为 9%，水在其中冻结蓄冷。

不论是采用开放式蓄冷槽还是密闭式蓄冷槽，均须注意冰球要密集堆放，以防止载冷剂从自由水面或无球空间旁通过。冰球在安装时，由于其外形对称，在蓄冷槽成包装排列，填满蓄冷槽内部，因此乙二醇溶液可以在每个容器四周环流，热交换均衡。为防止流体在蓄冷槽内发生局部短路而引起换热性能下降，在蓄冷槽的进、出口均设有匀化格栅或散流器，以使流体在蓄冷槽内流速均匀。在矩形蓄冷槽或开式蓄冷槽中，通常在槽内设有用于定位限制的格栅或挂栅，使封装的容器完全沉浸在载冷剂中。有时在蓄冷槽内设置必要的导流挡板，使溶液在蓄冷槽内均匀流动，提高其换热效率。

对冰球蓄冷设备而言，最重要的是要避免载冷剂流动短路现象(图 3-14)。在制冰和融冰周期，所有载冷剂必须均匀地掠过槽体内部的冰球，短路现象将会造成冰球吸冷量不足及放冷量减少。

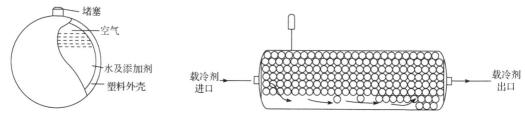

图 3-13　蓄冷球结构　　　　图 3-14　载冷剂通过冰球时的短路现象(开式蓄冷槽)

2) 冰板

Carrier 冰板为扁平状，由高密度聚乙烯材料制成，板内注入去离子水，单位容积的潜热容量为 $0.804kW \cdot h$，换热表面积为 $0.66m^2/(kW \cdot h)$。冰板有次序地放置在蓄冷槽内，其堆放的结构外形如图 3-15 所示。在蓄冷槽两端安置尺寸较小的冰板，以合理利用蓄冷槽的空间。蓄冷槽的体积为 $0.0145m^3/(kW \cdot h)$，冰板约占蓄冷槽体积的 80%。冰板在结冰和融冰过程中发生膨胀和收缩，冰板的材料性能可保证其在系统使用期内不发生破裂。

卧式蓄冷槽外形结构如图 3-16 所示。蓄冷槽内流量的大小可根据放冷量要求，用折流板使乙二醇载冷剂溶液在蓄冷槽内形成 1、2、4 三种通路。其最小流量为 $10 \sim 185m^3/h$；压降主要发生在蓄冷槽进、出口的水流分布器处，一般为 $12 \sim 35.9kPa$；其蓄冷容量为 $316 \sim 14920kW \cdot h$。

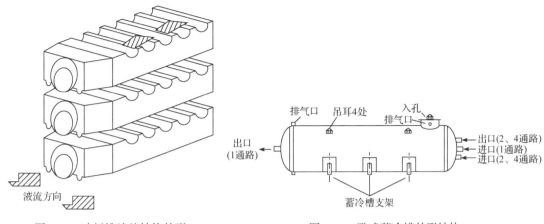

图 3-15 冰板堆放的结构外形   图 3-16 卧式蓄冷槽外形结构

3.1.3 乙二醇双工况机组

目前，以乙二醇溶液作为介质的双工况机组受到广泛关注，乙二醇双工况机组系统具有以下特点：由于用乙二醇溶液取代冷冻盐水，而乙二醇溶液不像冷冻盐水那样对钢设备有腐蚀性，因此不但保证了设备强度，也延长了设备的使用寿命。由于冷热媒介为同一介质——乙二醇溶液，因此每个单元设备仅需一路进出水管路与阀门，这不但节约了操作空间，同时又没有不同冷热媒介的回收问题，从而简化了操作，并可避免因操作不当造成能源的浪费及影响产品质量。

典型内融冰式乙二醇双工况蓄冰系统原理如图 3-17 所示。系统由双工况主机、乙二醇循环泵、蓄冰槽、板式换热器、冷水循环泵及相应的阀门组成。夜间低谷电价时段蓄冰，乙二醇回路的阀门 E1、E3、E4 开启，E2、E5、E6 关闭。双工况主机以制冰模式运行。乙二醇溶液在乙二醇循环泵的驱动下，经双工况主机冷却，流入蓄冰槽内的冰盘管，供回温度为–5℃和–2℃，与蓄冰槽内温度为 10℃左右的冷水进行间接换热，将蓄冰槽内的水完全

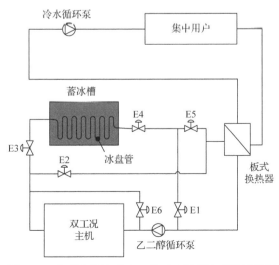

图 3-17 典型内融冰式乙二醇双工况蓄冰系统原理图

冻结或不完全冻结。日间融冰供冷时，乙二醇回路的阀门 E1、E3、E4、E5、E6 开启，E2 关闭。双工况主机停止运行，乙二醇循环泵驱动乙二醇溶液流入蓄冰槽内的冰盘管，供回温度为 10℃和 5℃，与蓄冰槽内温度为 0℃以下的冰进行间接换热，将冰逐渐融化。集中用户侧的冷水由冷水循环泵驱动，经板式换热器与低温乙二醇溶液间接换热。冷却后的冷水为集中用户提供冷量。内融冰系统在蓄冰和融冰时，都需要通过冰盘管内的乙二醇溶液受迫流动进行间接换热。特别是融冰供冷时，乙二醇溶液与冰盘管外侧冰之间的热阻很大，其瓶颈在于冰盘管外侧低温冷水的热导率极低且自然对流微弱，难以有效提升换热能力，极大地制约了系统取冷速率。双工况制冷冷水机组的实机示意如图 3-18 所示。

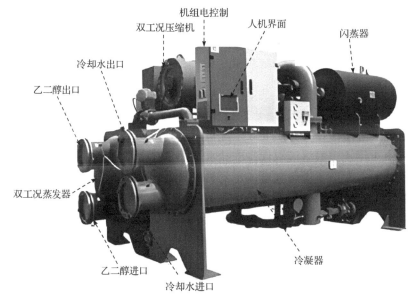

图 3-18　双工况制冷冷水机组的实机示意图

3.2　蒸发器与冷凝器

3.2.1　板式换热器

空调蓄冷系统的载冷剂从制冷机组或蓄冷装置中获得低温冷量，通过热交换器传递给空调回水，得到低温冷冻水供应用户。空调蓄冷系统的热交换器一般采用板式换热器，材质有铜、铝、钢、塑料等。板式换热器是新型高效换热设备，结构紧凑，传热效率高，传热系数为 5000～7000W/(m² · ℃)，比管壳式换热器高 3～5 倍。

1. 结构形式

常用的板式换热器有组合式和整体烧焊式。组合式板式换热器由一组波纹金属板作为换热板片，板片间垫以优质橡胶制成的密封元件，用端压板、螺杆等夹紧，构成换热器，如图 3-19 所示。波纹板片增加了流体的紊流度，使介质获得强烈的湍流，强化传热效果。组合式板式换热器常用于制冷剂(载冷剂)-水热交换或水-水热交换。

整体烧焊式板式换热器由若干片波纹状的不锈钢薄板构成一种多层结构，不锈钢薄板通过真空钉焊工艺组合起来。每一对板形成一个复杂的流道，进行换热时两种流体以逆向流方式流经相邻的槽道，在其中极易形成强烈的紊流，换热效率高，如图 3-20 所示。其常用作制冷机组的蒸发器和冷凝器。

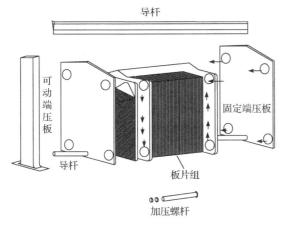

图 3-19　组合式板式换热器结构示意图

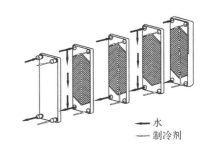

图 3-20　整体烧焊式板式换热器结构示意图

2. 热力学计算

1) 传热量计算

板式换热器的单位时间传热量可通过式(3-1)计算：

$$Q_1 = \beta K \Delta t_m F \tag{3-1}$$

式中，Q_1 为单位时间传热量，W；K 为传热系数，W/(m² · ℃)；Δt_m 为对数平均温差，℃；F 为有效传热面积，m²；β 为污垢修正系数，钢板换热器 $\beta = 0.7$，铜板换热器 $\beta = 0.75 \sim 0.80$。

2) 对数平均温差计算

板式换热器的对数平均温差 Δt_m 可按式(3-2)计算：

$$\Delta t_m = \frac{\Delta t_a - \Delta t_b}{\ln(\Delta t_a / \Delta t_b)} \tag{3-2}$$

式中，Δt_a 为板式换热器传热介质和被传热介质间最大温差，℃；Δt_b 为板式换热器传热介质和被传热介质间最小温差，℃。

3) 传热系数计算

板式换热器传热系数 K 值可按式(3-3)计算：

$$K = \frac{1}{1/a_1 + 1/a_h + r_p + r_1 + r_h} \tag{3-3}$$

式中，a_1 为传热介质换热系数，W/(m² · ℃)；a_h 为被传热介质换热系数，W/(m² · ℃)；r_p 为换热板的热阻，(m² · ℃)/W；r_1 为传热介质污垢热阻，(m² · ℃)/W；r_h 为被传热介质污垢热阻，(m² · ℃)/W。传热系数 K 值也可以根据生产厂家提供的数据选用。

4) 有效传热面积计算

板式换热器的有效传热面积按式(3-4)计算：

$$F = \frac{Q_1}{\beta K \Delta t_m} \tag{3-4}$$

3.2.2　蒸发器

制冷剂在蒸发器内吸热汽化。为了使蒸发器效率高、体积小，蒸发器应具有高的传热系数。制冷剂离开蒸发器时不允许有液滴，以保证压缩机的正常运转。在实际系统中，有时在蒸发器出口处装设气-液分离器，使压缩机得到进一步的保护。为提高传热系数，必须提高制冷剂与管壁间的表面传热系数。由于液体沸腾时的表面传热系数远大于蒸气与管壁间的表面传热系数，因此在设计蒸发器时要尽量使液体与管壁接触，并尽快将沸腾产生的蒸气排走。

蒸发器的类型很多，按制冷剂在蒸发器内的充满程度及蒸发情况进行分类，主要可分为干式蒸发器、满液式蒸发器和水平降膜蒸发器。

1. 干式蒸发器

制冷剂在管内一次完全汽化的蒸发器称为干式蒸发器。如图 3-21 所示，在这种蒸发器中，来自膨胀阀出口处的制冷剂从管子的一端进入蒸发器，吸热汽化，并在到达管子的另一端时全部汽化。管外的被冷却介质通常是载冷液体或空气。在正常的运转条件下，干式蒸发器中的液体容积为管内容积的 15%～20%。假定液体沿管子均匀分布，且润湿周长为圆周的 30%，则管子的有效传热面积为管子内表面的 30%。增加制冷剂的质量流量，可增加液体润湿面积，但蒸发器进、出口处的压差将因流动阻力的增加而增大，从而降低性能系数。

在多管路组成的蒸发器中，为了充分利用每条管路的传热面积，应将制冷剂均匀地分配到每条管路中去。可采用多种方法，常见的方法如图 3-22 所示。图 3-22 中的分配器为六管路分配器，每条管路有相同的流动阻力，制冷剂经分配器进入各条管路中。管路的布置应使蒸发后的制冷剂与温度最高的气流接触，以保证蒸气进入压缩机吸气管道时略有过热。

干式蒸发器按其冷却对象的不同可分为冷却液体型和冷却空气型两种。

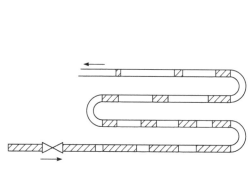

图 3-21　干式蒸发器

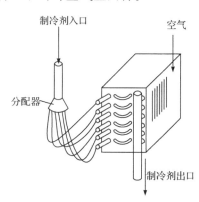

图 3-22　多管路干式蒸发器

1) 冷却液体型干式蒸发器

这类蒸发器按其管组的排列方式又可分为直管式和 U 形管式两种。直管式干式蒸发器如图 3-23 所示。制冷剂在管内流动,载冷剂在管外流动。机器运转时制冷剂从左端盖的下部进入,在管内经一次(或多次)往返后汽化,全部汽化后的蒸气由端盖上部的导管引出。由于制冷剂在汽化过程中蒸气量逐渐增多,体积不断增大,因此在多流程的蒸发器中,每流程的管子数也依次增加。载冷剂从蒸发器的左端进入,右端流出。为了提高载冷剂的流速,并使载冷剂更好地与管外壁接触,在蒸发器壳体内装有折流板。折流板的数量取决于载冷剂的流速,一般载冷剂横向流过管簇时的速度为 0.7~1.2m/s。折流板用拉杆固定,相邻两块折流板之间装有定距管,以保证折流板的间距。

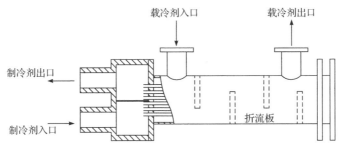

图 3-23　直管式干式蒸发器

U 形管式干式蒸发器如图 3-24 所示。这种蒸发器的壳体、折流板以及载冷剂在壳侧的流动方式和直管式干式蒸发器相同。两者的不同之处在于 U 形管式干式蒸发器是由许多根不同弯曲半径的 U 形管组成的。U 形管的开口端胀接在管板上,制冷剂液体从 U 形管的下部进入,蒸气从上部引出。U 形管组可预先装配,而且可以抽出来清除管外的污垢。此外,还可消除传热管热胀冷缩所造成的内应力。制冷剂在流动过程中始终沿同一管道内流动,分配比较均匀,不会出现多流程的气、液分层现象,因此传热效果较好。其缺点是由于每根传热管的弯曲半径不同,制造时需要采用不同的加工模具;不能采用纵向内肋片管,当管组的管子损坏时不易更换。

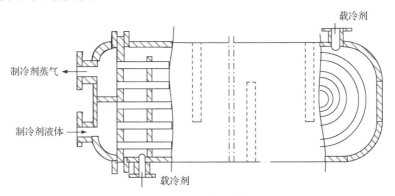

图 3-24　U 形管式干式蒸发器

2) 冷却空气型干式蒸发器

这类蒸发器(简称空气冷却器)广泛应用于冰箱、冷藏柜、空调器和冷库中,多做成蛇管式,制冷剂在管内蒸发,空气在管外流过而被冷却。按空气在管外的流动方式可分为自然对流和强制对流两种。

自然对流空气冷却器根据蒸发器结构形式的不同，主要有以下几种。

(1) 管板式。

管板式蒸发器有无搁架式和多层搁架式两种典型结构，见图 3-25。无搁架式蒸发器是将直径为 6～8mm 的紫铜管贴焊在铝板或薄钢板制成的方盒上，这种蒸发器制造工艺简单、不易损坏泄漏，常用于冰箱的冷冻室。在立式冷冻箱中，此类蒸发器常做成多层搁架式，将蒸发器兼作搁架，具有结构紧凑、冷冻效果好等优点。

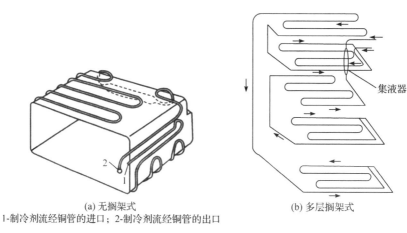

(a) 无搁架式
1-制冷剂流经铜管的进口；2-制冷剂流经铜管的出口

(b) 多层搁架式

图 3-25　管板式蒸发器

(2) 吹胀式。

吹胀式蒸发器是利用预先以铝-锌-铝三层金属板冷轧而成的铝复合板，平放在刻有管路通道的模具上，加压加热使复合板中间的锌层熔化后，再用高压氮气吹胀形成管形，冷却后锌层和铝层黏合，并可根据需要弯曲成各种形状，如图 3-26 所示。这种蒸发器传热性能好、管路分布合理，广泛应用于家用冰箱中。

(3) 冷却排管。

冷却排管主要应用于低温实验箱及冷藏库房中。图 3-27 为光滑管式冷却排管，这种蒸发器结构简单，是一组沿天花板或墙壁安装的光滑管组。制冷剂从管组的一端进入，蒸气从另一端排出。氨制冷机使用的光滑管是无缝钢管，氟利昂制冷机使用的光滑管是紫铜管。

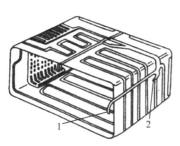

图 3-26　铝复合板吹胀式蒸发器
1-出口铜铝接头；2-进口铜铝接头

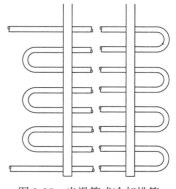

图 3-27　光滑管式冷却排管

为了提高传热效率，也可采用肋片管式蒸发器。肋片管式蒸发器是在光滑管上套上金属片(整体套片式)或绕金属带(绕片式)后制成的。肋片提高了蒸发器外侧的传热效果，肋片应和管壁接触良好，以保证良好的导热性能。对于换热管为钢管的蒸发器，肋片多采用绕片式，即用薄钢带绕在钢管外侧，并点焊固定而成；对于换热管为铜管的蒸发器，肋片则采用整体套片式或 L 形套片式，即将整张的铝箔肋片冲出很多管孔，然后换热管从管孔中穿过，可以使用高压流体或机械方法将管径扩张；随着铝制品的应用和机械加工技术的进步，也有采用铝管整体轧制的肋片，图 3-28 给出了四种肋片管的形式。

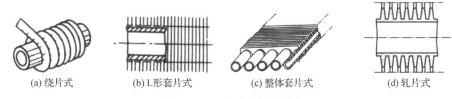

(a) 绕片式　　　(b) L形套片式　　　(c) 整体套片式　　　(d) 轧片式

图 3-28　四种肋片管的形式

图 3-29 为铝合金翼片管蒸发器。每根翼片管片与管一体挤压成型，耐压高、强度好，并可配置电热化霜装置。其具有换热效果好、重量轻、化霜方便等优点，可应用于氟利昂系统和氨系统，适于在冷库使用。

图 3-29　铝合金翼片管蒸发器

强制对流空气冷却器又常称为表面式蒸发器，广泛用于冷库、空调器及低温试验装置中。冷库中使用的强制对流空气冷却器，习惯上又称冷风机。表面式蒸发器的结构如图 3-30 所示，一般做成蛇管式，并在管外装有各种类型的肋片，以强化空气侧的换热。蒸发器外面的肋片主要是整体套片式和绕片式两种，形式及胀管方式与冷却排管相同。此类蒸发器须配置风机，实现空气的强制对流。

与冷却排管相比，强制对流空气冷却器具有结构紧凑、体积小、换热效果好、安装简便、金属消耗量少、库温均匀、易于调节、传热温差小等一系列优点，因此被广泛采用。缺点是采用了风机，不仅消耗电能，增加了库房热负荷，而且噪声较大，同时由于库内风速较大，食品干耗增加。

空气冷却器无论是自然对流式还是强制对流式，均有干式和湿式之分。干式空气冷却器是指空气冷却后，其温度仍高于相应条件下的露点温度，空气中的水蒸气不会析出。湿

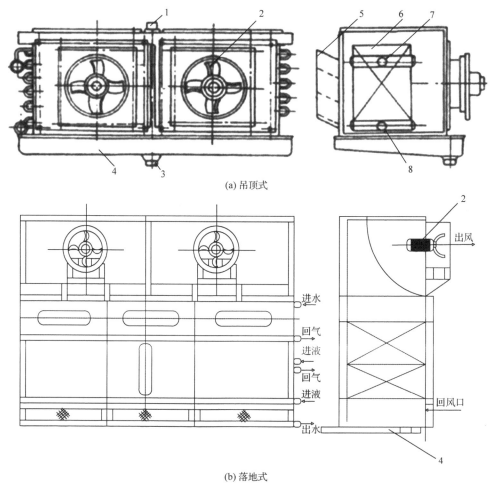

(a) 吊顶式

(b) 落地式

图 3-30　表面式蒸发器的结构图
1-进水管；2-轴流风机；3-下水管；4-水盘；5-进口导风板；6-蒸发盘管；7-回气管；8-供液管

式空气冷却器是指空气冷却过程中，其温度降低到相应条件下的露点温度，空气中的水蒸气在蒸发器表面上凝结，水分析出。这种现象通常称为凝露，当蒸发器表面温度低于凝固温度时，析出的水分还会冻结成霜。

2. 满液式蒸发器

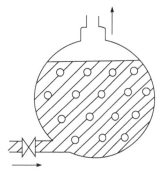

图 3-31　满液式蒸发器的原理图

满液式蒸发器广泛应用于制冷机中。这种蒸发器结构紧凑、传热效果好、易于安装、使用方便。图 3-31 是满液式蒸发器的原理图。在满液式蒸发器中，制冷剂在管外蒸发，液体载冷剂在管内流动冷却。

卧式满液式蒸发器如图 3-32 所示。这种蒸发器有用钢板卷制成的圆筒形外壳。外壳两端焊有两块圆形的管板。管板上钻了许多小孔，每个小孔内装一根管子，管子的两端用涨接法或焊接法紧固在管板的管孔中，形成一组直管管束。如果管子太长，可在筒体内装一块或几块支撑板，以防管子下垂。筒体两端装有封头,封头可用铸铁铸成,也可用钢板制成。封头内设有隔板,将管子按一定的管数和流向分成几个流程,使载冷剂按规定的流速和流向在管内往返流动,一般做成双流程,使载冷剂在同一端进出。制冷剂按一定的液面高度充灌在壳体内,它在管间吸收载冷剂的热量后汽化,使载冷剂得到冷却。为防止蒸气从蒸发器引出时夹带液体,除了控制液面高度外,有时在筒体上部设置气包,达到气液分离的目的。与离心式压缩机配套的满液式蒸发器在管束上装有挡液板,以阻挡从蒸气中带出的液滴,此外,容器上部不装管束,以减小蒸气流动时的阻力。为保证安全运行,在壳体上部还设有压力表、安全阀,在端盖上装有放空气阀及放水阀。

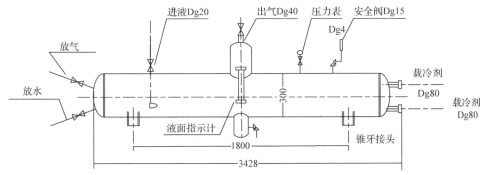

图 3-32 卧式满液式蒸发器(单位:mm)

对于氨用满液式蒸发器,壳体下部焊有集油包,用来放油或排污。氟利昂用满液式蒸发器与氨用满液式蒸发器类似。由于油的密度比氟利昂小,油漂浮在氟利昂液面上,无法从底部排出,因此壳体下部不设集油包。由于油能溶解于氟利昂,沸腾时产生大量泡沫,使液位上升,因此充灌量应比氨少。为了强化制冷剂侧的换热,传热管多采用低肋铜管或机械加工表面多孔管,以增加汽化核心数和增强对液体的扰动,使沸腾强化。

3. 水平降膜蒸发器

水平降膜蒸发器,如图 3-33 所示,属于壳管式换热器的范畴,冷媒介在传热管内流动;而来自节流阀的低温低压制冷剂液体,通过布液器均匀地喷淋在传热管束上,并在管壁上铺展成膜,吸收管内冷媒介的热盘而部分蒸发,在重力作用下,没有蒸发完的制冷剂液体下降到蒸发器底部,浸没一部分传热管,这部分成为水平降膜蒸发器的浸没区,蒸发产生的蒸气经挡液板等气液分离装置分离后,被吸入压缩机。

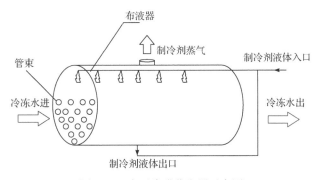

图 3-33 水平降膜蒸发器示意图

相对于满液式蒸发器而言，水平降膜蒸发器具有以下特点。

(1) 制冷剂的充注量少。制冷剂的充注量要比满液式蒸发器节约 25%左右，一方面降低了制冷剂的投入和维护成本，另一方面也大大降低了制冷剂泄漏的概率，从而使制冷剂的筛选范围扩大。

(2) 传热性能好。由于制冷剂液体呈传热效果较好的膜态流动，液膜很薄，且有波动性质，有利于液膜与管壁间的传热，并且在液-固、气-液界面上都可能发生相变，因此水平降膜蒸发器表现出很好的传热性能。

(3) 传热温差损失小。因为水平降膜蒸发器没有液位静压差引起的沸点升高而带来的温差损失，避免了蒸发器壳体的直径较大时液体静压力对蒸发温度的影响。

(4) 结构更加紧凑。较好的传热性能允许蒸发温度升高，改善了系统的循环效率，另外，高的传热系数可以减小蒸发器的体积，节省空间投入成本。

3.2.3　冷凝器

冷凝器是制冷装置中的主要热交换设备之一。高温高压的制冷剂过热蒸气在冷凝器中冷却并冷凝成饱和液体或过冷液体，制冷剂在冷凝器中放出的热量由冷却介质(水或空气)带走。冷凝器按冷却方式可分为三类：空气冷却式冷凝器、水冷式冷凝器、蒸发式冷凝器。

1. 空气冷却式冷凝器

空气冷却式冷凝器用于电冰箱、冷藏柜、空调器、冷藏车、汽车及铁路车辆用小型制冷装置。由于城市水源紧张，在大中型制冷装置中也逐步采用空气冷却式冷凝器。空气冷却式冷凝器中，制冷剂在管内冷凝，空气在管外流动，带走制冷剂放出的热量。由于制冷剂蒸气在管内凝结的表面传热系数远大于管外空气侧的表面传热系数，因此通常在管外都增加翅片，以增强传热效果。根据管外空气的流动情况，空气冷却式冷凝器可分为空气自然对流冷却和空气强制对流冷却两种。

1) 自然对流的空气冷却式冷凝器

它依靠空气受热后产生自然对流，将制冷剂放出的热量带走。由于自然对流的空气流动速度小、传热效果差，只用于家用电冰箱及微型制冷装置。但由于不用风机，节省了风机电耗，还避免了风机运转时的噪声。

图 3-34 所示为干式冷凝器。它由两面焊有钢丝的蛇形管组成。蛇形管通常采用外径为 4.5～6mm 的邦迪管，钢丝采用外径为 1.2～1.5mm 的镀铜钢丝。钢丝间距为 5～7mm，蛇形管上下两相邻管的中心距为 35～50mm。钢丝间距与钢丝直径的比值为 4～4.2。蛇形管间距与蛇形管外径的比值为 9.1～9.4。丝管式冷凝器用于家用冰箱时，安装在箱体后面，并与箱体和墙壁保持一定距离，以利于空气循环流动。

图 3-35 为箱体表面式冷凝器，将蛇形管组胶合在冰箱箱体壁面上，制冷剂蒸气冷凝时放出的热量通过管壁传给箱体壁面，再由箱体壁面向空气散发。它的优点是箱体外表面平整，可在冰箱箱体两侧散热，以增加散热面积，但要求胶合剂具有良好的传热性能。缺点是冷凝器的散热性能较差、冰箱冷损较大。

2) 强制对流的空气冷却式冷凝器

这类冷凝器有翅片管式和平行流式等。

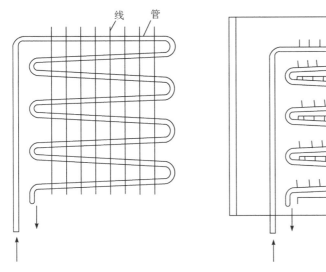

图 3-34 干式冷凝器

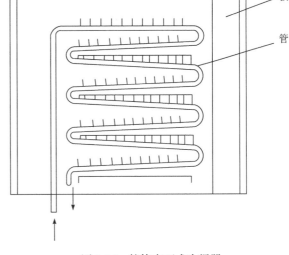

图 3-35 箱体表面式冷凝器

翅片管式冷凝器广泛应用于小型制冷与空调装置中，结构如图 3-36 所示，由一组或几组蛇形管组成，管外套有翅片，空气在轴流风机的作用下横向流过翅片管。翅片多采用铝套片，套片与管子之间用液压机械胀管法来保证其紧密接触。制冷剂蒸气从上部的进气集管 5 进入每根蛇管，冷凝后的液体由出液集管 2 排出。由于使用了风机，耗电及噪声均较大。为降低室内噪声、改善冷凝器的冷却条件，可将冷凝器置于室外，与压缩机一起构成室外机组。

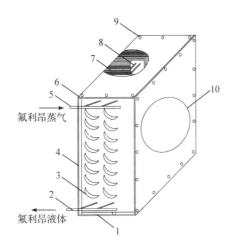

图 3-36 翅片管式冷凝器结构图

1-下封板；2-出液集管；3-弯头；4-左端板；5-进气集管；6-上封板；7-翅片；8-传热管；9-装配螺钉；10-进风口面板

平行流式冷凝器基本构成见图 3-37，扁管两端分别插入左集管和右集管，利用设置在左集管和右集管上的隔板分隔而形成串联通道，翅片和集管表面涂敷有钎料和钎剂，通过钎焊炉整体焊接而成。翅片上可以开裂缝，形成百叶窗翅片，加强空气侧的换热。国内平行流式冷凝器已在汽车空调中使用，技术成熟，其他制冷空调领域也在探索和逐渐应用中。和翅片管式冷凝器相比，平行流式冷凝器有以下优点：

(1) 扁管内的通道属于微通道，传热效率高。

(2) 翅片效率和翅片当量高度成反比，翅片管式冷凝器受 U 形弯头的弯曲半径限制，而平行流式冷凝器无此限制，可以降低翅片高度、提高翅片效率。

(3) 平行流式冷凝器可以灵活调整流程的扁管分布,使制冷剂侧换热能力提高时阻力减小。

(4) 扁管和翅片的焊接方式决定了扁管和翅片的接触热阻小。

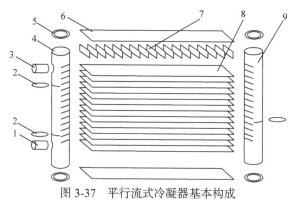

图 3-37　平行流式冷凝器基本构成

1-出口管；2-隔板；3-入口管；4-左集管；5-堵帽；6-护板；7-翅片；8-扁管；9-右集管

2. 水冷式冷凝器

在这种冷凝器中，制冷剂放出的热量被冷却水带走。水冷式冷凝器有壳管式、套管式、板式等几种形式。冷却水可用天然水、自来水或者经过冷却水塔冷却后的循环水。使用天然水冷却时容易使冷凝器结垢，影响传热效果，因此必须经常清洗冷凝器。耗水量不大的小型装置可以用自来水冷却。大中型水冷式冷凝器用循环水冷却，以减少水耗。

1) 立式壳管式冷凝器

立式壳管式冷凝器仅用于大中型氨制冷装置，它的结构如图 3-38 所示。它的外壳是由

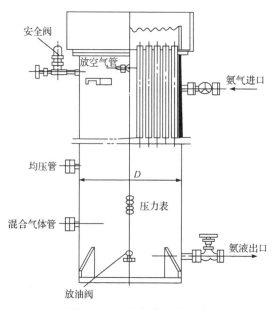

图 3-38　立式壳管式冷凝器

钢板卷制焊接成的圆柱形筒体，垂直安放，筒体两端焊有管板，两块管板上钻有许多位置一一对应的小孔，在每对小孔中穿入一根传热管，管子两端用焊接法或胀管法将管子与管板紧固。冷凝器顶部装有配水箱，水从水箱中通过多孔筛板由每根冷却管顶部的水分配器进入传热管内，在重力作用下沿管子内表面呈液膜层流入水池。在冷凝器中升温后的水一般由水泵送入冷却塔，冷却后循环使用。由压缩机排出的高温高压氨气从筒体上部进入，在竖直管外凝结成液体，由筒体底部导出。冷凝器的筒体上除有进气管和出液管外，还装有放空气管、均压管、安全阀、混合气体管、压力表、放油阀等接头，以便与相应的管路连接。

这种冷凝器的优点如下：

(1) 可以露天安装或直接安装在冷却塔下面，节省机房的面积。

(2) 冷却水靠重力一次流过冷凝器，流动阻力小。

(3) 清除水垢时不必停止制冷系统的工作，且较为方便，因此对冷却水的水质要求较低。

其缺点如下：

(1) 因为冷却水一次流过，冷却水温升小，所以冷却水的循环量大。

(2) 因室外安装，水速又低，所以管内易结垢，须经常清洗。

(3) 无法使制冷剂液体在冷凝器内过冷。

(4) 因水不能始终沿管壁流动，水速又低，所以传热系数比卧式壳管式冷凝器低。

2) 卧式壳管式冷凝器

卧式壳管式冷凝器适用于大、中、小型氨和氟利昂制冷装置。图 3-39 所示为氟利昂用卧式壳管式冷凝器，和立式壳管式冷凝器类似，也是由筒体、管板、传热管等组成；由于是水平安置，因此在筒体两端设有端盖，端盖与管板之间用橡皮垫密封。端盖顶部有放气旋塞，以便供水时排出其中的空气。下部有放水旋塞，当冷凝器冬季停用时，用以排出其中的积水以免管子冻裂。

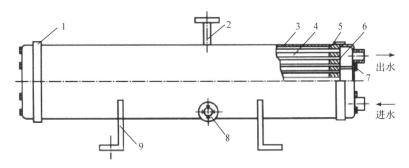

图 3-39 氟利昂用卧式壳管式冷凝器
1-端盖；2-进气管；3-筒体；4-传热管；5-管板；6-密封橡胶；7-紧固螺钉；8-出液管口；9-支座

制冷剂蒸气由冷凝器顶部进入，在管子外表面上冷凝成液体，然后从壳体底部(或侧面)的出液管排出。冷却水在水泵的作用下由端盖下部进入，在端盖内部隔板的配合下，在传热管内多次往返流动，最后由端盖上部流出。这样可保证在运行中冷凝器管内始终被水充满。端盖内隔板应互相配合，使冷却水往返流动。冷却水每向一端流动一次称为一个流程，一般做成偶数流程，使冷却水进、出口安装在同一端盖上。

氨用卧式壳管式冷凝器内传热管采用 32mm×3mm 或 25mm×2.5mm 的无缝钢管。为强化传热，可采用表面绕金属丝的翅片管，与光管相比，其表面传热系数可提高 60%～100%。氟利昂用卧式壳管式冷凝器内传热管多采用铜管，且大多数采用滚压肋片管以强化传热。

由于氨与润滑油互不溶解，且氨液的密度比油小，因此氨用冷凝器在底部设有集油包，集存的润滑油由集油包上的放油管引出。氟利昂与润滑油互溶，油可随氟利昂一起循环，而且液体氟利昂的密度比油大，因此氟利昂用冷凝器底部不设集油包。另外，在卧式壳管式冷凝器筒体的上部设有平衡管、安全阀、压力表、放空气管等接头。

正常运转时，冷凝下来的液体流入储液器，冷凝器筒体下部存有少量的冷凝液。对于小型制冷机，为简化系统不另设储液器，而是在冷凝器下部少设几排传热管，将下部空间当作储液器使用。

卧式壳管式冷凝器的优点如下：

(1) 由于水侧可做成多流程，管内水速较高、传热系数较大，因此冷却水循环量少，并且有可能获得过冷液体。

(2) 结构紧凑、占地面积小。

其缺点如下：

(1) 冷却水流动阻力较大，因此水泵功耗较大。

(2) 清洗水垢比较麻烦，因此对水质要求较高。

3) 套管式冷凝器

套管式冷凝器广泛用于制冷量小于 40kW 的小型立柜式空调器机组中，其结构如图 3-40

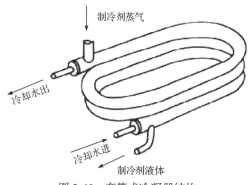

所示。它由两根或几根大小不同的管子组成。大管子内套小管子，小管子可以是一根，也可以有数根。套管根据机组布置的要求绕成长圆形或圆形螺旋形式。制冷剂蒸气从上部进入外套管空间，冷凝后的液体由下部流出。冷却水由下部进入内管，吸热后由上部流出，与制冷剂蒸气呈逆流传热。冷却水流速为 1～2m/s，由于冷却水的流程较长，进、出水温差一般在 6～10℃。制冷剂蒸气同时受到水及管外空气的冷却，换热效果较好。套管式冷凝器结构紧凑、

图 3-40　套管式冷凝器结构

制造简单、价格便宜、冷却水消耗量少，但是水侧流动阻力损失较大，对水质要求较高，且金属材料消耗量较大。

4) 波纹板式冷凝器

波纹板式冷凝器是由一系列具有一定波纹形状的金属片叠装而成的一种新型高效换热器。图 3-41(a)所示为波纹板式冷凝器的总体分解图。波纹薄板分 A 板和 B 板两种(图 3-41(b))，交替叠装，四周通过垫片密封，并用框架和压紧螺旋重叠压紧而成。板片和垫片的四个角孔形成了流体的分配管和汇集管，同时又合理地将制冷剂和冷却水分开，使其分别在每块板片两侧的流道中流动，通过板片进行热交换。流体的速度和方向不断地发生突变，激起流体的强烈扰动，破坏边界层，减小液膜热阻，从而强化了传热效果。板片大都用冲压法制成各种形状，如平直纹板片、人字形板片、斜波纹板片等。板片要求由压延性和承压强度高的材料制造，目前多用不锈钢或钛合金钢材料，承压能力可达到 2～2.5MPa。板片除

采用螺栓夹紧外，还可采用 99.9%纯铜整体真空烧焊而成，后者承压能力高达 3MPa。

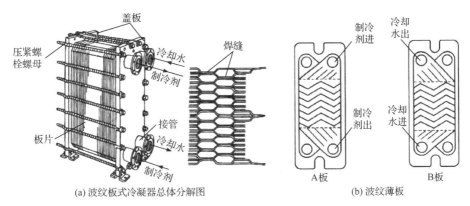

(a) 波纹板式冷凝器总体分解图   (b) 波纹薄板

图 3-41   波纹板式冷凝器

波纹板式冷凝器的优点如下：

(1) 体积小、结构紧凑，比同样传热面积的壳管式冷凝器小 60%，因此占地面积小。

(2) 传热系数高，这种冷凝器的当量直径小、流体扰动大，在较小雷诺数($Re = 100$)即可形成紊流。

(3) 流速小、流动阻力损失小。

(4) 能适应流体间的小温差传热，因此可降低冷凝温度，使压缩机性能得到提高。

(5) 制冷剂充灌量少。

(6) 质量轻，热损失小。

(7) 组合灵活，可以很方便地利用不同板片数组成不同的换热面积。

其缺点如下：

(1) 制造困难，对板片的冲压模具精度要求高。

(2) 冷凝器本身价格较高。

(3) 整体烧焊型清洗困难，因此对水质要求较高。

3. 蒸发式冷凝器

蒸发式冷凝器利用水蒸发时吸收热量，使管内的制冷剂蒸气凝结。其结构示意见图 3-42，在薄钢板制成的箱体内装有蛇形管组，管组上面为喷水装置。制冷剂蒸气从蛇形管上面进入管内，冷凝液由下部流出。制冷剂放出的热量使喷淋在蛇形管表面的液膜蒸发。箱体上方装有挡水板，阻挡被空气带出的水滴，减少水的飞散损失。未蒸发的喷淋水落入下面的水池，并有部分水排出水池。水池中有浮球阀调节补充水量，使其保持一定水位和含盐量，在挡水板上面设有预冷管组，降低进入淋水管的制冷剂蒸气温度，减少管外表层的结垢。

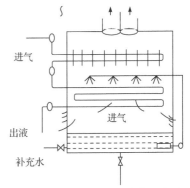

蒸发式冷凝器的通风设备安装在箱体顶部，空气从箱体下侧的窗口吸入，由顶部排出，这种结构称为吸风式。它的优点是箱内始终保持负压，水容易蒸发，且蒸发温度

图 3-42   蒸发式冷凝器结构示意图

较低；缺点是潮湿的空气流经风机，使风机易于腐蚀损坏，且要采用防潮电动机。空气也可从箱体下部用鼓风机鼓入冷凝器，这种结构称为鼓风式，其优缺点与吸风式相反。

蒸发式冷凝器的优点是耗水量少，空气流量也不大。1kW 的冷凝负荷需要的循环水量为 100～120L/h，补充水量为 5～6L/h，空气流量为 90～180m³/h，水泵及风机功率为 20～30W。其特别适用于缺水地区，在气候干燥地区更为适用。由于强制通风加速了水的蒸发，因此传热效果较好。缺点是水垢难以清除，喷嘴易堵塞，因此冷却水应经过软化处理。另外，由于冷却水为循环水，因此水温较高。

3.3 结构强化换热

结构强化换热的主要方式有肋片强化换热、增加管壁粗糙度以强化换热、采用特殊壁面管以强化换热和流体旋转法以强化换热。下面介绍各种结构强化换热的方式。

3.3.1 肋片强化换热

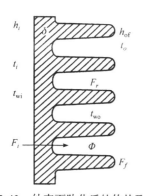

图 3-43 外表面肋化后的传热形式

从传热方程式 $\Phi = KA\Delta T$ 可以看出，单位时间的传热量 Φ 不仅与传热系数 K 有关，而且与传热面积有关。提高流体的流速可以增大传热系数，但流动阻力也相应地增大，因此通过增大流体的流速以增加传热系数有一定的限度。增强传热的另一种方法是扩大传热面积，工程上常采用的扩大传热面积的方法是表面肋化。

图 3-43 表示外表面肋化后的传热形式。设肋侧的总面积为 F_{of}，F_{of} 包括两部分：一部分是肋根部的壁面面积 F_r，另一部分是肋的外表面积 F_f。稳定传热时肋侧的换热计算公式为

$$\Phi = h_{of}F_r\left(t_{wo}-t_o\right)+h_{of}F_f\eta_f\left(t_{wo}-t_o\right)=h_{of}F_{of}\eta_o\left(t_{wo}-t_o\right) \tag{3-5}$$

式中，各符号的意义见图 3-43；η_f 为肋效率；η_o 为肋面总效率。

$$\eta_o = \frac{F_r + F_f\eta_f}{F_{of}} \tag{3-6}$$

冷、热流之间的传热率为

$$\varphi = \frac{t_i - t_o}{1/\left(h_iF_i\right)+\delta/\left(kF_i\right)+1/\left(h_{of}F_{of}\eta_o\right)} \tag{3-7}$$

以肋侧总表面积为基准，传热计算公式为

$$\Phi = K_{of}F_{of}\Delta t \tag{3-8}$$

于是得

$$\frac{1}{K_{of}} = \frac{1}{h_i}\frac{F_{of}}{F_i}+\frac{\delta}{k}\frac{F_{of}}{F_i}+\frac{1}{h_{of}\eta_o} \tag{3-9}$$

考虑污垢产生的热阻，引入污垢系数，得到

$$\frac{1}{K_{of}} = \left(\frac{1}{h_i} + \gamma_i\right)\frac{F_{of}}{F_i} + \frac{\delta}{k}\frac{F_{of}}{F_i} + \left(\gamma_o + \frac{1}{h_{of}}\right)\frac{1}{\eta_o} \tag{3-10}$$

若传热面为带肋的圆管，且 $d_o/d_i < 2$，式(3-10)可改写成

$$\frac{1}{K_{of}} = \left(\frac{1}{h_i} + \gamma_i\right)\frac{F_{of}}{F_i} + \frac{\delta}{k}\frac{F_{of}}{F_m} + \left(\gamma_{of} + \frac{1}{h_{of}}\right)\frac{1}{\eta_o} \tag{3-11}$$

其中

$$F_m = \frac{l}{2}(\pi d_i + \pi d_o) = \frac{\pi l}{2}(d_i + d_o) \tag{3-12}$$

式中，l 为管长；d_i 和 d_o 分别为管子的内径和肋根部直径。

管外采用扩展换热面，可构成各种形式的肋片管。图 3-44 所示为肋片管式换热器中最常见的扩展换热面。在换热器设计中，有时管内和管外流体的换热系数相差较大。例如，在换热器两侧分别为气体和液体的强制对流过程中，气体侧的换热系数一般是液体侧的 1/50～1/10。此时，应将肋片加在换热系数较低的流体一侧，这样可以平衡管子内外两侧换热系数的差异，以得到较高的换热系数。图 3-44 中的肋片管主要适用于管内为换热系数较高的液体而管外为气体横向冲刷管子的工况。

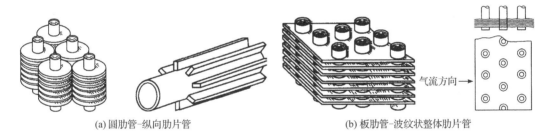

(a) 圆肋管-纵向肋片管 (b) 板肋管-波纹状整体肋片管

图 3-44 肋片管式换热器中最常见的扩展换热面

其他形式的外肋管如图 3-45 所示，所采用的扩展换热面形式包括螺旋肋片、环形肋片

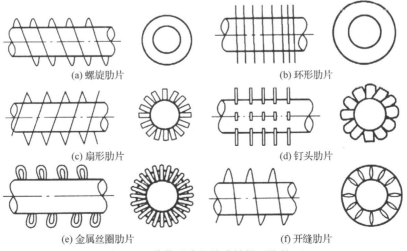

(a) 螺旋肋片 (b) 环形肋片

(c) 扇形肋片 (d) 钉头肋片

(e) 金属丝圈肋片 (f) 开缝肋片

图 3-45 其他形式的外肋管扩展换热面

扇形肋片、钉头肋片、金属丝圈肋片、开缝肋片。所有这些形状的肋片均通过小直径的金属丝线或板条提供周期性的薄边界层形成涡区,增强涡区传热元件间的热耗散,从而达到强化传热的效果。

若换热器两侧工质的换热系数不等且都很低(如两侧工质均为气体时),可在换热器两侧均采用肋片,换热系数较低的工质一侧应多加一些肋片,这样可使换热器尺寸大为减小。图 3-46(a)所示平行板肋片换热面用于两侧均为换热系数较低的气体的情况。图 3-46(b)所示低肋管主要用于管外流体的换热系数低于管内流体的情况,通常情况下管子内外两侧工质均为液体。由于管外流体的换热系数只是略低于管内流体,因此只需在管外采用低肋片(肋片高度一般为 1.5～3mm)即可补偿两侧换热系数的差别。

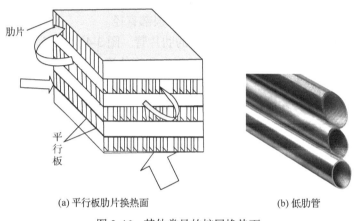

肋片

平行板

(a) 平行板肋片换热面   (b) 低肋管

图 3-46　其他常见的扩展换热面

肋片管外肋片布置的疏密程度(每米管子长度上布置肋片的数目)和肋片高度不仅与管外流体所须增加的换热量有关,而且还应考虑管外流体的污染程度和温度水平。对于管外流体为气体的情况,由于管外换热系数可能远低于管内一侧流体,因此应在管外气体一侧采用紧密布置的高肋片。在肋片数目多和肋片较高的情况下,管子换热面积增大,换热量自然随之增大。但与此同时,若肋片布置过于紧密,则在污染流体中运行时容易污染换热面,反而会降低换热系数,影响传热效果。因此,对于空调设备中应用的肋片管,其肋片布置的密度一般可为 500～800 片/m;对于化工领域中采用的气体冷却器,肋片布置的密度一般限制在 400 片/m;对于在污浊气体中运行的肋片管式换热器,可将肋片布置的密度限制在 200 片/m;对于在含有飞灰的烟气中运行的锅炉肋片管,肋片布置的密度不超过 100 片/m,一般只有 40 片/m 左右。

此外,采用肋片的另一种效应是使肋片一侧管壁温度更加接近于同侧流体温度。若肋片布置在温度较低的流体一侧,可使壁温降低;若肋片布置在温度较高的流体一侧,则将使壁温升高。因此,采用肋片管时,应考虑工质温度的影响。若管外工质为高温流体,则在布置管子时,应保证管子外壁温度不超过管子材料的允许温度。选用肋片材料时,也要考虑材料的腐蚀问题。

3.3.2　增加管壁粗糙度以强化换热

在单相流体做层流流动时,还可采用增加管壁粗糙度的方法来强化换热。当管壁粗糙度较小时，粗糙度对换热和阻力没有影响；当管壁粗糙度较大时，流体在粗糙处附近形成旋涡，对换热和阻力就会产生影响。临界相对粗糙度可按式(3-13)计算：

$$\left(\frac{H}{R}\right)_e \approx 5\sqrt{Re} \tag{3-13}$$

对于 Pr(普朗特数)远大于 1 的黏性液体，采用壁面粗糙法后，可大大增加换热量。在环形通道中采用人工粗糙壁面技术后，Re 为 180~600 的变压器油的换热量提高了 83%。在油冷却器中采用金属丝圈插入物后，也强化了换热。对于内表面有槽的 EHT 型换热器管子，其换热强度比一般光管高 1~1.5 倍，用于 Re 低的黏性液体，可使换热面积大为节省。

但是，壁面粗糙度过高对层流时的对流换热不利。若在管子内部装一系列孔板，孔板高度为 H，管子内半径为 R。当孔板的 H/R 值分别为 0.7 和 0.8 时，在孔板后会形成接近死滞的旋涡区，在这种旋涡区中热阻较大。此时装孔板管子的 Nu 在低 Re 时要比光管的低很多。例如，当 Re = 500 时，光管的 Nu 约为装孔板粗糙管的 3 倍，且此时 Nu 的大小与 t/H 值无关。因此，在层流时，特别在低 Re 时，这种手段不但不能起强化换热的作用，反而还会起削弱换热的作用。但装置 H/R 值较小的孔板对强化层流对流换热是有利的，特别当 Re 较大时，如在 Re = 2000 时的 Nu 就比光管高。

在砂粒型的粗糙管内，液体的流动阻力和换热系数取决于粗糙元的高度和细密程度。粗糙元高度 H 和层流底层厚度 δ 之比，即 H/δ 是一个最重要的参数。当 $H/\delta < 1$ 时，粗糙元完全浸没在层流底层内，它的阻力和换热系数与光滑壁面相同；只有当 $H/\delta > 1$ 时，粗糙元突出在层流底层的外面，才开始对流体运动产生扰动作用，并且 H/δ 越大，扰动作用越强，换热系数因此而增大，流动阻力也相应增大。流体在粗糙管内流动时，流体的 Pr 越高，粗糙面增强换热的作用也越大。用砂粒型粗糙管强化换热的技术很早就有人研究，但是由于加工比较困难，在工业上没有广泛采用。

3.3.3 采用特殊壁面管以强化换热

采用特殊壁面管以强化换热的方式也有很多种，其中包括使用扭曲椭圆管强化换热、采用扩张-收缩管强化换热和应用横纹槽管强化纵向冲刷管束的换热，通过采用特殊壁面管，不仅增人了换热面积，同时强化了壁面换热流体的扰动，进而强化了换热。下面介绍采用特殊壁面管以强化换热的方法。

1. 使用扭曲椭圆管强化换热

螺旋扭曲椭圆换热管(简称扭曲椭圆管)外壁纵向流动的同时，会产生复杂的以旋转和周期性物流分离与混合为主要特点的强扰动；螺旋扭曲椭圆换热管内的螺旋扭曲椭圆通道使管程物流产生以纵向旋转和二次流为主要特点的强扰动；管道内没有任何流动的障碍，不会使黏稠的流质滞塞管道，管内阻力增加不大。因此，扭曲椭圆管比较适用于石化工程。使用新型螺旋扁管换热器，在低雷诺数下平均提高换热系数 2~3 倍，管程阻力相应增加量与换热系数增大相当或略低。以扭曲椭圆管代替光管换热器，能强化管内的传热，减少换热器的体积和重量，有较高的经济效益；同时，扭曲椭圆管也具有克服流体诱导振动、自洁和延缓结垢、延长设备寿命的作用。

2. 采用扩张-收缩管强化换热

扩张-收缩管(简称扩缩管)的扩张段和收缩段的角度应能使流体产生不稳定的分离现象，使换热增强，但阻力增加不多。这种管子的扩缩形状使其能在污染流体中工作而不易堵塞，而且强度也较好。当流体在扩缩管管外做纵向流动时，其换热强化程度与流体在这种管子内部流动时的强化程度相当。

这种管子能广泛应用于多种换热器，如空气预热器、油冷却器和凝结器等。一般而言，扩缩管比壁面上定距带凸出物的管子更有发展前景。

目前使用的扩缩管强化换热效率不够高，其原因是在扩张减速段的流体流动有弱化换热的作用，而在收缩加速段的流体流动有强化换热的作用。现有扩缩管因扩张段所占比例较大，流体流动对换热的弱化作用较为明显，使总的强化换热效率不够高。根据场协同理论，对扩缩管结构提出了新的优化措施，即在满足原有的优化结构参数(节距/管径、肋高/管径)下增加收缩段所占的比例，相应减少扩张段的长度，并在缩扩连接处采用平直锥面连接方式。研究表明，在一定管径、肋高、肋间距的扩缩管结构下，增加收缩段所占的比例可增强管内湍流对流换热的能力。当 $Re = 36350$ 时，平直锥面连接的扩缩管的换热系数较普通扩缩管提高了 12.4%。在相同传热负荷、流体输送功耗及传热面积下，平直锥面连接的扩缩管的综合换热性能优于普通扩缩管，如图 3-47 所示。

3. 应用横纹槽管强化纵向冲刷管束的换热

横纹槽管(通常称为波纹管)是一种管壁上带有外凹内凸横纹槽道的异形管，其主要结构参数有管子外径 d、横纹槽深处的管径 d' 以及横纹槽节距 H(图 3-48)。横纹槽管由于在管子外壁上具有横纹槽，可用以构成管束，作为强化纵向冲刷管束换热的一种有效措施。

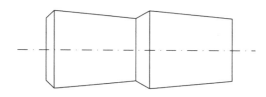

图 3-47　平直锥面连接的扩缩管

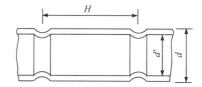

图 3-48　横纹槽管及其主要结构参数
d-管子外径；d'-横纹槽深处管径；H-横纹槽节距

与其他方法相比，应用横纹槽管强化纵向冲刷管束的换热具有以下优点：①横纹槽管不像外肋管会由于肋片的存在而增大管子的周向尺寸，使管子难以紧凑布置，采用横纹槽管可使管束布置紧凑，适用于紧凑式换热器；②横纹槽管是一种双面强化换热的管型，其内、外壁轧制成环状波纹凸肋，使内壁能改变流体边界层的流动状态，外壁能增大扰动，因此横纹槽管不仅使管外换热得以强化，而且可同时强化管内换热过程；③制造及装配工艺简便。

横纹槽管换热器由于换热管采用波纹形状，管内外流道截面连续不断地突变，造成流体流动始终处于高度湍流状态(即使在流速很低的情况下)，难以形成层流底层，使得对流换热的主要热阻被有效地克服，管内外换热同时强化，因此换热系数很高。同时，由于换热管的管壁很薄，显著地降低了管壁热阻，进一步强化了对流换热。由于横纹槽管内外流体流动的层流底层极薄,使得流体流动的剪切力(擦阻力)很小,因此压力损失很小。横纹槽管换热器具有热效率高、体积小、性能稳定、安全可靠等特点,广泛应用于城市集中供热、电厂、石油、化工、轻工、制药等行业及民用建筑的热水供应与供暖系统。

3.3.4　流体旋转法以强化换热

强化单相流体管内强制对流换热的有效措施之一是使管内流体发生旋转运动。在采用纽带、螺旋片等管内插入物或内螺纹槽管、内肋管等时,流体在管内发生旋转,增加了旋转流体的流动路径,加强了流动边界层的扰动,提高了接近管壁处流体的湍流强度,并促进了边界层流体和主流流体的混合,从而有效地强化了对流换热过程。

在工程实践中,常用的强化换热方法是利用管内流体的旋转,且这种方法在工艺上是可行的,主要有:采用管内插入物,如纽带、间隔纽带、错开纽带、静态混合器、螺旋片、螺旋线圈、螺旋弹簧等;在管子内壁上开设内螺纹;采用滚压成形的内螺纹槽管以及在管子内壁上带有螺旋肋片和直肋片的内肋管等。

将厚度为 t 的薄金属带扭曲成一定程度后,插入并固定于圆管内,便形成了如图 3-49 所示的纽带结构。纽带的扭转程度采用全节距 H(即纽带每扭转 360°的轴向长度)与圆管内径 d_i 之比表示,称为扭率 $Y(Y = H/d_i)$。在相同功率消耗条件下,扭率 Y 最佳的数值为 5 左右。

除了扭率 Y 之外,还可采用纽带的螺旋角 α 来表示其扭转程度,即

$$\tan\alpha = \frac{\pi d_i}{H} = \frac{\pi}{Y} \tag{3-14}$$

为了便于将纽带插入管内,在纽带的宽度和圆管内径之间通常留有一个小间隙,使得管壁和纽带之间产生较大的接触热阻。当流体通过插有纽带的管子时,纽带的厚度将使管内平均流速增大,流体被迫在管内做螺旋运动,其换热和流动阻力状况与流体边界层和主流的流动结构密切相关。

插有纽带的管内单相流体对流换热得以强化的原因如下:

(1) 纽带的插入使得圆管的水力直径 d_i 减小,从而导致换热系数增大。

(2) 纽带的存在使得流体产生一个切向速度分量,其流动速度增大(尤其是靠近圆管壁面处)。由于壁面处剪切应力的增大和由二次流导致的流体混合的增强,换热得以强化。

(3) 如果纽带与管子壁面紧密接触,它们之间的接触热阻较小,则可增大有效的换热表面面积。

由于旋转流体切向速度分量产生的离心力会引起明显的离心对流运动,管子中心区域的流体与接近管子壁面处的流体之间产生混合,从而换热得到强化。然而,这种离心对流效应仅发生于管内流的流体被加热的情况。

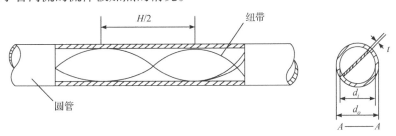

图 3-49　纽带结构示意图

本 章 小 结

　　本章介绍了多种形式的蓄冷设备、换热器及其强化换热技术。蓄冷设备以水蓄冷和冰蓄冷进行划分，水蓄冷包括混合型水蓄冷槽和自然分层型水蓄冷槽；冰蓄冷包括盘管式蓄冷设备与封装式蓄冷设备。此外，还介绍了以乙二醇为载体的蓄冷机组。乙二醇双工况机组是专为冰蓄冷而制造的专业设备，双工况机组即采用同一台主机白天制冷、夜间制冰。此外，介绍了不同形式的蒸发器与冷凝器，蒸发器包括干式蒸发器、满液式蒸发器和水平降膜蒸发器；冷凝器包括空气冷却式冷凝器、水冷式冷凝器和蒸发式冷凝器。为提高换热器蓄冷效率，介绍了多种结构强化换热的强化换热方法，具体方法为肋片强化换热、增加管壁粗糙度以强化换热、采用特殊壁面管以强化换热和流体旋转法以强化换热等。

课 后 习 题

3-1　简述蓄冷器的主要类型及其特点。

3-2　蒸发器的类型有哪些？各有什么特点？

3-3　冷凝器的冷却方式有哪些？各有什么优缺点？

3-4　结构强化换热的主要方式有哪些？各有什么特点？

3-5　分析不同类型的蓄冷设备在蓄冷系统中的应用场景和优势。

第4章 蓄冷系统

在"双碳"目标的推动下,蓄冷技术迎来了重要的发展机遇。以制冷原理为基础的蓄冷系统是蓄冷技术应用的重要基础,高效低碳蓄冷系统在节能减排和提高能源利用效率方面发挥着重要的作用。常规能源驱动的蓄冷系统,如使用电力驱动的冰蓄冷系统,通过夜间低谷时段制冷、储存冷量,在能源供应不足或需求高峰时段释放冷量,为建筑提供稳定的低温环境,有效减轻了电网负荷,提高了能源利用效率。新能源驱动的蓄冷系统利用可再生能源,如太阳能、风能等作为驱动力,大幅减少对化石燃料的依赖,从而减少二氧化碳等温室气体的排放,有助于环境保护,并且蓄冷系统的特点可以很好地克服可再生能源的间歇特性,提升能源利用效率。充分发挥常规能源驱动和新能源驱动蓄冷系统的优势,推动其在节能减排和提高能源利用效率方面发挥更大作用,对实现绿色低碳发展具有一定意义。

4.1 常规能源驱动的蓄冷系统

4.1.1 基本概念

常规能源驱动的蓄冷系统是一种利用常规能源,如电能、热能等驱动的制冷装置,将电能或热能转化为冷能并储存起来,以满足需要时的制冷需求。这种系统通过电力驱动或热力驱动制冷循环,将热量从一个地方转移至另一个地方,实现制冷效果,并将这些冷量储存在蓄冷装置中。

根据不同运行原理,蓄冷系统的制冷可以分为蒸气压缩式制冷、吸收式制冷、吸附式制冷、喷射式制冷、热电制冷、磁制冷等不同形式。蒸气压缩式制冷系统作为目前应用最为广泛的制冷技术,其核心在于通过制冷剂的循环过程实现热量的转移。蒸气压缩式制冷循环原理如图4-1所示,制冷剂在压缩机的作用下,历经蒸发、压缩、冷凝和膨胀四个基本过程,从而实现制冷效果。蒸气压缩式制冷技术具有成熟稳定、制冷效率高等优势,具体原理及核心知识点将在4.1.2节中详细阐述。吸收式制冷系统如图4-2所示,吸收式制冷基于吸收剂与制冷剂之间的物理化学作用,通过吸收与解吸过程实现制冷,该技术对高品位热源的利用效率高,且运行稳定可靠,因此在某些特殊领域,如化工、电力等行业中有着广泛的应用。吸收式制冷利用品位较高的热量作为驱动力,其工作原理主要依赖于吸收器-发生器组的作用,完成制冷循环。吸收式制冷机使用二元溶液作为工质,其中低沸点组分用作制冷剂,通过蒸发来制冷;高沸点组分用作吸收剂,通过吸收制冷剂蒸气来完成工作循环。具体的工作过程主要包括发生、冷凝、节流、蒸发、吸收等几个过程。首先工作热源(如水蒸气、热水及燃气等)在发生器中加热溶液,溶液中的大部分低沸点制冷剂蒸发出来,即发生过程；而后制冷剂蒸气进入冷凝器，被冷却介质冷凝成液体，即冷凝过程；制冷剂流经节流阀节流降压，即节流过程；然后制冷剂液体进入蒸发器，吸收蓄冷介质的热量而蒸发成蒸气，即蒸发过程；之后在发生过程中剩余的溶液(高沸点的吸收剂以及少量未蒸发的制冷剂)经过节流阀进入吸收器，与从蒸发器出来的低压制冷剂蒸气相混合，吸收蒸气恢复到原来的浓度，即吸收过程；最后吸收器中的稀溶液经过溶液泵送至发生器，完成循环。吸收式制冷机的主要类型包括氨水吸收式制冷机和溴化锂吸收式制冷机。

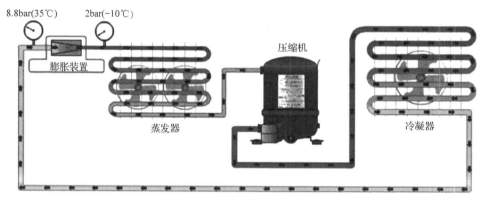

图 4-1　蒸气压缩式制冷循环原理图

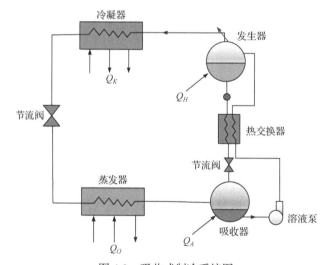

图 4-2　吸收式制冷系统图

　　吸附式制冷利用吸附剂对制冷剂的吸附和脱附过程释放或吸收热量，并通过这一过程的循环运作来实现制冷效果。吸附式制冷系统如图 4-3 所示，目前吸附式制冷循环制冷效率相对较低，但在某些需要小型化、无噪声的制冷场合中，吸附式制冷技术仍具有一定优势。喷射式制冷系统如图 4-4 所示，其通过高速蒸气喷射低速气体，利用混合、冷凝和膨胀等热力学过程实现制冷。喷射式制冷不需要机械压缩装置，结构简单、运行稳定，但制冷效率相对较低，通常适用于一些小型制冷设备和特殊环境中。

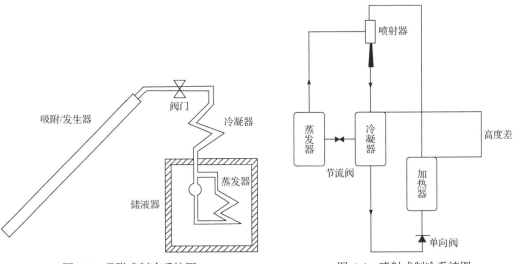

图 4-3　吸附式制冷系统图　　　　　　　图 4-4　喷射式制冷系统图

热电制冷又称热电效应制冷,利用半导体材料的佩尔捷(Peltier)效应实现制冷,热电制冷系统原理如图 4-5 所示,当电流通过由两种不同的导体(或半导体)组成的回路时,在接头处除了产生不可逆的焦耳热外,还会根据电流的方向不同分别出现吸热或放热的现象。热电制冷的优点在于结构简单、无噪声、可靠性较高,但制冷效率相对较低,适用于某些小型制冷设备,如微型冰箱,或某些对环境要求较高的场合,如医疗、电子等领域。磁制冷是一种基于磁性材料在励磁状态时释放热量、退磁状态时吸收热量的磁热效应发展而来的固态制冷技术,磁制冷系统基本结构如图 4-6 所示,本质是磁性材料内部磁矩有序度的变化。磁制冷具有作用温区大、材料资源广泛、本征制冷效率高等优点,是低温与制冷领域中最具潜力的制冷技术之一,尤其在极低温领域,磁制冷具有不受重力影响、不依赖工质等优势,逐渐成为量子计算、空间探测等前沿科学的主流低温技术。

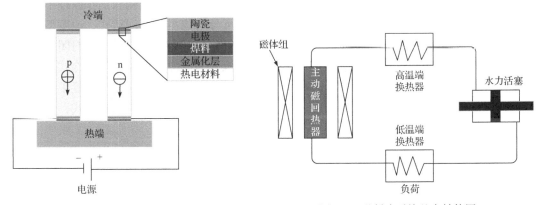

图 4-5　热电制冷系统原理图　　　　　　图 4-6　磁制冷系统基本结构图

4.1.2　系统原理

以电能驱动蒸气压缩式制冷进而实现蓄冷功能是目前常规能源驱动的蓄冷技术的主流形式,因此以下基于电能驱动蒸气压缩式蓄冷系统展开详细原理说明及核心知识点介绍。

电能驱动蒸气压缩式蓄冷系统由蒸气压缩式制冷系统、蓄冷系统及控制系统组成。

蒸气压缩式制冷是最常见的制冷方式之一，也是家用空调和商用制冷设备中广泛采用的技术。其制冷系统包含四大部件：压缩机、冷凝器、节流装置、蒸发器，其工作介质为制冷剂。具体原理是首先利用压缩机将制冷剂从低压态压缩为高压态，使其温度升高，然后通过冷凝器散热使制冷剂温度降低并冷凝变成液体，随即通过节流装置(膨胀阀/毛细结构等)控制制冷剂流动的速度和调节制冷剂的压力，其在蒸发器中蒸发吸收热量从而实现制冷，最后低温低压制冷剂气体再次进入压缩机，形成循环。也可将四大部件对应分为四个阶段，即压缩阶段、冷凝阶段、节流膨胀阶段、蒸发阶段，以蒸气压缩式理论循环为例，制冷剂工质在四个阶段中分别经历的理想过程如下。

压缩阶段(等熵过程)：制冷剂以低温低压气体状态进入压缩机，通过压缩机的作用压缩成高温高压气体。这一过程需要消耗大量电能。冷凝阶段(等压过程)：来自压缩机出口的高温高压气体通过冷凝器，在外界空气或水的冷却作用下，散发热量并冷却成高压液体。这一过程制冷剂从气态冷凝为液态并释放热量。节流膨胀阶段(绝热节流)：来自冷凝器的高压液体通过节流装置减压，这一过程起到节流降压以及调节制冷剂流量的作用。蒸发阶段(等压过程)：低压液体/气体混合物通过蒸发器吸收外界热量，蒸发为低温低压气体，实现制冷效果。在这一过程中，制冷剂从液态转变为气态，吸收热量制冷；制冷剂完成一次制冷循环后，准备再次进入压缩机进行下一个循环。

蒸气压缩式制冷技术具有以下优势：高效性，相对于其他制冷技术，蒸气压缩式制冷具有较高的能效比和制冷效率，适用于大多数制冷场合；稳定性，工作稳定可靠，适用于长时间连续运行，适用范围广泛；调节性好，可以根据需要进行调节，适用于不同制冷需求。但与此同时，蒸气压缩式制冷系统也存在压缩机能耗较高、压缩机运转过程噪声大以及制冷剂使用过程中对环境产生潜在的不良影响，如温室气体、破坏臭氧层气体排放等引起温室效应和破坏臭氧层的弊端。

蒸气压缩式制冷系统中的制冷压缩机是制冷系统中负责功-热转换、实现高低压工况的关键部件，也是决定系统能否高效运行的关键部件。根据压缩机结构和工作原理不同，压缩机可分为容积型及速度型两大类，其中容积型又可分为往复式及回转式，速度型分为离心式和轴流式两种；根据密封形式不同，可将压缩机分为开启式压缩机、半封闭式压缩机及全封闭式压缩机；根据冷却方式不同，可将压缩机分为风冷式压缩机及水冷式压缩机；根据压缩机级数不同，可将压缩机分为单级压缩机及双级压缩机。在蓄冷装置中，根据蓄冷工况，压缩机多采用活塞式压缩机、螺杆式压缩机、离心式压缩机三种形式，三种压缩机的结构如图 4-7 所示。

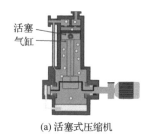
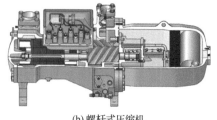
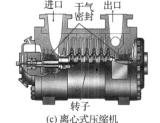

(a) 活塞式压缩机　　　　　　(b) 螺杆式压缩机　　　　　　(c) 离心式压缩机

图 4-7　三种压缩机结构图

制冷剂是制冷系统中的工作介质，通过自身热力状态不断变化实现与外界的能量交换，即蒸发吸热或冷凝放热。制冷剂性质直接关系到制冷装置的制冷效果、经济性、安全性等关键参数。制冷剂按照组分不同可分为单一制冷剂和混合制冷剂；按照化学成分区分，可分为无机化合物、氟利昂及碳氢化合物。常见的无机化合物制冷剂有 NH_3、H_2O、CO_2 等，其分子式可分别用 R717、R718、R44 表示。氟利昂制冷剂又可进一步分为 CFC、HCFC 及 HFC 三类。还有碳氢化合物类的 CH_4、C_2H_6、C_3H_8。

蓄冷系统所涉及的相关蓄冷设备等内容在本书第 3 章蓄冷设备 3.1.1 节、3.1.2 节有详细介绍，这里不再展开说明。

4.1.3 主要参数

1. 制冷系统性能系数

制冷系统性能系数(coefficient of performance，COP)是衡量制冷系统性能的一个重要指标，其定义为单位制冷量输出所需要的单位电能输入。在常规能源驱动的蓄冷装置中，以电能驱动的蒸气压缩式制冷循环，且工质循环按照逆卡诺循环进行时，即假定热源和热汇均为恒温状态，向高温热汇(温度为 T_H)的排热量为 Q_H，从低温热源(温度为 T_L)中吸热量为 Q_0，制冷剂消耗的功为 W，则根据热力学第一定律，即能量守恒定律，有

$$Q_0 + W = Q_H \tag{4-1}$$

由热力学第二定律，在恒温热源及热汇之间工作的可逆机，经历一个循环后的熵增为 0，即

$$\frac{Q_H}{T_H} = \frac{Q_0}{T_L} \tag{4-2}$$

则换算后，制冷系统 COP 的计算公式如下：

$$COP = \frac{Q_0}{W} = \frac{T_H - T_L}{T_L} \tag{4-3}$$

2. 常规能源驱动的蓄冷系统整体能效比

常规能源驱动的蓄冷系统整体能效比是衡量整个蓄冷系统能源利用效率的指标。它定义为单位时间内电能消耗产生的制冷量输出。整体能效比的计算公式如下：

$$EER_{整体} = \frac{Q_{总}}{W_{总}} \tag{4-4}$$

式中，$Q_{总}$ 为单位时间内蓄冷装置得到的冷量；$W_{总}$ 为单位时间内蓄冷装置消耗的电能。以蒸气压缩式制冷系统为例，其中包含压缩机、冷凝器、节流装置、蒸发器等主要耗能部件。

若蓄冷装置内未发生工质相变，则该过程为无相变蓄冷，总蓄冷量为

$$Q_{总无相变} = CM\Delta t \tag{4-5}$$

式中，C 为蓄冷介质的比热容，kJ/(kg·℃)；M 为蓄冷介质的质量，kg；Δt 为蓄冷前后介质

的温度变化，℃。

若蓄冷装置内发生了工质相变，则该过程为有相变蓄冷，总蓄冷量为

$$Q_{总有相变} = CM\Delta t + mL \tag{4-6}$$

式中，m 为相变介质的质量，kg；L 为相变介质的相变潜热，kJ/kg。

4.1.4 蓄冷技术与制冷机的耦合

发展高效储能技术、对新能源消纳与利用是适应可再生能源网络的有效途径。发展先进的蓄冷技术、调节制冷和用冷负荷使之匹配，是制冷系统技术发展的重要方向。蓄冷技术主要用于存储低温能量，在需求高峰时段释放以减少制冷机的负荷。通过与制冷机的有效耦合，可以更好地优化系统运行，降低能源消耗和运行成本。因此，将蓄冷技术与制冷系统耦合不仅提高了系统的能源利用效率，还增强了系统的稳定性和可靠性，在工商业及民用场景应用广泛。蓄冷技术与制冷机常见的耦合方式有 5 种。

1. 直接耦合

在直接耦合中，制冷机直接为蓄冷装置提供冷量。蓄冷装置在电力需求低谷或制冷负荷较低时储存冷量，在电力需求高峰或制冷负荷较高时释放冷量，以满足制冷需求。直接耦合的优点是系统简单、控制方便，但需要精确匹配制冷机和蓄冷装置的运行时间和负荷。

2. 间接耦合

在间接耦合中，通过中间换热器或热交换网络实现制冷机与蓄冷装置的热量传递。制冷机生成的冷量先传递到换热器，再通过换热器将冷量储存到蓄冷装置中。间接耦合的优点是系统灵活、可调整性强，但增加了设备和控制的复杂性。

3. 综合耦合

综合耦合是将蓄冷技术与制冷机、冷却塔等多种设备结合，通过智能控制系统进行优化调度。这种方式可以最大化系统的能源利用效率和经济效益，但需要复杂的系统设计和控制算法。

4. 高温和低温耦合

在某些特殊应用场景中，可以利用高温蓄冷和低温蓄冷的结合，实现更加精细的温度控制。例如，在某些工业过程中，不同工艺环节可能需要不同温度的冷源，通过高温和低温耦合，可以满足多样化的冷却需求。

5. 阶段性蓄冷与释放

在负荷变化较大的场景中，可以采用阶段性蓄冷与释放策略，即在负荷较低的阶段储存冷量，在负荷较高的阶段分阶段释放冷量。这种方式可以平衡系统负荷波动，提高整体系统的稳定性和能源利用效率。

4.2 新能源驱动的蓄冷系统

4.2.1 基本概念

新能源是指传统能源之外的各种能源形式，它们与传统的化石燃料相比，具有更低的碳排放、更高的能源效率和较小的环境影响。以新能源驱动的蓄冷系统是一种利用新能源(如太阳能、风能、水能、生物质能等)驱动的制冷装置，将新能源转化为冷能并储存起来，以满足需要时的制冷需求。这种系统通过新能源驱动制冷循环，实现制冷效果，并将这些冷量储存在蓄冷装置中。

根据实现制冷过程所经历的能源转化次数，可将新能源驱动的蓄冷系统分为直接驱动及间接驱动两类。直接驱动的蓄冷系统是指将新能源直接应用于制冷过程中的系统。例如，通过太阳能集热器将太阳能转化为热能，然后直接将热能通过制冷循环(如吸收式制冷装置)来实现制冷效果，这种系统只经历一次能源转化过程，具有较高的能量利用效率。间接驱动的蓄冷系统是指利用新能源(如太阳能、风能等)产生电能，然后利用电能通过制冷技术产生冷量的系统。在这种系统中，新能源首先转化为电能，然后利用电能驱动制冷设备，最终实现冷能的产生。因此，系统经历了两次能源转化过程，首先是从新能源到电能的转化，然后是从电能到冷能的转化，能源利用效率会有一定的降低，但是转化为电能使得系统更具灵活性和适应性，可以更好地应对不同能源供给形式。

4.2.2 系统原理

以太阳能直接驱动蓄冷系统为例，即通过太阳能集热器将太阳能转化为热能，然后直接将热能通过制冷循环来实现制冷效果。太阳能作为一种洁净能源，既是一次能源，又是可再生能源，有着矿物质能源不可比拟的优越性。经测算，太阳每秒可释放的能量为 3.8×10^{26} W，其中辐射到地球上的能量只占总量的二十二亿分之一，相当于全球总发电量的几万倍，能源潜能巨大。太阳辐射的规律和太阳本身的结构密切相关，同时随着季节、纬度、时刻的不同而变化。目前利用热源驱动制冷的方式有很多，如吸收式制冷、吸附式制冷、除湿式制冷、喷射式制冷等。其中，吸收式制冷相较于其他制冷技术而言，在技术应用成熟度、机组可靠性、能源利用效率方面具有一定优势，是最常见的利用热源驱动制冷的技术之一。此外，与传统蒸气压缩式制冷系统相比，吸收式制冷系统采用热压缩(利用热驱动结合溶液性质实现工质压力提升)实现制冷剂的循环，消除了机械压缩机带来的振动和噪声；在蓄冷领域，尤其是利用丰富的太阳能、生物质能等可再生能源作为热能供应，吸收式制冷技术具有较强的节能潜力和较高的生态效益。因此，本节以太阳能驱动吸收式制冷系统为例，展开详细说明。

太阳能驱动吸收式制冷系统主要由太阳能集热器、储热装置、吸收式制冷装置、蓄冷装置、控制系统等部分组成，其技术原理见图 4-8。太阳能被集热器捕获并转化为热能，存储于储热装置中；与储热装置并联的吸收式制冷装置通过其系统内吸收剂和制冷剂的溶液反应过程，将热能转化为制冷效果。在低负荷时段，未使用的冷量会存储于蓄冷装置中以应对高负荷时的冷量需求。

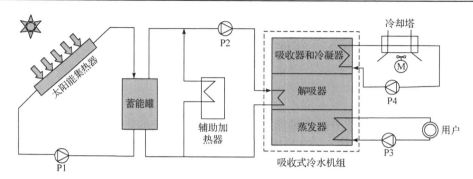

图 4-8　太阳能驱动吸收式制冷系统及其蓄冷技术原理图

P1-太阳能集热器循环泵；P2-热水循环泵；P3-冷冻水循环泵；P4-冷却水循环泵

1. 太阳能集热器

太阳能集热器是一种利用太阳能将太阳辐射转化为热能的装置。其工作原理主要基于吸收太阳辐射并将其转化为热能，通常包括集热表面及传热介质两个主要组成部分。根据集热方式和结构特点的不同，常规太阳能集热器可以分为以下三种类型。

(1) 平板式太阳能集热器(图 4-9(a))：最常见的集热器类型，通常由黑色吸热体、隔热层和透明盖板组成，太阳辐射穿过透明盖板后被吸收并转化为热能，然后将热能传递至传热介质。

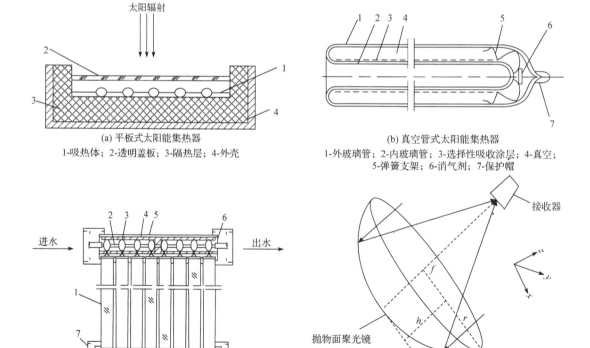

(a) 平板式太阳能集热器

1-吸热体；2-透明盖板；3-隔热层；4-外壳

(b) 真空管式太阳能集热器

1-外玻璃管；2-内玻璃管；3-选择性吸收涂层；4-真空；
5-弹簧支架；6-消气剂；7-保护帽

(c) 热管式太阳能集热器

1-真空集热管；2-连集管；3-导热块；4-隔
热材料；5-保温盒；6-套管；7-支架

(d) 碟式太阳能集热器

图 4-9　不同类型太阳能集热器示意图

(2) 管式太阳能集热器(图 4-9(b)和(c)): 采用管道作为传热介质的传输通道, 它包括真空管式和热管式两种类型, 其中, 真空管式太阳能集热器在寒冷气候条件下有着更好的性能表现。

(3) 碟式太阳能集热器(图 4-9(d)): 利用菲涅耳透镜或反射器将太阳光聚焦到一个小区域上, 并利用光学原理将太阳辐射集中到集热器表面, 从而提高热效率。主要物理参数包括焦距 f、抛物面高度 h 和焦斑半径 r。

2. 储热装置

由于太阳能的不稳定性和间歇性, 例如, 太阳光的变化和天气条件的波动使其无法提供稳定的热量输出来满足吸收式制冷系统的热源需求, 因此需要设置储热装置。设置储热装置主要为了实现以下目标。

(1) 平衡能源供应。太阳能集热器在白天能够收集到大量的热能, 但在夜晚或阴雨天气时无法继续工作。通过储热装置, 可以将白天收集到的多余热能储存起来, 以便在需要时释放, 从而平衡能源的供应。

(2) 保证蓄冷连续性。不同于太阳能收集后的热能直接利用, 储热装置能够提供持续的热能供应, 即使在没有太阳能输入的情况下也能够维持制冷系统的运行。这样能够提高系统的稳定性和可靠性。

(3) 提高系统效率。储热装置可以协助平衡太阳能集热器收集热能的波动, 满足制冷系统在不同工况下的能源需求, 从而提高系统的整体能效。

(4) 降低设备故障率。稳定可调控的系统运行工况可减轻系统组件负荷、延长设备使用寿命并降低系统故障发生的可能性。

3. 吸收式制冷装置

吸收式制冷装置是一种利用热能来驱动制冷循环的系统, 其工作原理涉及制冷剂和吸收剂之间的吸收、蒸发和冷凝过程。与蒸气压缩式制冷系统不同, 吸收式制冷系统主要包括四大部件, 分别是蒸发器、吸收器、发生器及冷凝器, 且该系统包含一对工质对, 如溴化锂-水工质对, 其中溴化锂为吸收剂, 水为制冷剂。吸收式制冷主要基于特定温度及压力下吸收剂对制冷剂的吸收(制冷剂冷凝放热)和释放(制冷剂蒸发吸热), 从而实现制冷效果。吸收式制冷系统的具体工作原理如下(以单效溴化锂吸收式制冷为例, 见图 4-10): 首先在蒸发器中, 制冷剂从液态转变为气态, 这个过程吸收热量, 降低周围环境的温度, 实现制冷效果; 蒸发后的制冷剂以气体形式进入吸收器, 并在这里和吸收剂溴化锂溶液接触, 发生吸收过程, 即蒸气被溴化锂溶液吸收冷凝成为液体, 形成饱和溶液, 释放热量; 随即饱和溶液在循环泵的作用下经过发生器, 发生器配备加热装置(热源来自太阳能储能), 通过加热饱和溶液, 制冷剂再次从溴化锂溶液中分离出来, 并转变为气态; 最后, 发生器产生的气态制冷剂进入冷凝器释放热量并冷凝成为液态, 冷凝后的制冷剂液体经节流装置送回到蒸发器, 重新开始制冷循环。

4. 蓄冷装置

蓄冷系统所涉及的相关蓄冷装置等内容在本书第 3 章有详细介绍, 这里不再展开说明。

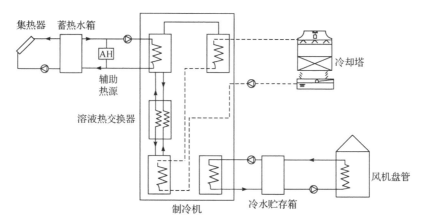

图 4-10　太阳能驱动的溴化锂吸收式制冷系统示意图

5. 控制系统

系统应配备智能控制系统，能够监测太阳能收集情况、储能装置状态、蓄冷装置状态、用冷需求变化、环境条件等参数，根据实时需求合理调配制冷资源和能源利用。具体功能要求如下。

(1) 太阳能收集情况监测。通过配备不同传感器，如光照传感器、温度传感器等，实时监测太阳能集热器的工作状态和太阳能的收集情况，包括太阳辐射强度、集热效率等参数。

(2) 储能装置状态监测。通过配备不同传感器，如温度传感器、流量传感器、液位传感器等，实时监测储能装置的储存容量和当前状态，包括储能装置的温度、储热效率等。

(3) 蓄冷装置状态监测。通过配备不同传感器，如温度传感器、液位传感器等，实时监测蓄冷装置的工作状态和储冷情况，包括蓄冷工质温度、储冷效率等。

(4) 用冷需求变化监测。基于历史数据和实时监测信息，可提前预测用冷需求变化趋势，从而更加精准地调整蓄冷资源的分配。

(5) 环境条件监测。监测周围环境的温度、湿度、风力等基本参数。

通过以上功能，智能控制系统能够使太阳能驱动的蓄冷系统更加智能化和高效化，充分利用了太阳能资源，提高了吸收式制冷系统的性能和能源利用效率。

4.2.3　主要参数

1. 太阳能集热效率

太阳能集热器是能将太阳辐射能吸收转化成热能并传递给传热工质的装置，是太阳能热利用系统的关键部件。太阳能集热器的分类方式有许多种，如按是否具有聚焦性分类、按是否跟踪太阳分类、按工作温度范围分类等。这里主要以抛物面槽式太阳能集热器(PTC)为例，参考经验公式得到集热效率公式如下：

$$\eta_{col} = c_0 - c_1\left(\frac{t_{col} - t_a}{I_{col}}\right) - c_2 I_{col}\left(\frac{t_{col} - t_a}{I_{col}}\right)^2 \tag{4-7}$$

式中，I_{col} 为太阳总辐射量，W/m；t_a 为环境温度，℃；t_{col} 为太阳能集热器温度，℃；c_0、c_1、c_2 为系数。表 4-1 所示为不同类型太阳能集热器的系数值。

表 4-1 不同类型太阳能集热器的系数值

系数	平板式太阳能集热器(FPC)	真空管式太阳能集热器(ETC)	抛物面槽式太阳能集热器(PTC)
c_0	0.868	0.774	0.76
c_1	3.188	1.936	0.22
c_2	0.018	0.006	—

2. 吸收式制冷循环性能系数

性能系数反映单位加热量产生的制冷量，用于评价吸收式制冷机组的能效情况，按照定义：

$$\text{COP} = \frac{\phi_0}{\phi_g} \tag{4-8}$$

式中，ϕ_0 为制冷量，kW；ϕ_g 为发生器热负荷，kW。以单效溴化锂吸收式制冷机组为例，其 COP 值一般为 0.65～0.75，双效溴化锂吸收式制冷系统 COP 值一般大于 1。

理想状态下，可逆制冷剂性能系数 COP_c 最大，其公式为

$$\text{COP}_c = \frac{T_3 - T_2}{T_3} \cdot \frac{T_1}{T_2 - T_1} \tag{4-9}$$

式中，T_1、T_2、T_3 分别为低温热源温度、环境温度及驱动热源温度。COP 与 COP_c 的比值称为热力学完善度，其值反映了制冷循环的不可逆程度。

3. 新能源驱动的蓄冷系统整体能效比

新能源驱动的蓄冷系统整体能效比是衡量整个蓄冷系统能源利用效率的指标。它定义为单位电能消耗产生的单位制冷量输出。新能源驱动的蓄冷系统整体能效比的计算公式如下：

$$\text{EER}_{整体} = \frac{Q_{总}}{W_{总}} \tag{4-10}$$

式中，$Q_{总}$ 为单位时间内蓄冷装置得到的冷量；$W_{总}$ 为单位时间内蓄冷装置消耗的电能。以太阳能吸收式制冷系统为例，其中包括太阳能集热器、储热装置、吸收式制冷装置、蓄冷装置以及各循环泵所耗能。

若蓄冷装置内未发生工质相变，则该过程为无相变蓄冷，总蓄冷量为

$$Q_{总无相变} = CM\Delta t \tag{4-11}$$

式中，C 为蓄冷介质的比热容，kJ/(kg·℃)；M 为蓄冷介质的质量，kg；Δt 为蓄冷前后介质的温度变化，℃。

若蓄冷装置内发生了工质相变，则该过程为有相变蓄冷，总蓄冷量为

$$Q_{总有相变} = CM\Delta t + mL \tag{4-12}$$

式中，m 为相变介质的质量，kg；L 为相变介质的相变潜热，kJ/kg。

4.3　蓄冷系统控制

4.3.1　蓄冷系统运行策略

蓄冷系统运行策略是指蓄冷系统以设计循环周期(如设计日、周、月等)的负荷及其特点为基础，按电费结构等条件对系统以蓄冷容量、释冷、供冷或以释冷连同制冷机组共同供冷做出最优的运行安排，一般可归纳为全部蓄冷策略和部分蓄冷策略。

1. 全部蓄冷策略

全部蓄冷策略是指蓄冷系统在夜间非用电高峰期，启动制冷设备满负荷运行进行蓄冷，当蓄冷量达到用电高峰期所需的全部冷量(须考虑热损失)时，制冷设备停机；在用电高峰期，制冷设备不运行，系统将所蓄冷量转移并使用。也就是说，采用全部蓄冷策略的蓄冷设备需要承担用电高峰期的全部冷量，因此对制冷系统的制冷量和蓄冷设备的容量要求比较大，这会使初投资费用增加，但是电费节能效果明显，运行控制相对简单。该运行策略适用于用电高峰期供冷时间短或者峰谷电价差较大的场所，如电影院、体育馆等。

2. 部分蓄冷策略

部分蓄冷策略是在非用电高峰期运行制冷设备，完成部分冷量储存；在用电高峰期，一部分负荷由蓄冷设备承担，其余冷量由制冷设备运行来满足。与全部蓄冷策略相比，部分蓄冷策略的制冷机组装机容量、蓄冷设备容量、蓄冷量都减少，降低了初投资费用。此外，制冷机组在非用电高峰期和用电高峰期都将运行，机组的利用率更高，这是一种更为经济有效的负荷管理模式，但运行控制相对复杂。该策略适用于用电高峰期系统运行时间长、负荷变化大的场合。

部分蓄冷策略又有两种运行模式：主机优先和蓄冷优先。主机优先模式是指使制冷机组满负荷连续运行以满足冷量负荷需求，若冷负荷无法满足，则开启蓄冷机组满足所需冷量。在这种系统中，制冷机组始终满负荷高效运行，运行优先级高于蓄冷设备，蓄冷设备作为后备冷源。蓄冷优先模式是指在非用电高峰期使制冷设备运行，完成冷量储存；在用电高峰期由蓄冷设备所释放的冷量来满足冷量负荷需求，若无法全部满足，则开启制冷机组供冷。在这种系统中，蓄冷设备始终满负荷高效运行，运行优先级高于制冷设备，制冷设备作为后备冷源。相比于主机优先模式，蓄冷优先模式可以更好地利用峰谷电价差，更多地节省电费，但制冷设备的运行效率不能维持最高。

4.3.2　蓄冷系统控制策略

1. 系统控制的必要性和目的

蓄冷系统与一般制冷系统相比，运行工况多、系统转换频繁、完全人工操作难度较大，尤其是部分蓄冷策略,控制难度更高。首先,蓄冷系统运行要求高,除满足基本要求(安全、稳定、高效)之外,更需要在运行时满足节省运行费用的要求,这又取决于电网的分段与峰谷电价以及对已蓄冷量的充分有效利用,需要对蓄冷与制冷设备性能、系统组合方式、负荷逐时变化与蓄冷设备、冷机的匹配进行必要的控制。其次,影响系统控制的因素较多,如系统供冷水的方式与要求、是否变频、设备的特性、容量、所允许的控制方式等。此外,系统的监测点数量多,如蓄冷设备液位、进出口温度和流量、换热器温差和压差、使用环境温湿度、不同时段用电量等,众多的参数如果要正常运行必须依靠系统控制。最后,运行工况多且工况转换频繁,负荷变化需求、气候环境、电价差异都要求系统必须按照不同工况运行。因此,蓄冷系统控制的目的包括:①高效利用蓄冷量;②充分利用蓄冷设备的容量;③降低系统运行费用;④保证系统安全运行。

2. 系统控制策略

按照制冷机组和蓄冷设备运行优先顺序的不同,可分为制冷机组优先(主机优先)和蓄冷设备优先(蓄冷优先)。不同控制策略的运行能耗和运行费用不同,分类如图 4-11 所示。一般蓄冷优先控制策略能耗较高,但电费较少;主机优先控制策略能耗较低,但电费较多。

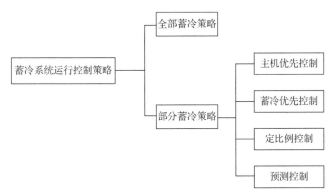

图 4-11 蓄冷系统运行控制策略分类

1) 主机优先控制

主机优先控制策略是由制冷机组直接向用户提供冷量,当冷负荷超过机组容量时由蓄冷设备补充。比较典型的控制方法是将蓄冷量与冷负荷逐时进行比较,根据不同时刻的负荷差值确定制冷机组须提供的制冷量,也可以按照预先设定的时间表控制制冷机组运行。如果制冷机组位于蓄冷设备上游,当冷负荷大于机组容量时,系统出水温度上升,温度传感器控制相应的阀门和水泵,使一部分冷水流经蓄冷槽,维持系统出水温度恒定在设定值。当冷负荷较小时,这种方式的蓄冷量利用率低,不能充分发挥蓄冷优势,控制不当还会出现蓄冷量残留现象。

2) 蓄冷优先控制

蓄冷优先控制策略是由蓄冷设备满足尽可能多的冷负荷,不足部分由制冷机组供冷。这种控制策略能充分利用谷段电力,减少运行费用。其难点在于必须很好地控制和合理分配释冷量及机组供冷量,保证一天中蓄冷设备按计划释放冷量,也就是说,既要保证蓄冷量充分利用,又要满足逐时冷负荷要求,同时避免系统后期不能提供冷量。蓄冷优先控制策略较为复杂，需要对负荷进行预测以决定各时刻的最大释冷量和机组的供冷量，避免控制不当导致蓄冷量过早耗尽。蓄冷优先控制策略比较简单的控制方法是采用均匀释冷，使制冷机组在大部分时间里处于部分负荷运行状态。

3) 定比例控制

定比例控制策略是指制冷机组和蓄冷设备各自承担一定比例的供冷负荷。由于制冷机组的供冷量随着供冷负荷的波动而变化，因此制冷效率不稳定；蓄冷设备内则可能发生冷量残留或冷量不足等情况。运行费用介于主机优先和蓄冷优先控制策略之间。

4) 预测控制

预测控制策略是指通过对次日冷负荷的预测，对制冷机组和蓄冷设备进行优化控制，减少制冷机组在用电高峰时段运行。预测控制是蓄冷系统运行管理的目标，既充分利用蓄冷量，又避免制冷机组的低负荷运行，同时尽可能少开启制冷机组，实现蓄冷量与制冷机组的合理搭配。这种控制设备能够大幅度降低蓄冷系统的运行费用，但是要以准确的负荷预测为基础。为了提高负荷预测的精度，每隔一定时间(一般为 1h)要对预测负荷进行修正，即利用历史数据对负荷进行自我调整。

4.3.3　蓄冷系统自动控制

1. 自动控制系统的构成

蓄冷自动控制系统由控制器、被控对象、执行机构和变送器等组成。

控制器：目前控制系统的控制器主要包括 PLC、DCS、FCS 等主控制系统。在底层应用最多的是 PLC 控制系统；一般大中型控制系统中要求分散控制、集中管理的场合会采用 DCS；FCS 主要应用在大型系统中。控制器是现场自动化设备的核心控制器，现场所有设备的执行和反馈、所有参数的采集和下达全部依赖于控制器的指令。

被控对象：在自动控制系统中，被控对象一般指控制设备或过程(工艺、流程等)等。在自动控制系统中，广义的理解被控对象包括处理工艺、电机、阀门等具体的设备；狭义的理解可以是各设备的输入、输出参数等。

执行机构：在自动控制系统中，执行机构主要是系统中的阀门执行器。根据不同的工艺及流程控制，控制器通过输出信号对执行机构进行控制，执行机构发生动作之后将信号反馈给控制器，控制器接收到反馈信号后判断执行机构完成了指定动作，一次控制完成。

变送器：将现场设备传感器的非电量信号转换为 0～10V 或 4～20mA 标准电信号的一种设备。例如，温度、压力、流量、液位、电导率等非电量信号，经过变送器转换后才可以接到 PLC 等控制器接口，最终参与整个系统的参数采集和控制。

2. 自动控制系统的内容

蓄冷系统自动控制主要包括系统运行控制、制冷机组控制、蓄冷装置控制及冷冻水循环控制等，如图 4-12 所示。需要监控、计测、计量的基本项目见表 4-2。

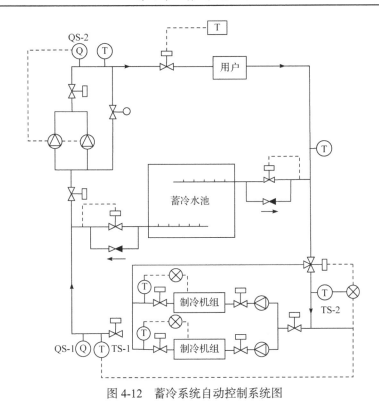

图 4-12 蓄冷系统自动控制系统图

表 4-2 蓄冷系统需要监控、计测、计量的基本项目

项目编号	蓄冷系统监控项目	蓄冷系统计测、计量项目
1	室外大气温度	蓄冷槽内温度(水蓄冷装置)/℃
2	室外大气湿度	制冷侧冷水流量/(m³/h)
3	室外湿球温度	供负荷侧冷水流量/(m³/h)
4	最大需求功率限制	制冷机组电流/A
5	水泵的启/停	各种泵及冷却塔风机电流/A
6	水泵的运行状态	制冷机组制冷量/(kW·h)
7	启/停冷却塔风机	供冷量/(kW·h)
8	阀的控制	制冷机组用电量/(kW·h)
9	制冷侧冷冻水或载冷剂供出温度(总管)	各种水泵用电量/(kW·h)
10	载冷剂回液温度(总管)	冷却塔风机用电量/(kW·h)
11	冷凝器冷却水供水温度(总管)	制冷机组累计运行时间/h
12	冷凝器冷却水回水温度(总管)	制冷机组累计制冷量/(kW·h)
13	蓄冷保有量	供出冷量/(kW·h)
14	热交换器冷水侧水流量	补给水量/m³

1) 制冷机组控制

制冷机组一般由设备自带的微处理器进行控制，可实现冷却塔风机、冷却泵、冷冻泵的连锁控制。需要监控的基本项目见表 4-3。

表 4-3　制冷机组监控的基本项目

项目编号	制冷机组监控项目	项目编号	制冷机组监控项目
1	冷水(二次冷剂)出水温度设定点	9	冷凝器压力
2	电流限制设定点	10	油压
3	运行/停止	11	电动机满负荷电流
4	二次冷剂出口温度	12	吸入温度
5	二次冷剂回入温度	13	排气温度
6	冷却水进口温度	14	油温
7	冷却水出口温度	15	安全停机
8	蒸发器压力	16	所有运行停机要求

(1) 制冷机组出口温度控制。

如图 4-13 所示，由机组自带的控制器执行，通过将温度传感器设定在各运行工况下的规定值，以维持出口温度恒定。当制冷机组和蓄冷装置并联配置、主机优先时，制冷机组以用户供液温度进行控制；蓄冷优先时，制冷机组以其进口温度进行控制。当制冷机组和蓄冷装置串联配置、制冷机组位于上游时，主机优先控制策略以用户供液温度进行控制，

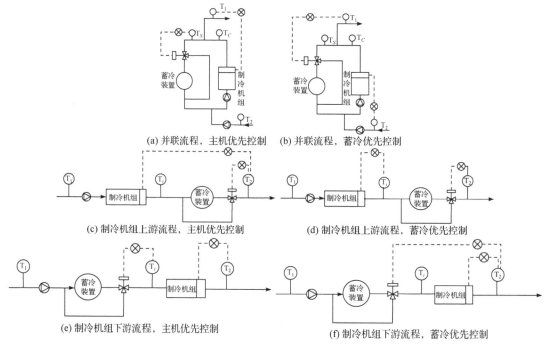

图 4-13　制冷机组出口温度控制示意图

蓄冷优先控制策略以蓄冷装置进口温度(中间温度)设定值进行控制。当制冷机组和蓄冷装置串联配置、制冷机组位于下游时,由用户供液温度进行控制。

(2) 制冷机组进口温度控制。

当制冷机组进、出口温差较大时,可以通过控制制冷机组的进口温度来满足对出口温度的要求。设在制冷机组进水管上的三通调节阀可调节进水温度为要求值,当制冷机组的制冷量稳定时,即可实现对出口温度的间接控制。也可以通过对进、出口温度的联合控制来维持制冷机组出口温度恒定。

(3) 制冷机组容量控制。

制冷机组容量控制有两种方式:一是制冷机组单机容量调节,由机组自带的微处理器通过维持出口或进口温度恒定完成调节;二是机组的台数控制,即根据要求的制冷量确定所需的机组运行台数。

2) 蓄冷装置控制

蓄冷装置控制主要分为释冷量控制和充冷量控制。

(1) 释冷量控制。

蓄冷装置释冷量由供出温度控制,通过蓄冷装置进口或出口的流量调节阀完成,变流量控制通过变流量泵完成,但须维持用户侧温度恒定。蓄冷装置释冷量的控制,以用户侧或供出侧温度的恒定,控制蓄冷装置进口或出口的流量调节阀来完成;在变流量控制中,以用户侧温度的恒定,控制变流量泵来完成。

(2) 充冷量控制。

理想的情况是,当蓄冷装置中的蓄冷量基本用完时开始充冷。一般在蓄冷装置尚有25%以上蓄冷量时不应进行充冷。当蓄冷量充足时,应停止制冷机组运行,制冷机组的停机控制方法包括:制冷机组出口温度低于设定值;制冷机组进、出口温差小于规定值;蓄冷量达到100%;充冷时间设定等。通常以前两种方法作为主要控制,后两种方法作为后备辅助控制。

3. 自动控制系统的优化

蓄冷系统运行优化控制的目的是减少高峰电力消耗、节省运行电费。优化方案的确定基于冷负荷图、电价结构、蓄冷技术和系统配置等的综合考虑。优化控制通过计算机模拟将蓄冷量合理分布于每个小时,在实时外温预测和负荷预测的基础上,以系统日运行费用最低、满足空调负荷需求、在一个工作周期内尽量耗尽蓄冷装置的蓄冷量、尽可能保持制冷机组工作的连续性以及避免频繁启停等为目标。

1) 负荷预测及方法

蓄冷装置的理想蓄冷量应在当天基本用尽,同时要避免出现最后几小时蓄冷系统冷量供不应求的局面,这才是最经济的。可以说,负荷预测是蓄冷系统优化运行控制的重要基础。建筑物冷负荷随着室外气象参数不断变化,这容易导致释冷周期结束时蓄冷装置内有残余冷量或者释冷后期蓄冷量不足等情况,既造成能源浪费,也不能实现节约运行费用支出的目标,严重的还会影响系统的正常运行。因此,蓄冷系统需要有良好的逐时负荷预测功能,可以根据负荷变化调整蓄冷系统运行,在满足冷负荷要求的基础上最大限度地减少热损失和制冷机组的启动次数,减少运行费用、节省能源。控制良好的蓄冷系统应满足两个要求：第一，蓄冷量能够满足次日系统的供冷要求；第二，蓄冷装置按计划释放冷量，蓄冷量既不能提前用完，也不应在释冷结束时有剩余冷量。可见，逐时负荷的预测对蓄冷空调系统降低运行成本有着重要的意义。负荷预测基本上可分为简单的负荷预测和利用神经网络系统进行的负荷预测。

(1) 简单的负荷预测。

简单预测的方法是先利用运行日的室外气温和焓值条件对设计日负荷曲线进行修正，运行后的实际负荷曲线作为次日室外气候条件下负荷预测的基础，利用软件的再学习和记忆功能，经过一年时间的不断积累，建立起一套不同气候条件下比较符合工程实际的数据库，然后以一年内的日负荷计算及实际运行结果的分析为基础进行"时间表"安排，并考虑节假日等的修正，将现存蓄冷量与之平衡后用于确定系统的运行方式及制冷机组台数等的选择。

(2) 利用神经网络系统进行的负荷预测。

神经网络系统是根据人脑的神经组织结构设计和命名的，它具有高度内连的"神经元"，如图 4-14 所示。这种软件安装在一台普通的个人计算机中，具有三层结构(输入、隐含、输出)，并可在用户觉察不到的情况下进行工作。当它成功地完成工作后，实时控制专家系统利用其做出的下一天的冷负荷预测对整夜的蓄冷过程进行控制。神经网络既没有指示进程能力，也没有独立的数据储存的记忆能力。它的最大好处是设置了多点的并行输入端，这样就可以在不加大编写程序工作量的情况下，使系统的调节修正作用更迅速、反应更敏捷。

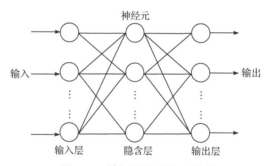

图 4-14　神经网络系统示意图

2) 室外干球温度预测

影响空调负荷的主要气象参数有室外干球温度、相对湿度、太阳辐射强度、风速、风向等，其中起主要作用的参数是室外干球温度，直接影响着建筑物空调负荷的大小、设备能量消耗和高峰期用电量等。

室外干球温度预测方法主要有 ASHRAE 系数法、形状因子法和简单移动平均法等。其中，ASHRAE 系数法预测效果较好，且方法简单，是应用比较多的一种方法。ASHRAE 系数法根据气象部门预报的当日最高和最低温度，用温度预测系数对逐时温度进行预测。次日天气预报信息可由气象台发布得到，然后按式(4-13)预测次日的逐时室外干球温度。

$$T_\tau = T_h - \alpha_\tau (T_h - T_l) \tag{4-13}$$

式中，T_τ 为 τ 时刻的室外温度预测值，℃；α_τ 为 τ 时刻的温度预测系数，见表 4-4；T_h 为天气预报的最高温度，℃；T_l 为天气预报的最低温度，℃。

表 4-4 温度预测系数

时刻	α_τ	时刻	α_τ	时刻	α_τ	时刻	α_τ
0:00	0.82	6:00	0.98	12:00	0.23	18:00	0.21
1:00	0.87	7:00	0.93	13:00	0.11	19:00	0.34
2:00	0.92	8:00	0.84	14:00	0.03	20:00	0.47
3:00	0.96	9:00	0.71	15:00	0.00	21:00	0.58
4:00	0.99	10:00	0.56	16:00	0.03	22:00	0.68
5:00	1	11:00	0.39	17:00	0.1	23:00	0.76

3) 优化控制系统

优化控制的数学方法是提出某目标函数,在一定的约束条件下使该目标函数达到极值。对于蓄冷系统来说,目标函数一般为蓄冷系统的年运行费用或日运行费用,约束条件根据具体蓄冷系统的特点而不同,如最大蓄冷量、制冷机组最大供冷量、最大融冰速率及设备能耗等。具体来说,进行目标优化需要以几个方面为前提:充分利用电网的分时电能政策,尽可能使制冷机组在电网高峰期少开启甚至不开启;充分利用在电力低谷期制得冷量并蓄存;合理调配系统从蓄冷装置的取冷量和制冷机组制冷量,能使制冷机组在较高效率下运行;对实际系统运行的掌握和了解,包括具体分时电价与划分、系统方式、设备数量和容量、逐时负荷变化规律。

4) 采用优化运行控制软件

完整的蓄冷系统优化控制包括三个部分:中央站后台优化控制软件、中央站前台显示监测软件及现场控制机。中央站后台优化控制软件是蓄冷系统的核心,它负责负荷在线预测及优化分配,并实时地把重要控制信息,如系统运行模式(蓄冷、蓄冷装置供冷、制冷机组供冷、联供)及开机台数等传给中央站前台显示监测软件及现场控制机(图 4-15)。中央站前台显示监测软件提供蓄冷控制系统的图形界面,具有打印报表、历史数据等功能。现场控制机接收来自中央站后台优化控制软件的控制信息,自动控制制冷机组、调节阀、水泵(溶液泵)等的关停或开启。

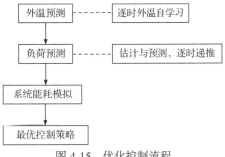

图 4-15 优化控制流程

4.4 蓄冷系统运行控制案例

4.4.1 蓄冷系统运行案例

1. 蓄冷系统简介

北京某主题公园占地面积约 4km², 园区内供能场所包括娱乐设施、演出场地、餐饮及门店、酒店、办公设施等,有场景多、需求大等特点。园区供能系统以燃气为能源、冷热电三联供系统为基础,总供冷负荷为 62.27MW,供冷装机负荷为 65.9MW,由溴化锂热泵机组和双工况电制冷机共同制冷。由于园区所在地区昼夜温差大,全年存在供冷需求,因此采取发电余热制冷、电制冷、自然冷却系统耦合，结合冰蓄冷技术，建立起低碳、可持续、经济的多能互补区域能源供应系统。

考虑园区昼夜冷负荷差异大，结合北京峰谷电价的情况，配备大容量冰蓄冷装置既满足了运行要求，又提高了项目经济效益。经设计，项目配备总容量为 155MW·h 的蓄冰槽，装机比例超 20%。夏季时，以制冷需求为主，由溴化锂热泵机组和双工况电制冷机共同制冷，夜间谷电时制冰并储存在蓄冰槽，白天峰电时通过双工况主机板式换热器制冷，提高能源利用率且降低制冷成本。考虑所应用的外融冰系统蓄冰槽出水极限温度为 1.5℃且融冰速率快，将蓄冰槽串联在制冷主机之后，既可迅速将供水温度稳定在(4±0.5)℃，又可增大供回水温差，减小水泵能耗的同时提高制冷主机的供冷效率。冬季时的反季节供冷需求由自然冷却系统承担，关闭制冷主机，仅使用冷却塔制冷，节约运行成本的同时也能够降低能耗。

蓄冰供冷系统原理如图 4-16 所示。双工况主机及蓄冰槽所用介质为 25%浓度的乙二醇溶液，夜间制冰时双工况主机的进、出口温度为−5.6～−2.1℃，白天供冷时双工况主机的进、出口温度为 4～9℃，经过双工况主机板式换热器换热后二次侧的供、回水温度为 5～13℃。回水首先经冷却后进入蓄冰槽，与基载主机并联并通过二级泵向园区提供 4℃冷水。整个系统采用自动控制，同时搭建智慧能源管控平台，在提高区域能源站智能性的同时还能减少运行人员工作，实现无人值守。

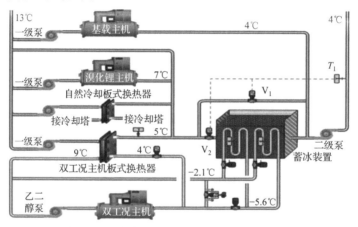

图 4-16　北京某主题公园蓄冰供冷系统原理图

2. 案例运行情况

本案例中供冷系统于 2020 年 6 月 10 日正式投入使用，各项指标均达到设计要求，年供冷量为 37.8 万 GJ，满足园区用冷需求。蓄冰槽蓄冰-释冷效率为 85%，电制冰系统 COP 为 2.86，电制冷系统 COP 为 3.78。区域能源供应系统的能源综合利用率达到 80%以上，节能率达 30%。根据北京地区峰谷电价估算，蓄冰槽-制冷机组系统与主机直接供冷系统相比，运行费用节约 16.93%，制冷系统运行成本明显降低。

4.4.2　蓄冷系统控制案例

1. 蓄冷系统简介

广东省深圳市某商业建筑高 208.5m，面积约 109727m²，地上由 42 层塔楼和 5 层裙楼组成，地下有 4 层空间，采用冰蓄冷空调系统，如图 4-17 所示。系统包括蓄冷、融冰供冷、主机供冷、联合供冷、停机 5 种工况，各工况下的控制信号设置如表 4-5 所示。

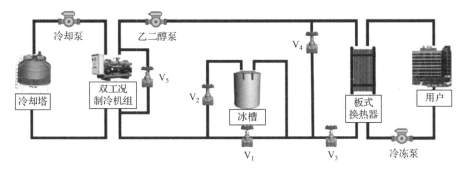

图 4-17　冰蓄冷空调系统

表 4-5　5 种工况下的控制信号设置

模块	蓄冷工况	融冰供冷工况	主机供冷工况	联合供冷工况	停机工况
阀门 V_1	0	1	1	1	0
阀门 V_2	1	1	0	1	0
阀门 V_3	0	1	1	1	0
阀门 V_4	1	0	0	0	0
阀门 V_5	0	1	0	1	0
双工况制冷机组 (输入温度/℃)	−5.6	0	5.5	3.5	0
冷冻泵	0	1	1	1	0
冷却泵	1	0	1	1	0
乙二醇泵	1	1	1	1	0

注：表中信号"1"代表设备或阀门开启，信号"0"代表设备或阀门关闭。

2. 控制策略优化方法

为了对该建筑的冰蓄冷空调系统的控制策略进行优化，采用的技术框架如图 4-18 所示。框架主要内容包括：对该商业建筑进行调研并通过建筑管理员问卷调查获得建筑物理参数和冰蓄冷空调系统的详细参数；基于该建筑使用 TRNSYS 软件构建虚拟建筑和冰蓄冷空调系统模型，该模型生成建筑全年逐时冷负荷数据；根据该冷负荷数据及其他影响因素(如天气状况、时间)，利用 Python 软件基于极端梯度提升(XGBoost)算法训练冷负荷预测模型；在 Python 中开发基于遗传算法(GA)的模型预测控制(MPC)器，用于优化系统逐时的蓄放冷模式或冷量；PC 控制器在 Python 中开发完成之后，将开发的 MPC 器和冰蓄冷空调系统组合为 TRNSYS-Python 联合仿真测试平台，获得冰蓄冷空调系统优化策略的效果并与传统规则策略进行对比分析。

3. 预测模型

1) 数据分析和特征选取

影响建筑冷负荷的变量可以分为外部变量和内部变量两大类。外部变量主要是指室外

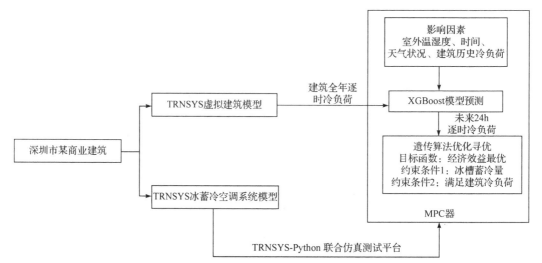

图 4-18　控制策略优化技术框架

气象条件，如空气的干球温度、湿球温度、太阳辐射、相对湿度等。其中，室外干球温度和相对湿度是较为关键的变量，因此首先将这些变量作为模型预测的输入变量。内部变量主要包括室内人员、负荷、设备散热、照明等，以上变量随时间呈现出周期性的变化模式，因此将小时数(0～24h)也作为模型的输入变量以表征内部变量的影响。随后，将预测时刻前1h 的冷负荷数值也作为输入变量，以进一步提升预测的准确性。

极端梯度提升(XGBoost)负荷预测模型的输入包括 t 时刻小时数、t 小时室外干球温度、t 小时室外相对湿度、$t-1$ 小时建筑冷负荷；模型的输出为 t 小时建筑冷负荷，该冷负荷通过TRNSYS 软件模拟典型气象年建筑运行获得。需要说明的是，模型通过自身迭代即可预测出未来 24h 的逐时冷负荷。

2) XGBoost 算法模型公式

XGBoost 算法模型公式如下：

$$\hat{y}_i^{(m)} = \sum_{k=1}^{m} f_k(x_i) = \hat{y}_i^{(m-1)} + f_m(x_i) \tag{4-14}$$

式中，$\hat{y}_i^{(m)}$ 为最终的模型；$\hat{y}_i^{(m-1)}$ 为之前所有决策树组成的模型；$f_m(x_i)$ 为新增决策树的模型；m 为决策树的总个数。

本书采用拟合优度(R^2)和均方根误差(RMSE)两个指标验证模型的预测精度：

$$R^2 = 1 - \frac{\sum_{i=1}^{N}(y_i - \hat{y}_i)^2}{\sum_{i=1}^{N}(y_i - \overline{y}_i)^2} \tag{4-15}$$

$$\text{RMSE} = \sqrt{\frac{1}{N}\sum_{i=1}^{N}(y_i - \hat{y}_i)^2} \tag{4-16}$$

R^2 的值越接近 1，表示模型对数据的拟合程度越好；RMSE 的值越小、越接近 0，表示预测模型与真实数据的误差越小。

4. 冰蓄冷空调系统模型预测控制策略

1) 目标函数

本节以冰蓄冷空调系统制冷机组能耗成本最小为优化目标,同时考虑两个约束条件:①冰蓄冷空调系统提供的冷量必须满足建筑所需冷负荷;②冰槽的蓄冰量应处于 0 和最大容量之间。目标函数见式(4-17):

$$\min J = C_e + P_1 + P_2 \tag{4-17}$$

式中

$$C_e = \sum_{t=1}^{n} \mathrm{Ec}(t) \cdot \mathrm{Pr}_e(t) \tag{4-18}$$

式中,J 为冰蓄冷空调系统制冷机组未来 24h 总能耗成本;P_1、P_2 为两项惩罚项,对应两个约束条件;C_e 为能耗成本的计算方式,即冰蓄冷空调系统制冷机组在预测的未来 24h 内每小时的能耗与相应小时的购电电价乘积的累积总和;$\mathrm{Ec}(t)$ 为冰蓄冷空调系统制冷机组第 t 小时的能耗;$\mathrm{Pr}_e(t)$ 为第 t 小时的购电电价, 见表 4-6。

表 4-6 深圳市分时电价

分类	时段	价格/[元/(kW·h)]
峰期	10:00~12:00, 14:00~19:00	1.1121
平期	08:00~10:00, 12:00~14:00, 19:00~24:00	0.6542
谷期	00:00~08:00	0.2486

在优化过程中,为了确保所提出的策略不仅考虑成本效益,而且符合实际运营的物理和技术限制,引入了两项惩罚项 P_1 和 P_2,这些惩罚项的具体定义如下。

P_1 表示冰蓄冷空调系统和冷水机组共同提供的冷量,其能够满足每小时内建筑末端冷负荷需求,P_1 的计算公式为

$$P_1 = \sum_{t=1}^{n} (H_c(t) + H_r(t) - H_b(t)) \tag{4-19}$$

式中,$H_c(t)$ 为第 t 小时冰槽提供的冷负荷;$H_r(t)$ 为第 t 小时制冷机组提供的冷负荷;$H_b(t)$ 为第 t 小时建筑末端冷负荷。

P_2 表示冰槽内冰量在实际运营范围内的能力,即既不低于 0 也不超过其最大容量 C。

$$P_2 = \sum_{t=1}^{24} \left| \min[0, I(t)] \right| + \sum_{t=1}^{24} \left| \max[0, I(t) - C] \right| \tag{4-20}$$

式中,$I(t)$ 为第 t 小时冰槽的剩余冰量;C 为冰槽的最大容量。

2) 滚动模型

在 MPC 器框架下,滚动优化流程如图 4-19 所示。第一步,将模型输入变量传至 XGBoost 预测模型中,该模型负责对未来 24h 逐时的冷负荷进行预测;第二步,将该预测结果传递至遗传算法中,该算法以目标函数为基准进行优化,以确定未来 24h 内最佳运行工况(蓄冰、融冰供冷、主机供冷、联合供冷、停机)序列;第三步,在优化后的这一序列中,第

一种工况被选定作为即刻执行的控制措施，输入 TRNSYS 冰蓄冷空调系统模型中，序列中剩余的控制措施则被忽略；第四步，完成 1h 运行后，TRNSYS 冰蓄冷空调系统模型会将当前小时数与当前冰量反馈给 MPC 器，随即进入下一小时的预测和控制循环。这一过程构成一个连续的滚动优化控制。通过该模型的循环运行，能够制定出全年的优化控制策略。

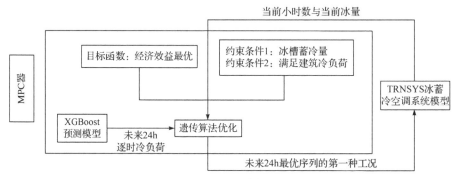

图 4-19　MPC 器滚动优化流程图

5. 性能对比

通过优化控制策略的制定，对冰蓄冷空调系统优化控制策略和传统规则策略(100%、75%、50%设计日负荷)进行了比较，在优化控制策略的控制下，冰蓄冷空调系统的能耗成本得以显著降低(表 4-7)。一周的运行期内，与基于设计日负荷 100%、75%、50%的传统规则策略相比，该优化控制策略分别实现了 7.95%、12.64%、10.18%的成本节约。尤其是在基于设计日负荷 75%工况下，优化控制策略在节约经济成本方面表现最为显著，这表明优化控制策略在优化 75%设计日负荷期间具有较高的经济效益。

表 4-7　优化控制策略与传统规则策略电费成本对比

策略	电费		
	100%设计日负荷(7 月 22～28 日)	75%设计日负荷(6 月 11～18 日)	50%设计日负荷(4 月 15～21 日)
优化控制策略	56470.29 元	49042.29 元	23916.59 元
传统规则策略	61344.61 元	56140.28 元	26628.13 元
节省效益	成本降低 7.95%	成本降低 12.64%	成本降低 10.18%

本 章 小 结

本章主要对蓄冷系统进行了介绍。蓄冷系统可由常规能源和新能源驱动，并对两类蓄冷系统的基本概念、系统原理、主要参数进行了介绍。蓄冷系统的高效发挥依赖于良好的控制，因此本章还对蓄冷系统的运行策略、控制策略和自动控制系统的原理、方法和优化进行了介绍。最后，本章选取蓄冷系统的运行案例和控制案例并进行了详细介绍，分析了节能方面的巨大潜力，为蓄冷系统的设计提供了一定思路。

课 后 习 题

4-1 蒸气压缩式制冷循环包括哪些流程和部件？这些部件分别起到什么作用？

4-2 为什么要将新能源与蓄冷系统结合？有哪些优势？

4-3 蓄冷系统运行策略包括哪些？各有什么特点？

4-4 蓄冷控制系统的优化方法包括哪些内容？

第 5 章　蓄冷工程设计、经济性及建模

蓄冷空调具有节能环保、高效稳定、对电网负荷移峰填谷的优势，这些优势极其贴合我国降碳、减碳的目标。工程实践是验证研发新型能源应用方式是否可行的最好方法，也是研发的最终目的，蓄冷空调在我国已有数百个工程实例，形式众多、应用范围广泛。本章选择两个最具代表性的工程实例。通过介绍冰蓄冷与水蓄冷最基本的设计过程(从收集用户资料到设备容量计算，综合考虑系统形式来选择运行控制方式，以及初步运行中对电网的削峰贡献和运行费用的节省和总计)，可以向用户提供出一个完整、翔实可行的实施方案。希望这部分内容对于广大从业者在设计、研发及施工方面有所帮助。

此外，为了计算整个蓄冷模型，建立蓄冷的物理模型，建立及求解蓄冷模型的方法主要包括解析法、数值法和 CFD 法。通过解析法可以对冰蓄冷及水蓄冷装置的性能进行分析；利用数值法可以对水蓄冷装置的自然对流进行数值分析及对平板蓄冷过程进行数值分析；基于 CFD 法可以对水液滴物理模型进行构建以及对水表面凝结过程进行计算。

5.1　冰蓄冷工程设计

5.1.1　工程概况资料

1. 建筑概况

北京地区某办公大楼，总建筑面积为 8.3 万 m^2，地上 7 层，地下 3 层。楼内人口密度较小、要求条件较高。为提高整个空调系统的 COP 值，欲采用温湿度分别处理方式：选用部分负荷蓄冷系统，充分利用冰的特点，提供较低水温，采用串联方式获得较大温差，提供 5/13℃ 的冷冻水直接进入新风机组，使主要携带湿量的新风在进入之前得到充分的除湿与降温；也为室内风机盘管采用干式运行方式创造了条件，设置基载主机直接为风机盘管提供 13.5/18.5℃ 的较高的冷冻水温，既可充分满足空调处理要求，又可实现冷机效率的较大提高。特殊情况下，夜间若需要加班工作时，蓄冰工况还应正常制冰，新风机组可与室内风机盘管一起，均由基载机组提供常规空调工况运行参数，即按 7/12℃ 冷冻水运行。

2. 北京地区夏季电网分时计价政策

北京地区夏季电网分时计价政策见表 5-1。

表 5-1　北京地区夏季电网分时计价政策

电价类型	时段	小时数	总小时数	电价/[元/(kW·h)]
低谷	23:00～07:00	8	8	0.2929
平电	07:00～10:00	3	8	0.7012

续表

电价类型	时段	小时数	总小时数	电价/[元/(kW·h)]
平电	15:00～18:00	3	8	0.7012
	21:00～23:00	2		
峰电	10:00～11:00	1	5	1.1545
	13:00～15:00	2		
	18:00～20:00	2		
尖峰	11:00～13:00	2	3	1.2623
	20:00～21:00	1		

注：每年 7～9 月实行尖峰电价，有 3h 在峰电基础上再上浮 10%。

3. 新风系统逐时负荷表

由于室内风机盘管负荷不由冰蓄冷系统提供，因此这里只是新风机组应负担的负荷(表 5-2)。采用非稳态计算方法计算建筑设计日逐时冷负荷，国际上常采用单位 kW 或者RT(冷吨)，表 5-2 以 RT 为单位统计。

表 5-2　新风机组应负担负荷

时刻	设计负荷/RT	75%负荷/RT	50%负荷/RT	25%负荷/RT
00:00～08:00	0	0	0	0
08:00～09:00	1328	996	664	332
09:00～10:00	1363	1022	682	341
10:00～11:00	1419	1064	710	355
11:00～12:00	1459	1094	730	365
12:00～13:00	1497	1123	749	374
13:00～14:00	1526	1145	763	382
14:00～15:00	1540	1155	770	385
15:00～16:00	1536	1152	768	384
16:00～17:00	1513	1135	757	378
17:00～18:00	1506	1130	753	377
18:00～19:00	1466	1100	733	367
19:00～24:00	0	0	0	0
日总计	16153	12116	8079	4040

5.1.2　设备选择计算

1. 基载冷机

选用螺杆式制冷机，其制冷剂为 R134a，性能参数如表 5-3 所示。

表 5-3　螺杆式制冷机性能参数

工况	功率 /kW	制冷量 /kW	进水温度 /℃	出水温度 /℃	水流量 /(t/h)	压力损失 /kPa	冷却进水温度 /℃	冷却出水温度 /℃	冷却水量 /(t/h)
1	251	1499	18.5	13.5	258	78	32	37	300
2	234.6	1268	12.0	7.0	258	78	30	35	300

2. 双工况制冷主机

选用螺杆式制冷机，其制冷剂为 R134a。根据表 5-2 可知：

每天空调运行时间为 08:00～19:00，共计 $n_1 = 11\text{h}$。

允许蓄冰时间为 23:00～07:00，共计 $n_2 = 8\text{h}$。

日总冷负荷：

$$\sum q_i = 16153\ \text{RTH} = 56794\text{kW} \cdot \text{h} \tag{5-1}$$

逐时最大负荷：

$$q_{\max} = 1540\text{RT} = 5414.64\text{kW} \cdot \text{h} \tag{5-2}$$

取螺杆式制冷机制冰系数 $c_f = 0.65$；冷机平均效率 $m = 0.75$。

1) 计算冷机应有的空调工况制冷量 q_c

$$q_c = \frac{\sum q_i}{mn_1 + c_f n_2} = \frac{56794}{0.75 \times 11 + 0.65 \times 8} = 4222.6(\text{kW}) \tag{5-3}$$

可以选用两台制冷机并联运行，性能参数如表 5-4 所示。

表 5-4　两台制冷机并联运行时性能参数

工况	功率 /kW	制冷量 /kW	进液温度 /℃	出液温度 /℃	液流量 /(t/h)	压力损失 /kPa	冷却进水温度 /℃	冷却出水温度 /℃	冷却水量 /(t/h)
空调	449	2218	11	6	382	92	32	37	459
制冰	441	1509	−2.9	−5.6	525	—	30	35	459

2) 乙二醇溶液泵选择计算

(1) 乙二醇溶液泵流量计算。

按制冷机厂家提供的运行数据，制冰工况下的平均温差为 $\Delta t = (-5.6)-(-2.9) = -2.7(℃)$，平均运行温度为−4.25℃。若选载冷剂乙二醇溶液的体积百分比浓度为 25%，当温度为−4.25℃时，其比热容 $c = 3.6675\text{kJ/(kg} \cdot ℃)$，密度 $\rho = 1044.79\text{kg/m}^3$。因此，每台双工况冷机应匹配乙二醇溶液的流量为

$$G_{冰} = \frac{Q_{冰}}{c\rho\Delta t} \tag{5-4}$$

即

$$G_{冰} = \frac{1509 \times 860}{(3.6675 \times 0.24) \times 1044.79 \times 2.7} = \frac{1297740}{0.8802 \times 1044.79 \times 2.7} = 522.65(\text{m}^3 / \text{h}) \tag{5-5}$$

当冷机在空调工况下时，应匹配的载冷剂冷冻泵流量为

$$G_{空} = \frac{2218 \times 860}{1 \times 1000 \times 5} = \frac{1907480}{5000} = 381.5(\text{m}^3/\text{h}) \tag{5-6}$$

显然，冷机在制冰和空调不同运行工况时，蒸发器冷冻侧所需的载冷剂流量会有一定量的差异。为解决此矛盾，选用四台乙二醇泵并联，制冰时三用一备，空调工况下只运行两台，与冷机一对一运行。

(2) 泵扬程的选择计算。

对同一个载冷剂循环系统，在不同运行状态下，其阻力修正应考虑两个方面。

第一个方面：乙二醇的黏度对管道阻力的修正。例如，本例中乙二醇浓度为 25%，蓄冰时平均运行温度为 $-4.25℃$，阻力修正系数应为 $\varPhi = 1.36$。

第二个方面：考虑实际工程运行流量的变化对阻力的修正，可根据一般流体力学的规则，即

$$\frac{H_1}{H_2} = \varPhi \left(\frac{G_1}{G_2} \right)^2 \tag{5-7}$$

式中，G_1 为实际运行流量，m^3/h；G_2 为原设计流量，m^3/h；H_2 为设计条件下给出的压损值，kPa；H_1 为实际应有的压损值，kPa；$\varPhi$ 为流动介质改变的修正系数，$\varPhi = 1.36$。

① 对冷机压损值修正。

$$H_1 = 1.36 \times \left(\frac{522.65}{381.5} \right)^2 \times 92 = 1.36 \times (1.37)^2 \times 92 = 234.84(\text{kPa}) \approx 23.5(\text{mH}_2\text{O}) \tag{5-8}$$

② 金属冰盘管。一般给出的压力损失约为 80kPa，加连接管、阀门等，实际压力损失在 $100\text{kPa} \approx 10\text{mH}_2\text{O}$。

③ 制冰环路管道压力损失。估计为 30kPa，修正值应为 $30\text{kPa} \times 1.36 \approx 4.1\text{mH}_2\text{O}$，因此总计环路压力损失约为

$$\sum H = 23.5 + 10 + 4.1 = 37.6(\text{mH}_2\text{O}) \tag{5-9}$$

对基载机冷冻泵和相应的冷却泵，这里不再详述。

3. 蓄冰设备

由于系统要求提供的冷水温度较低，而且负荷变化较小，希望蓄冰设备的允许取冷率应尽可能相对稳定，因此选择钢制蓄冰盘管，组成内融冰式的串联系统形式。

双工况冷机在 8h 内最大可制冰量 $Q_{max} = 2n_2 q_c$，即

$$Q_{max} = 2 \times 8 \times 1509 = 24144(\text{kW} \cdot \text{h}) = 6867(\text{RTH}) \tag{5-10}$$

单台蓄冰设备的性能参数如表 5-5 所示。

表 5-5　单台蓄冰设备性能参数

单台设备蓄冷量		工作阻力 /MPa	试验压力 /MPa	重量 /kg	外形尺寸 $L \times W \times H$	乙二醇容量 /L	管束管径 /mm	数量 /个
/(kW·h)	/RTH							
1336	380	0.6	1.0	3596	5693mm×1619mm× 2045mm(带支脚)	1497	75	18

冰盘管最大可蓄冰量：

$$Q_{蓄} = 380 \times 18 = 6840 \text{RTH} \leqslant Q_{\max} \tag{5-11}$$

因此，配置合理。

蓄冰比例：

$$r = \frac{Q_{蓄}}{\sum q_i} = \frac{6840}{16153} \times 100\% = 42.35\% \tag{5-12}$$

4. 乙二醇板式换热器的选用

一般选用方要根据工程的实际情况，向板式换热器生产厂家提出条件，如该工程实例可列出以下条件，如表 5-6 所示。

表 5-6　乙二醇板式换热器选用条件表

乙二醇侧(一次侧)	用户水侧(二次侧)
乙二醇溶液浓度为 25%	载冷剂为自然水
供液温度为 11/13℃	供水温度为 5/13℃
乙二醇泵流量为 2×350=700(m³/h)	循环流量为 2×320=640(m³/h)
要求换热量为 $q_{\max}$=5414kW	要求换热量为 $q_{\max}$=5414kW

产品生产厂家会根据以上条件计算出合理的匹配情况，给出具体板式换热器的主要参数：总传热面积、组成板式换热器的尺寸、进出口管径、总体造价等。

原则上板式换热器不应有备用考虑，但根据工程的重要性或级别，当连续工作时可以要求一定的备用量，则提供如表 5-6 所示参数时要加以相应考虑和修正，可参见表 5-7。

表 5-7　冷站主要设备表

序号	名称	规格	单位	数量	备注
1	基载冷水机	空调工况 1：冷量 1449kW，功率 N = 251kW，水温 18.5/13.5℃，压损 Δp = 78kPa	台	2	—
		空调工况 2：冷量 1268kW，水温 12/7℃			
2	双工况冷水机	空调工况：冷量 2218kW(631RT)，功率 N = 449kW，水温 11/6℃，压损 Δp = 92kPa	台	2	—
		制冰工况：冷量 1509kW，功率 N = 441kW，载冷剂温度-2.9/-5.6℃，压损 Δp = 212kPa			
3	乙二醇泵	流量 L = 350t/h，扬程 H = 40mH₂O，功率 N = 55kW，效率 η = 85.2%	台	4	三用一备变频
4	双工况机冷却泵	流量 L = 550t/h，扬程 H = 32mH₂O，功率 N = 75kW，效率 η = 87.3%	台	3	两用一备变频
5	基载冷冻泵	流量 L = 300t/h，扬程 H = 35mH₂O，功率 N = 45kW，效率 η = 84.2%	台	3	两用一备变频
6	基载机冷却泵	流量 L = 350t/h，扬程 H = 32mH₂O，功率 N = 45kW，效率 η = 81.4%	台	3	两用一备变频
7	乙二醇定压补液泵	补液罐容量 2.0m³，定压 150kPa，安全阀开启压力为 200kPa	个	1	一泵两用
		补液泵流量 L = 2.5m³/h，扬程 180kPa，功率 N = 1.5kW	台	2	

续表

序号	名称	规格	单位	数量	备注
8	蓄冰设备 BAC 钢盘管	外形尺寸：5693mm×1619mm×2045mm，承压 1.0MPa，重量 3696kg，单台蓄冰能力 1336kW(380RT)，乙二醇容量 1497L	组	18	—
9	板式换热器	换热量 400kW，换热面积 463.54m²，工作压力 1.0MPa，一次侧：流量 455.5t/h，液温 3/1℃，压损 59.98kPa；二次侧：流量 428.4t/h，水温 3/1℃，压损 50.93kPa	台	2	—
10	用户循环泵	流量 $L=320$m/h，扬程 $H=35$mH$_2$O，功率 $N=45$kW，效率 $\eta=83.9\%$	台	3	两用一备变频

5.1.3　系统组成与运行方案初步分析

1. 系统形式选择

(1) 从运行更安全、可靠考虑，选用了内融冰方式。

(2) 要求供水温度低，而且温差大，选用了冷机上游的串联系统。

(3) 从详细计算乙二醇溶液的特性中，选用了单泵系统。

该工程蓄冰空调系统原理如图 5-1 所示。

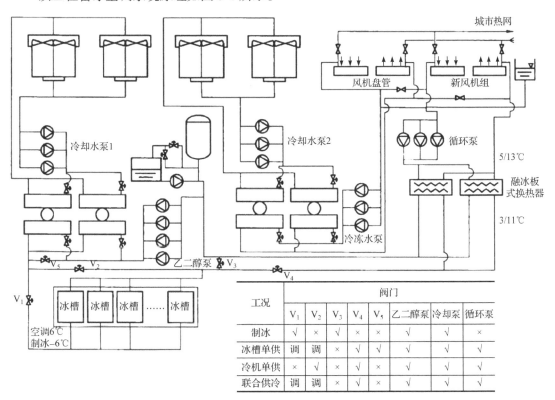

图 5-1　某办公楼蓄冰空调系统原理图

2. 运行方案初步分析

自动控制在某些方面来说只是锦上添花，使系统在节能的原则下运行得更安全、稳定。

若想实现更好的节能效果，还须专业人员根据具体负荷变化、设备配置容量台数以及当地电网给出的分时电价情况等综合分析，采用最优化的运行方案。冷机在运行中的能量消耗占的比重最大，而冷机在运行中的 COP 值变化又与很多具体因素有关，如外温变化、室内负荷变化、系统运行控制中允许(或希望)供冷水温的变动(一般舒适空调在天气不太热时，为节省运行费用，常可提供较高水温)。在有蓄冷的系统中，为充分利用已蓄存的冷量，尤其在电网高峰期会尽量少用冷机制冷。虽然冷机在满负荷情况下效率最高，但为节省运行费用，不但要控制冷机的运行台数，还要控制其逐时出力。

1) 100%负荷下的运行策略

已知全天总冷负荷：

$$Q_{总} = \sum_{i=1}^{24} q_i = \sum_{i=8}^{19} q_i = 16153\text{RTH} \tag{5-13}$$

蓄冰最大取冷量：

$$Q_{取} = 0.95Q_{蓄} = 0.95 \times 6840 = 6498(\text{RTH}) \tag{5-14}$$

每日空调期需冷机供冷量：

$$Q_{冷机} = Q_{总} - Q_{取} = 16153 - 6498 = 9655(\text{RTH}) \tag{5-15}$$

折合冷机需全荷载投入运行台数：

$$n = \frac{Q_{冷机}}{q_c} = \frac{9655 \times 3.516}{2218} = 15.3(台次) \tag{5-16}$$

初步安排如下。

6 个电网尖高峰期：开一台主机，$1 \times 6 = 6$(台次)。

3 个电网平峰期：开两台主机，$3 \times 2 = 6$(台次)。

2 个早电网平峰期：开两台主机减载，$2 \times 2 \times 0.85 = 3.4$(台次)。

共计运行：$n = 6 + 6 + 3.4 = 15.4$(台次)。

100%负荷分布如图 5-2 所示。

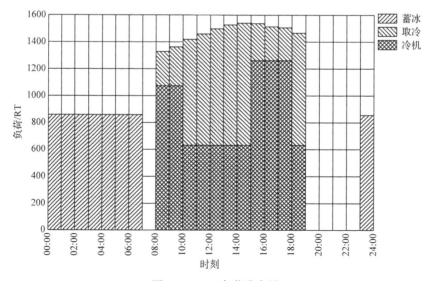

图 5-2　100%负荷分布图

最大冰槽取冷率发生在 14:00，由图 5-2 可知，冷负荷为 1540RT，冷机制冷量为 631RT，则有

$$\Phi = \frac{q_{14} - q_c}{Q_{max}} \times 100\% = \frac{1540 - 631}{6867} \times 100\% = 13.2\% \tag{5-17}$$

从图 5-3 中可以看出，完全可以保证运行结果。

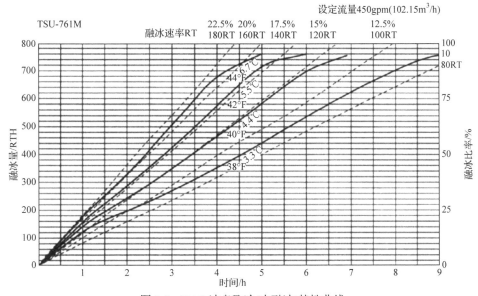

图 5-3　BAC 冰盘取冷(内融冰)特性曲线

由图 5-2 的数据可知，冰槽取冰总计 6435RT，冰槽实际取冷率：6435/6867 × 100% = 93.7%。

2) 75%负荷下的运行策略

已知全天总冷负荷：

$$Q_{总} = \sum_{i=1}^{24} q_i = \sum_{i=8}^{19} q_i = 12116 \text{RTH} \tag{5-18}$$

蓄冰最大取冷量：

$$Q_{取} = 0.95 Q_{蓄} = 0.95 \times 6840 - 6498 (\text{RTH}) \tag{5-19}$$

每日空调期需冷机供冷量：

$$Q_{冷机} = Q_{总} - Q_{取} = 12116 - 6498 = 5618 (\text{RTH}) \tag{5-20}$$

折合冷机需全荷载投入运行台数：

$$n = \frac{Q_{冷机}}{q_c} = \frac{5618 \times 3.516}{2218} = 8.9 (\text{台次}) \tag{5-21}$$

初步安排如下。

2 个早电网平峰期开一台主机：$1 \times 2 = 2$(台次)。

5 个电网尖高峰期各开 0.8 台主机：$0.8 \times 5 = 4$(台次)。

3 个下午电网平峰期各开一台主机：$1 \times 3 = 3$(台次)。

共计运行：$n = 2 + 4 + 3 = 9$(台次)。

75%负荷分布如图 5-4 所示。

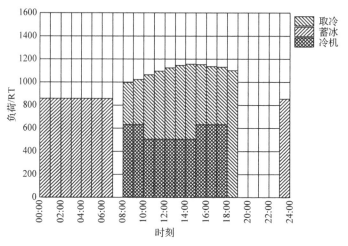

图 5-4   75%负荷分布图

最大冰槽取冷率发生在 18:00，由图 5-4 可知，18:00 冷负荷为 1100RT，冷机制冷量为 0，则有

$$\Phi = \frac{q_{18} - q_c}{Q_{max}} \times 100\% = \frac{1100}{6867} \times 100\% = 16\% \tag{5-22}$$

由图 5-4 数据可知，冰槽取冰总计 6435RT，冰槽实际取冷率：6435/6867×100%=93.7%。

3) 50%负荷下的运行策略

已知全天总冷负荷：

$$Q_{总} = \sum_{i=1}^{24} q_i = \sum_{i=8}^{19} q_i = 8079 \text{RTH} \tag{5-23}$$

蓄冰最大取冷量：

$$Q_{取} = 0.95 Q_{蓄} = 0.95 \times 6840 = 6498 (\text{RTH}) \tag{5-24}$$

每日空调期需冷机供冷量：

$$Q_{冷机} = Q_{总} - Q_{取} = 8079 - 6498 = 1581 (\text{RTH}) \tag{5-25}$$

折合冷机需全荷载投入运行台数：

$$n = \frac{Q_{冷机}}{q_c} = \frac{1581 \times 3.516}{2218} = 2.5 (\text{台次}) \tag{5-26}$$

初步安排：只在电网晚平期 3h 内各开一台冷机减载运行，共计 $n = 0.8 \times 3 = 2.4$(台次)。50%负荷分布如图 5-5 所示。

最大冰槽取冷率发生在 14:00，由图 5-5 可知，14:00 冷负荷为 770RT，冷机制冷量为 0，则有

$$\Phi = \frac{q_{14} - q_c}{Q_{max}} \times 100\% = \frac{770}{6867} \times 100\% = 11.2\% \tag{5-27}$$

由图 5-5 数据可知，冰槽取冰总计 6561RT，冰槽实际取冷率：6561/6867×100%=95.5%。

4) 25%负荷下的运行策略

已知全天总冷负荷：

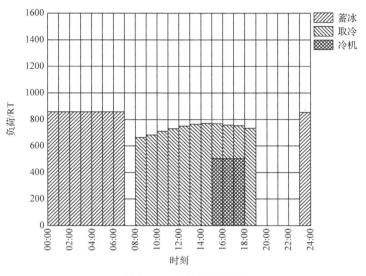

图 5-5　50%负荷分布图

$$Q_{总} = \sum_{i=1}^{24} q_i = \sum_{i=8}^{19} q_i = 4040(\text{RTH}) \tag{5-28}$$

正常蓄冰工况只需 5h，即可满足全部冷负荷需求，即

$$Q_{蓄} = 5 \times 858.4 = 4292(\text{RTH}) \tag{5-29}$$

可以取冷量：

$$Q_{取} = 0.95Q_{蓄} = 0.95 \times 4292 = 4077.4(\text{RTH}) \tag{5-30}$$

最大冰槽取冷率发生在 14:00，由图 5-6 可知，14:00 冷负荷为 385RT，冷机制冷量为 0，则有

$$\Phi = \frac{q_{14} - q_c}{Q_{\max}} \times 100\% = \frac{385}{6867} \times 100\% = 5.6\% \tag{5-31}$$

25%负荷分布如图 5-6 所示。

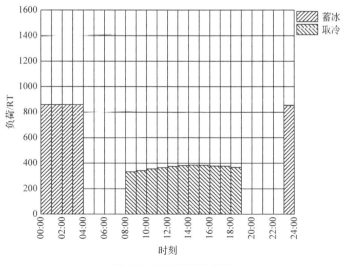

图 5-6　25%负荷分布图

由图 5-6 数据可知,冰槽取冰总计 4040RT,冰槽实际取冷率:4040/4292 × 100% = 94.1%。

5.1.4　冰蓄冷系统的评价指标

1. 节省运行费用与初投资增加值的回收年限

1) 比较对象

从如下几个方面分析。

(1) 冰冷源存在,可创造的优化条件无法全部考虑。例如,低水温和大温差的冷冻水系统,可为室内空调系统实现更节能的运行方式。

(2) 在设备组成中也要做一些简化,只统计主要设备的投资,如冷机、冰槽、板式换热器等,而对管路系统、运行控制条件以及水泵配置等的差异,除明显不同可加以区别外,一般作为相似考虑。例如,常规空调系统的冷机大,而冰蓄冷系统的冷机小,但要增设冰槽和板式换热器。

2) 运行费用与初投资增加值的回收年限

(1) 初投资:比较简单,主要取决于所选设备造价。

(2) 运行费用估算:依据分时电能的变化,且与当地每年实际气温变化有密切的关系,但我国目前尚缺乏统一的统计数据,只能按照初步估算。例如,工程中将负荷变化分为四挡,统计相应运行天数,按不同地区气象变化规律可取用不同数值,如表 5-8 所示。

表 5-8　估算表

冷负荷分级	100%	75%	50%	25%
华北地区运行天数比例	10%	35%	35%	20%

南方潮湿、闷热天气多,可适当增加 75% 负荷的天数比例。不同类型的建筑物,冷负荷中室内负荷所占的比重不等,也应对运行比例加以少量修正。

对冰蓄冷系统运行费用进行统计,可按前面在初步运行分析中对四种负荷分级下给出的冷机和融冰取冷过程中,实际用电消耗和相应该付出的电价计算。但应注意在对冷机的 COP 估算时,不能完全参照产品厂商提供的 NPLV 曲线数据选定。因为在冰蓄冷系统中,冷机应投入的台数和实际运行效率并不是按室外气温的变化而变化,实际上完全由系统的优化(即节省运行费用)控制方案来限定,可近似按蓄冰工况下减载运行考虑。

对作为比较对象的常规空调系统,可近似认为冷机实际运行效率的调节主要依据用户冷负荷的变化规律,而用户冷负荷的变化又主要依据室外气温参数的变化。在这种情况下,可近似将全空调季冷机运行的 COP 值变化参照厂商提供的 NPLV 曲线数据取值。

(3) 目前,一般蓄冷系统工程的不完全数据统计中,初投资会增加 20%～30%,每年可节省运行费用 1/4～1/3,多数工程可在 3～5 年内回收初投资的增加值。

2. 对电网削峰的贡献与 CO_2 减排量估算

1) 削峰电量

削峰电量应该是在当地电网高(尖)峰期的系统运行中,可从融冰取冷获得的最大取冷量折合成的电量消耗。

作为单位时间内减少的电耗能，降低了对电站发电量的需求，可以直接认为是允许发电站容量下降的数值。

但在电网高(尖)峰期可得到的最大取冷量数据，影响因素极多，如冰槽的取冷特性、总蓄冰量(甚至是当时的存冰量)、系统用户的负荷变化规律以及当地电网具体分时段的认定，最直接的影响还有该系统实施的具体优化控制方案措施等。因此，供电部门和有关单位无法事先认可，在有关规定中，常近似认为将总蓄冰量平均分配在一天 8h 运行的空调期，即认为系统对电网高(尖)峰期的削峰量为总蓄冰量的 1/8 冷量折合所得的电量。

显然这种估算方法只取决于系统总蓄冰量，蓄冰设备的取冷性能优化改进以及系统设计、实施人员对系统运行中的优化运行控制考虑，没能得到应有的肯定和鼓励。应加强管理，从系统投入运行初期的实测数据中公平合理地判断，加入奖励或批评以帮助改进。

2) CO_2 减排量估算

(1) 应与系统实施后实现的削峰量对应，因为削峰量才是可以减小发电机容量的指标，也是真正实现减排 CO_2 的依据，所以应按照在全周期一年的运行中对电网所有高(尖)峰期削峰的总计量，进而统计出全空调运行周期可减排的 CO_2 量。同时充分考虑发电设备技术的发展(每发出 1kW 电量，需要的煤量和产生的 CO_2 等污染量在逐渐下降)。

(2) 利用电网低谷期(夜间)蓄冰，又称为对电网的填谷。由于蓄冰工况的运行，增加了低谷期的用电量，可以相对提高电网的运行稳定性和发电机的效率，也会减少发电机运行过程中 CO_2 等污染物的排放量。

(3) 为了得到最显著的减排数据，不少单位在上报相关数据时利用全部蓄冰量作为运行中削峰、减排的直接依据。

5.2 水蓄冷工程设计

5.2.1 工程概况资料

1. 总体要求

南方某工程要求空调 24h 供冷，空调尖峰负荷为 7116kW，但 00:00～06:00 的冷负荷只有 1165.8kW。选用新型人温差冷水机组三台，每台出力为 2050kW，希望采用水蓄冷技术以便降低空调系统的运行费用，并提供全年逐月代表日的逐时冷负荷表以及当地电网分时电价如下。

　　高峰时段：14:00～17:00；19:00～22:00(共 6h)。

　　平峰时段：08:00～14:00；17:00～19:00；22:00～24:00(共 10h)。

　　低谷时段：00:00～08:00(共 8h)。

　　平峰电价：0.8015 元/(kW·h)。

　　高峰电价：1.58 × 0.8015 ≈ 1.27 元/(kW·h)。

　　低谷电价：0.5 × 0.8015 ≈ 0.4 元/(kW·h)。

2. 全年逐月代表日的逐时冷负荷表

提供的全年逐月代表日的逐时冷负荷见表 5-9。

表 5-9　冷站全年逐月代表日的逐时冷负荷表

时段	实际需求负荷/kW					
	1月	2月	3月	4月	5月	6月
00:00~01:00	1165.8	1165.8	1165.8	1165.8	1165.8	1165.8
01:00~02:00	1165.8	1165.8	1165.8	1165.8	1165.8	1165.8
02:00~03:00	1165.8	1165.8	1165.8	1165.8	1165.8	1165.8
03:00~04:00	1165.8	1165.8	1165.8	1165.8	1165.8	1165.8
04:00~05:00	1165.8	1165.8	1165.8	1165.8	1165.8	1165.8
05:00~06:00	1740	1740	3400.26	3709.8	4019.34	4385.16
06:00~07:00	1740	1740	3563.1	3903	4242.9	4644.6
07:00~08:00	1740	1740	3994.98	4415.4	4853.82	5332.68
08:00~09:00	1740	1740	4019.76	4444.8	4869.84	5372.16
09:00~10:00	1740	1740	4118.88	4562.4	5005.92	5530.08
10:00~11:00	1740	1740	4207.38	4667.4	5127.42	5671.08
11:00~12:00	1740	1740	4423.32	4923.6	5423.88	6015.12
12:00~13:00	1740	1740	4681.74	5230.2	5778.66	6426.84
13:00~14:00	1740	1740	4911.84	5503.2	6094.56	6793.44
14:00~15:00	1740	1740	4826.88	5402.4	5977.92	6658.08
15:00~16:00	1740	1740	4688.82	5238.6	5788.38	6438.12
16:00~17:00	1740	1740	4710.06	5263.8	5817.54	6471.96
17:00~18:00	1740	1740	4763.16	5326.8	5890.44	6556.56
18:00~19:00	1740	1740	4582.62	5112.6	5642.58	6268.92
19:00~20:00	1740	1740	4363.14	4852.2	5341.26	5919.24
20:00~21:00	1740	1740	4235.7	4701	5166.3	5716.2
21:00~22:00	1740	1740	3994.98	4415.4	4835.82	5332.68
22:00~23:00	1740	1740	3867.54	4264.2	4660.86	5129.64
23:00~24:00	1165.8	1165.8	1165.8	1165.8	1165.8	1165.8
时段	实际需求负荷/kW					
	7月	8月	9月	10月	11月	12月
00:00~01:00	1166	1165.8	1165.8	1165.8	1165.8	1165.8
01:00~02:00	1166	1165.8	1165.8	1165.8	1165.8	1165.8
02:00~03:00	1166	1165.8	1165.8	1165.8	1165.8	1165.8
03:00~04:00	1166	1165.8	1165.8	1165.8	1165.8	1165.8
04:00~05:00	1166	1165.8	1165.8	1165.8	1165.8	1165.8
05:00~06:00	4554	4385.16	4244.46	3737.94	3456.54	1740
06:00~07:00	4830	4644.6	4490.1	3933.9	3624.9	1740

时段	实际需求负荷/kW					
	7 月	8 月	9 月	10 月	11 月	12 月
07:00~08:00	5562	5332.68	5141.58	4453.62	4071.42	1740
08:00~09:00	5604	5372.16	5178.96	4483.44	4097.04	1740
09:00~10:00	5772	5530.08	5328.48	4602.72	4199.52	1740
10:00~11:00	5922	5671.08	5461.98	4709.22	4291.02	1740
11:00~12:00	6288	6015.12	5787.72	4969.08	4514.28	1740
12:00~13:00	6726	6426.84	6177.54	5280.06	4781.46	1740
13:00~14:00	7116	6793.44	6524.64	5556.96	5019.36	1740
14:00~15:00	6972	6658.08	6396.48	5454.72	4931.52	1740
15:00~16:00	6738	6438.12	6188.22	5288.58	4788.78	1740
16:00~17:00	6774	6471.96	6220.26	5314.14	4810.74	1740
17:00~18:00	6864	6556.56	6300.36	5378.04	4865.64	1740
18:00~19:00	6558	6268.92	6028.02	5160.78	4678.98	1740
19:00~20:00	6186	5919.24	5696.94	4896.66	4452.06	1740
20:00~21:00	5970	5716.2	5504.7	4743.3	4320.3	1740
21:00~22:00	5562	5332.68	5141.58	4453.62	4071.42	1740
22:00~23:00	5346	5129.64	4949.34	4300.26	3939.66	1740
23:00~24:00	1166	1165.8	1165.8	1165.8	1165.8	1165.8

3. 可提供的水蓄冷池尺寸

位于地下室的水池为三个相邻而独立的混凝土水池，池内净空高 6m，其中两个水平断面为长方形，净空尺寸为(25×6.25)m²；另一个水平断面为梯形，净空尺寸为((6.25+3.5)×30/2)m²。

初步考虑池内可蓄水深度为 5.7m，则水池实际可蓄水容积应为

$$V_1 = (6.25 \times 25) \times 5.7 = 890.625 (\text{m}^3) \tag{5-32}$$

$$V_2 = (6.25 \times 25) \times 5.7 = 890.625 (\text{m}^3) \tag{5-33}$$

$$V_3 = \left(\frac{6.25 + 3.5}{2} \right) \times 30 \times 5.7 = 833.625 (\text{m}^3) \tag{5-34}$$

$$\sum V = V_1 + V_2 + V_3 = 2614.875 (\text{m}^3) \tag{5-35}$$

5.2.2　冷水机组与蓄冷水池容量匹配验算

总供冷量以及可供蓄冷的时间段长短，由当地电网规定的分时电价时段划分和甲方工程所需而定。但对初步选定的冷机与蓄冷水池还必须进行仔细校核计算。

1. 水池实际可利用容积核算

首先与水池的结构情况有关，如池内有关的地基梁等，要加以实际计算给予减除。其

次是与实际采用的水蓄冷方式有关,如隔板式、迷宫式等占空间较多,往往须乘以 0.7 的利用系数。而水温分层蓄冷方式对水池空间利用效率较高,取 0.9～0.95 的利用系数。该工程的水池在室内地下空间,考虑内保温和布水器等占用水池空间,取利用系数为 0.95,即

$$V = 2614.875 \times 0.95 = 2484.13 \approx 2484 (\text{m}^3) \tag{5-36}$$

2. 最大可蓄存冷量 $Q_蓄$ 与实际可取用的冷量 $Q_取$

水的蓄冷量:

$$Q_蓄 = V \rho c \Delta t \tag{5-37}$$

式中,ρ 为水密度,可近似取 $\rho = 1000 \text{kg/m}^3$;$c$ 为水的比热容,可近似取值 $c = 1 \text{kcal/(kg·℃)}$;Δt 为工程中涉及的水蓄冷可利用温差,$\Delta t = 10℃$,即 7～17℃。

$$Q_蓄 = 2484 \times 1000 \times 1 \times 10 = 24840000 (\text{kcal}) = 28883.721 (\text{kW·h}) \tag{5-38}$$

考虑水池的冷损和必然存在的斜温层在蓄冷和取冷过程中的影响,蓄冷效率为 $\eta = 0.8$～0.9,常取 $\eta = 0.85$,可初步算出最大可利用的冷量 $Q_取$ 为

$$Q_取 = Q_蓄 \eta = 28883.721 \times 0.85 = 24551.2 (\text{kW·h}) \tag{5-39}$$

3. 冷机制冷量与可蓄存冷量的平衡

已知在夜间 0:00～6:00,3 台 2050kW 的冷机同时运行,除向用户提供少量连续负荷($q = 1165.8 \text{kW}$)外,可将全部余量用来蓄冷,即

$$Q_蓄 = (3 \times 2050 - 1165.8) \times 6 = 29905.2 (\text{kW·h}) \tag{5-40}$$

可以看出,$Q_蓄 > Q_取$,即制冷能力稍大于可蓄存能力,因此可认为冷机、水池匹配合理。

5.2.3 蓄冷水池布水器选择计算

水池布水器的选择计算是保证蓄冷、取冷效果的关键步骤,也是核心技术所在。不同情况可能采用的布水器形式不同,但应用的基本原理相同,都是要保证在蓄冷或取冷的过程中水的流动不会破坏水温的自然分层状态。

布水器出水口的扰动对蓄水池(罐)内的整体流动影响较大,而且要尽量保持各出水口的流速相同,这样才能保证在池内达到更好的效果。连接各出水口的支管内水的流速不超过 0.3～0.6m/s,两出水口之间的距离应小于 $2h_i$,h_i 为下布水器出水口与水池底的距离,也是上布水器出水口与实际水池液面的距离,一般不超过蓄水深度的 5%,小型水池常取 $h_i = 0.15\text{m}$,水深度大时,h_i 可相应加大。

雷诺数 Re 是描写水流状态的准则,从定义上可以知道它实际上是惯性力与黏性力的比值,此外可用式(5-41)计算:

$$Re = \frac{q}{v} = \frac{G/L}{v} \tag{5-41}$$

式中,v 为水的运动黏度,$\text{m}^2\text{/s}$;G 为通过布水器的设计流量,$\text{m}^3\text{/s}$;L 为布水器的有效长度,m。

一般要求在布水器出口就能保持层流状态，因此建议对小型水池可选 $Re \leqslant 200$，必要时可取 $450\sim850$；对于特大型水罐，水深超过 12m 时，也要控制在 $Re < 2000$ 的范围。为确保水流均匀稳定的流动，常在布水器上方的水罐断面再加均流孔板。

1) 确定布水器的设计流量 G

选取值过大，会加大布水器尺寸，增加初投资。但这样可以确保水池内的良好流动状态，而且会允许在取冷运行时实现更大的取冷率，便于充分利用电网分时电价，在电网高峰期时段使冷机可以尽量少开，甚至不开以完全避峰运行，节省更多的运行费用。

G 的正常值应满足蓄冷运行，即允许全部冷机的冷冻水通过，因此该实例中不考虑夜间少量连续负荷会分走的少量冷冻水流量，而选用三台冷机的全部冷冻水流量来计算：

$$G = 3\times177 = 531(\text{m}^3 / \text{h}) = 0.1475(\text{m}^3 / \text{s}) \tag{5-42}$$

若要实现电网高峰期的冷机避峰不开启，即实现蓄冷水池单独供冷、满足用户全部循环的需求，根据设备表(表 5-10)中用户全部循环泵的流量统计其总流量应为

$$G_{\max} = 97\times3 + 52\times2 + 29 = 956(\text{m}^3 / \text{h}) \tag{5-43}$$

一般电网高峰期并非空调负荷高峰期。考虑用户循环泵会变频运行，使实际流量稍有减少，可取为 80%，但该工程中两个高峰期时段正好重叠，因此可认为最大值冷流量就是负荷端总流量。也就是说，可能运行中希望的最大流量 $G_{\max} = 956\text{m}^3/\text{h} = 0.2656\text{m}^3/\text{s}$，几乎等于设计流量($G = 0.1475\text{m}^3/\text{s}$)的两倍。因此可以考虑在选择布水器的计算中使雷诺数 Re 取得偏小一点，前提是所选布水器的实际长度须能使其合理地安装在水池底，否则要反复校核计算，必要时也可布置成两层甚至三层布水器。

表 5-10　冷站主要设备表

序号	设备名称	规格	单位	数量	备注
1	冷水机组	冷量 2050kW，冷水进/出口温度 17℃/7℃，冷冻水泵 $L_1 = 177\text{m}^3/\text{h}$，冷却水泵 $L_2 = 424\text{m}^3/\text{h}$，冷机 $N = 446\text{kW}$	台	3	水冷螺杆式大温差机组
2	冷冻水泵	$L_1 = 177\text{m}^3/\text{h}$，$N = 15\text{W}$，$H = 18\text{mH}_2\text{O}$，$n = 1450\text{r/min}$	台	4	三用一备
3	用户循环(二次泵)	$L = 197\text{m}^3/\text{h}$，$N = 75\text{kW}$，$H = 69\text{mH}_2\text{O}$，$n = 2900\text{r/min}$	台	4	三用一备
		$L = 232\text{m}^3/\text{h}$，$N = 45\text{kW}$，$H = 39\text{mH}_2\text{O}$，$n = 1450\text{r/min}$	台	1	
		$L = 52\text{m}^3/\text{h}$，$N = 7.5\text{kW}$，$H = 25\text{mH}_2\text{O}$，$n = 1450\text{r/min}$	台	3	两用一备
		$L = 29\text{m}^3/\text{h}$，$N = 3\text{kW}$，$H = 18\text{mH}_2\text{O}$，$n = 1450\text{r/min}$	台	1	
4	冷却水泵	$L_2 = 424\text{m}^3/\text{h}$，$N = 45\text{kW}$，$H = 22\text{mH}_2\text{O}$，$n = 1450\text{r/min}$	台	4	三用一备
5	冷却塔	方形塔，$L = 225\text{m}^3/\text{h}$，$N = 5.5\text{kW}$	台	6	

2) 计算雷诺数 Re 与相应可选布水器的有效长度 L

根据工程资料，甲方已建有三个水池，两个断面尺寸为 $(25 \times 6.25)\text{m}^2$，见图 5-7，另一个

梯形断面水池见图 5-8,池内枝状布水器支管分别如图 5-7 和图 5-8 所示。已知:$Re = (G/L)/\nu$,即 $L = G/(Re \cdot \nu)$; $G = 0.1475\text{m}^3/\text{s}$, $\nu = 1.548 \times 10^{-6}\text{m}^2/\text{s}$(水温 5～7℃)。

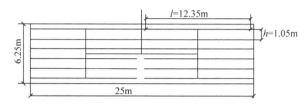

图 5-7　水池 V1 与 V2 枝状布水器有效支管布置图

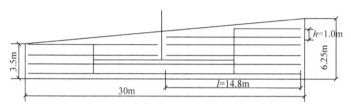

图 5-8　水池 V3 枝状布水器有效支管布置图

若初选 $Re = 200$ 代入上式,可得

$$L = 0.1475 / (200 \times 1.548 \times 10^{-6}) = 476.42(\text{m}) \tag{5-44}$$

若布水器有效支管布置如图 5-7 所示,池 V1、V2 布水器支管长度为

$$\sum L_1 = \sum L_2 = 12.35 \times 6 \times 2 = 148.2(\text{m}) \tag{5-45}$$

V3 池中,布水器有效支管总长:

$$L_3 = 8 \times 14.8 + 10 + 7 = 135.4(\text{m}) \tag{5-46}$$

总计:

$$L = L_1 + L_2 + L_3 = 148.2 + 148.2 + 135.4 = 432(\text{m}) \tag{5-47}$$

即可以安装布水器的有效长度为 432m。因此

$$Re = (0.1475 / 432) / (1.548 \times 10^{-6}) = 220.6 \tag{5-48}$$

在希望最大流量时:

$$Re = 220.6 \times \frac{G_{\max}}{G} = 220.6 \times \frac{0.2656}{0.1475} = 397.2 \tag{5-49}$$

可以看出,在最大取冷流量时仍然可以保持蓄冷水池内的平稳流动,维持水温分层。具体布水器形式不同,如缝隙形、孔口形等,对其具体出水口的流动也应满足 Re 要求,即

$$Re = (dV) / \nu \leqslant 要求值 \tag{5-50}$$

式中,d 为出水口当量直径,m;V 为出水口实际流速,m/s,一般为 0.03～0.06m/s;ν 为通过出水口的水运动黏度,m²/s。

3) 校核连接布水器支管的流速

为保证各布水器出水口流速均匀,其连接支管不要过长,以免前后出水口流速严重不均,一般直接安装布水器的支管内水流速度不超过 0.3m/s(局部不超过 0.6m/s)。

若该工程选用的支管直径为 $D = 100mm$，则流通断面积为

$$f = \pi D^2 / 4 = 3.1416 \times (0.1)^2 / 4 = 0.007854 (m^2) \qquad (5-51)$$

从图 5-7 和图 5-8 可知，同时并联支管共有：$n = 24 \times 2 + 19 = 67$(根)，因此 $\sum f = 67 \times 0.007854 = 0.526 (m^2)$ 。

因此可求出布水器有效支管内平均流速如下：

$$v = \frac{G}{\sum f} = \frac{0.1475}{0.526} = 0.28 (m/s) \qquad (5-52)$$

满足条件限制不超过 0.6m/s。

从前面的分析可知，在运行中可能出现的最大流量 $G_{max} = 0.2656 m^3/s$，因此

$$v_{max} = \frac{G_{max}}{\sum f} = \frac{0.2656}{0.526} = 0.5 (m/s) \qquad (5-53)$$

可以看出，在个别高峰时段，最大流速也未超出限制范围，因此该系统完全可以实现在电力高峰时冷机避峰停机，即完全靠蓄冷水供冷，同时还应关注总蓄冷量是否充足。

4) 校验池内水流的弗劳德(Froude)数 Fr

根据定义：

$$Fr = \frac{v}{\sqrt{gL}} \qquad (5-54)$$

式中，v 为流速，m/s；g 为重力加速度，m/s^2；L 为特征长度，m。

若要池内水流保持水温分层状态，必须要浮升力大于惯性力，即

当 $Fr \leqslant 1$ 时，池内将保持重力流，维持水温分层；

当 $1 < Fr < 2$ 时，重力流仍可出现，但不稳定；

当 $Fr \geqslant 2$ 时，将呈现惯性流为主，水流会出现明显渗混，破坏水温分层现象。

因此设定：

$$Fr = q / [gh_i (\rho_i - \rho_a) / \rho_a]^{0.5} = 1 \qquad (5-55)$$

式中，q 为布水器单位有效长度上的流量，$q = G/L$，$m^3/(m \cdot s)$，G 为通过布水器的设计流量，m^3/s，该工程取 $G = 0.1475 m^3/s$，L 为布水器的有效长度，m，该工程取 $L = 432m$；g 为重力加速度，$g = 9.81 m/s$；h_i 为布水器出水口平面与池底(上液面)的距离，m，该工程取 $h_i = 0.15m$；ρ_i 为进水密度，kg/m^3，该工程取 $\rho_i = 999.8 kg/m^3$，水温为 5～7℃；ρ_a 为池内水的密度，kg/m^3，该工程取 $\rho_a = 999.4 kg/m^3$，水温为 15～17℃。

将数据代入式(5-55)可得

$$Fr = (0.1475 / 432) / [9.81 \times 0.15 \times (999.8 - 999.4) / 999.4]^{0.5} = 0.094 < 1 \qquad (5-56)$$

符合要求。

最大流量下，$Fr \approx 2 \times 0.094 = 0.188$，也可满足限制条件。

大量计算证明，布水器出水口雷诺数满足 $Re \leqslant 2000$，池内水流状态的弗劳德数 Fr 才可能满足 $1.0 \leqslant Fr \leqslant 1.5$，理论上仍然可以保持或接近重力流状态。

5.2.4　优化运行控制方案的初步考虑

优化运行的主要目标是充分利用已蓄存的冷水和当地电价政策，尽量为用户节约运行

费用。同时也会实现对电网的移峰填谷，起到节能减排的作用。一般建筑设计单位只提供标准设计条件下的逐时冷负荷量(即最大冷负荷需求)，因此负责具体实施的专业技术公司要根据当地气象条件和具体工程的实际运行特点，估算出需在不同负荷段运行的时间，以及排列出在不同负荷段优化运行的方案，主要是规划逐时运行中需要的冷机投入台数和取冷量的多少。

该工程特点是水池取冷率基本不受限制，每台 06:00～08:00 两个小时运行在电网低谷时段，因此不必取用蓄冷量。

在空调负荷的高峰时段，只有当冷机供冷不足时应补充少量蓄冷量之外，应将蓄冷量尽可能用在电网高峰时段，这样才可取得最好的削峰效果，节省更多的运行费用。以此为原则可以计算出不同负荷下，在电网高峰期应投入运行的最少冷机台数(表 5-11)，表 5-11中日总冷负荷数据则依据甲方提供的负荷表得知(表 5-9 和表 5-10)；已知冷水池最大可取用冷量 $Q_{取} = 24551.2\text{kW} \cdot \text{h}$，单台冷机制冷量 $Q_{冷机} = 2050\text{kW}$，共 3 台。

将逐月代表负荷归纳为 100%、90%、80%、70%、30%五个等级，来分析电网高峰期应投入的最少冷机台数并列入表 5-11。

表 5-11　电网高峰期应投入的最少冷机台数

月份	日总冷负荷/kW	与最大负荷相对比例/%	近似比例/%	电网高峰段总冷负荷 $\sum q$/kW	差值 $\Delta Q = \sum q - Q_{取}$/kW	电网高峰期应投入最少冷机台数 $n = \Delta Q / Q_{冷机}$
1 月	31320.0	29	30			
2 月	31320.0	29	30			
3 月	77354.16	71	70			
4 月	85936.8	79	80	30810	6258.8	3.05
5 月	94519.44	87	90	34011	9459.8	4.5
6 月	104662.56	96	100	39539	14987.8	7.3
7 月	109344.0	100	100			
8 月	104712.56	96	100			
9 月	100761.36	92	90			
10 月	86717.04	79	80			
11 月	79914.64	73	70	28191	3639.8	1.77
12 月	31320.0	29	30	27840	3288.8	1.6

注：1. 日总冷负荷内未计入夜间边蓄边供冷量，1165.8 × 6 = 69948(kW)；

2. 负荷比例为 30%的月份，高峰段总冷负荷实际为日总冷负荷减去 06:00～08:00 两小时的电低谷冷负荷。

为了更直观地了解各种典型负荷运行状态，工程中常利用柱状负荷分布图，表明在各个时刻制冷机与冰槽的配合工作状态，即制冷机应投入运行台数及工作状态(蓄冷/空调制冷)、冰槽的投入量及工作状态(蓄冷/取冷)，在依据用户负荷需求与运行可冷量平衡的前提下，进一步检查是否充分利用了分时电价，为用户节省更多运行费用。特绘制分布图如图 5-9～图 5-13 所示。

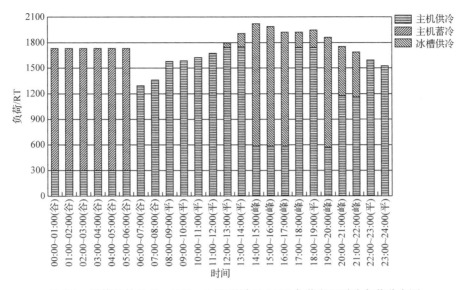

图 5-9　最热月份(6 月、7 月、8 月)设计日 100%负荷段逐时冷负荷分布图

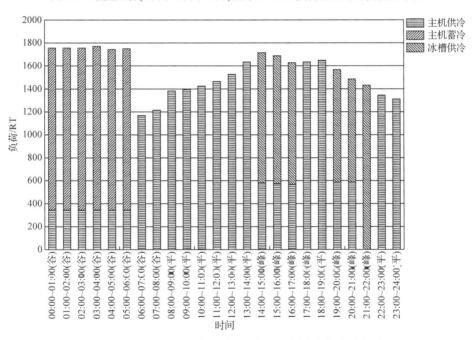

图 5-10　5 月、9 月设计日 90%负荷段逐时冷负荷分布图

5.2.5　削峰量与节省运行费用的初步估算

　　该工程系统比较简单，首先，冷站机房内没有安装取冷板式换热器，因此也没有单设的取冷泵，各个用户支路均配置了循环泵，当冷机不运行时，用户的循环泵会直接从蓄冷水池取冷，冷站范围内不会有任何电能消耗。其次，该水蓄冷不必考虑取冷速率限制问题，因此可将蓄冷水基本上全部用于用电高峰时段。最后，由于允许的蓄冷时间短，因此每天造成 06:00～08:00 两小时运行还处在电网低谷时段，应首先选用冷机直接供冷。综上所述，系统运行的削峰量和运行费用统计相对比较简单，可以按冷量的变化分为两段统计：大负

荷段与小负荷段。

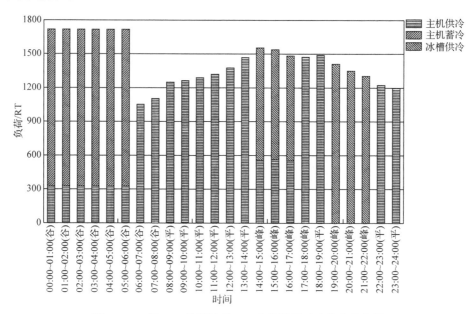

图 5-11　4 月、10 月设计日 80%负荷段逐时冷负荷分布图

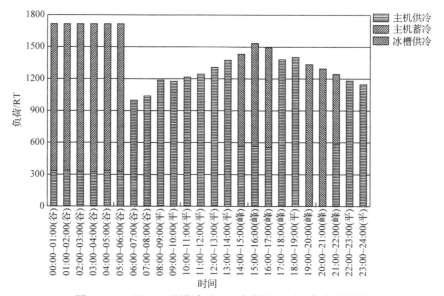

图 5-12　3 月、11 月设计日 70%负荷段逐时冷负荷分布图

已知制冷机能效比 $COP_{冷机} = 2050/446 = 4.596$。

制冷机房能效比：

$$COP_{冷站} = \frac{Q_{冷机}}{N_{冷机} + N_{冷冻泵} + N_{冷却泵} + N_{冷却塔}} = \frac{2050}{446 + 15 + 45 + 5.5 \times 2} = 3.965 \quad (5\text{-}57)$$

1. 大负荷段

每天蓄冷量全部用于 6h 的电力高峰期外，仍需冷机投入运行，共计 9 个月。每天可用

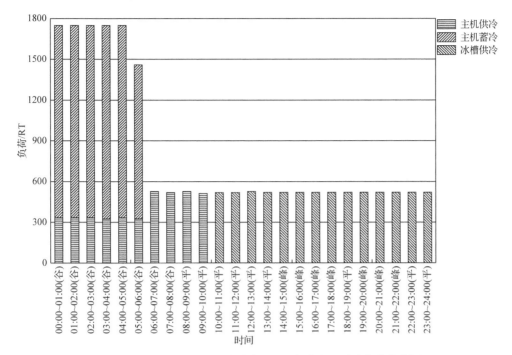

图 5-13　1 月、2 月、12 月设计日 30%负荷段逐时冷负荷分布图

于电力高峰期的总取冷量：

$$\sum q_1 = Q_{取} = 24551.2 (\mathrm{kW \cdot h}) / \mathrm{d}\qquad(5\text{-}58)$$

折合电力消耗量：

$$N_i = Q_{取} / \mathrm{COP}_{冷站} = 24551.2 / 3.965 = 6192 [(\mathrm{kW \cdot h}) / \mathrm{d}]\qquad(5\text{-}59)$$

9 个月共计削高峰电量：

$$\sum N_i = 9 \times 30 \times N_i = 270 \times 6192 = 1671840 (\mathrm{kW \cdot h})\qquad(5\text{-}60)$$

已知高峰、低谷电价差：

$$\Delta \Phi_i = \Phi_{高峰} - \Phi_{低谷} = 1.27 - 0.4 - 0.87 [元 / (\mathrm{kW \cdot h})]\qquad(5\text{-}61)$$

可节省运行费用：

$$R_1 = \sum N_i \times \Delta \Phi_i = 1671840 \times 0.87 = 1454500.8 (元) = 145.45 (万元)\qquad(5\text{-}62)$$

2. 小负荷段

共计 3 个月。由于日总负荷 $(\sum q_i = 31320 \mathrm{kW \cdot h})$ 接近可用蓄冷量 $(Q_{取} = 24551.2 \mathrm{kW \cdot h})$，而且每天 06:00～08:00 为电网低谷，08:00～10:00 为电网平峰，可将负荷全部由冷机承担，其他 8h 电力平峰期和 6h 电力高峰期，冷机不必投入运行，全部负荷由蓄冷水负担。

用于电力高峰期的总冷量：

$$\sum q_2 = Q_{取} \times 6 / (6 + 8) = 24551.2 \times 0.4286 = 10521.94 [(\mathrm{kW \cdot h}) / \mathrm{d}]\qquad(5\text{-}63)$$

折合电力消耗量：

$$N_2 = \sum q_2 / \text{COP}_{冷站} = 10521.94 / 3.965 = 2653.7[(\text{kW}\cdot\text{h}) / \text{d}] \tag{5-64}$$

3 个月共计可削高峰电量：

$$\sum N_2 = 3\times30N_2 = 90\times2653.7 = 238833(\text{kW}\cdot\text{h}) \tag{5-65}$$

已知高峰、平峰和低谷电价差：

$$\Delta\Phi_{高} = 1.27 - 0.4 = 0.87[元 / (\text{kW}\cdot\text{h})] \tag{5-66}$$

$$\Delta\Phi_{平} = 0.8015 - 0.4 = 0.4015[元 / (\text{kW}\cdot\text{h})] \tag{5-67}$$

取冷期间平均电价差：

$$\Delta\Phi_2 = (\Delta\Phi_{高}\times6 + \Delta\Phi_{平}\times8) / (6+8) = (0.87\times6 + 0.4015\times8) / 14$$
$$= 0.6023[元 / (\text{kW}\cdot\text{h})] \tag{5-68}$$

可节省运行费用：

$$R_2 = \sum N_2 \times \Delta\Phi_2 = 238833\times0.6023 = 143849.12(元) = 14.38(万元) \tag{5-69}$$

3. 全年运行总计

从前面的计算可知，制冷机每天完成的蓄冷量为 $Q = 29905.2\text{kW}\cdot\text{h}$。

全年总计可蓄冷量：

$$\sum Q_{蓄} = 365\times29905.2 = 10915398(\text{kW}\cdot\text{h}) \tag{5-70}$$

所用低谷电量总计：

$$W_{低谷} = \sum Q_{蓄} / \text{COP}_{冷站} = 10915398 / 3.965 = 2752937.7(\text{kW}\cdot\text{h}) \tag{5-71}$$

所需蓄冷费用：

$$R_{蓄} = W_{低谷}\times\Phi_{低} = 2752937.7\times0.4 = 1101175.08(元 / 年) = 110.12(万元 / 年) \tag{5-72}$$

全年可节约运行费用：

$$\sum R = R_1 + R_2 = 145.45 + 14.38 = 159.83(万元 / 年) \tag{5-73}$$

全年可盈利(净节省)运行费用：

$$R_{净} = \sum R - R_{蓄} = 159.83 - 110.12 = 49.71(万元 / 年) \tag{5-74}$$

5.3　经济性分析

5.3.1　电价结构

我国在分类电价的基础上，建立两部制电价结构，并依据电力生产和供应特点实行峰谷分时电价。分类电价主要根据用户用电负荷类型将电价分成照明电价、非工业电价、普通工业电价、大工业电价四类，分类电价制适用于照明负荷、工业负荷、农业负荷、商业负荷等。两部制电价是将电价分成基本电价和电度电价两部分。基本电价代表电力企业中的容量成本，在计算电费时根据用户设备容量(如变压器容量)或用户最大需量(以用户在

15min 内的最大负荷为依据)来计算，与实际使用的电量无关。电度电价代表电力工业企业成本中的电能成本，计算电费时以用户实际使用的电量来计算。

用户的月总电费包括月基本电费和月电度电费：

$$月基本电费 = 最高需量 \times 基本电价 \tag{5-75}$$

$$月电度电费 = 月用电量 \times 电度电价 \tag{5-76}$$

月平均电价为月总电费除以月用电量，即

$$月平均电价 = (月基本电费 + 月电度电费) / 月用电量 \tag{5-77}$$

两部制电价的作用是使不同的负荷率支付不同的电费，负荷率低的平均电价高，负荷率高的平均电价低，从而促使用户抑制高峰负荷，提高负荷率。

5.3.2　可行性研究

1. 研究建筑物用户的冷负荷情况

根据用户的地理环境和气候条件，建筑物的结构、功能和实施空调的具体情况，可以初步计算出用户实际或预计的空调冷负荷情况，包括设计日冷负荷变化、全天总冷负荷以及月或年的冷负荷情况。设计日冷负荷变化、全天总冷负荷是进行常规空调系统和蓄冷空调系统分析比较的关键。对于系统改造项目，可以把原有系统运行情况作为设计计算或比较的参考依据。

设计日高峰冷负荷用于确定常规系统制冷机组的容量；设计日全天总冷负荷和每周的总冷负荷用于确定蓄冷系统制冷机组的容量和蓄冷罐体积。计算设计日冷负荷可以采用常规的计算方法，总冷负荷应是各个时间区段冷负荷的总和，具体计算方法可以参考有关空调设计手册。

按照概算指标进行计算也是可行的。例如，根据经验，以同类性建筑物单位面积的冷负荷、建筑物的空调面积、用户使用时间和负荷变化率计算出全天的冷负荷总量，计算式为

$$Q_T = KFT\beta \tag{5-78}$$

式中，Q_T 为全天总冷负荷；K 为概算指标；F 为用户空调面积；β 为负荷变化率。

在研究用户冷负荷情况的同时，可以考察用户的非冷却负荷情况以及建筑物内部的热回收潜力。这对于评估蓄冷系统的投资效益和节能的价值幅度是有一定帮助的。非冷却负荷包括照明负荷、电热设备负荷、计算机用电负荷等。

2. 蓄冷系统的选择计算

蓄冷系统的选择计算主要包括选择蓄冷方式和蓄冷策略，确定制冷机组容量和冷罐容量。

首先，必须确定应用何种蓄冷方式，如水蓄冷还是冰蓄冷、冰蓄冷是否采用低温送风技术等，其选择的限定条件是用户所具有的可用于蓄冷的空间。水蓄冷要求空间较大，冰蓄冷要求的空间较小。当用户建筑物的地下空间可用时，进行选择的余地就更大，在进行技术经济比较时，也可以将它作为考察的一个方面。

蓄冷策略的选择对制冷设备容量的确定有很大影响。一般情况下，制冷设备容量以全量蓄冷策略的较大，分量蓄冷限定需求策略次之，均衡负荷策略最小。为了进行可行性分

析,一般在分析时应对所有的蓄冷策略做比较。

根据选用的蓄冷策略,用下述计算公式可以确定制冷设备制冷容量的大小:

$$P = \frac{Q_T + Q_{SL}}{T_1\xi + T_2\zeta\xi + T_3\xi} \tag{5-79}$$

式中,P 为制冷机组空调工况下的制冷容量;Q_T 为设计日总冷负荷;Q_{SL} 为蓄冷槽热损失;T_1 为制冷机组在低谷期的运行时间;T_2 为制冷机组在高峰期的运行时间;ζ 为制冷机组在高峰期运行时的负荷情况,反映在高峰期内分量蓄冷限定需求策略对制冷机组负荷变化的影响;T_3 为制冷机组在平峰期的运行时间;ξ 为制冷工况对制冷机组负荷变化的影响。

在全量蓄冷策略下,制冷机组在低谷期和平峰期间全负荷运行。在均衡负荷策略下,制冷机组以稳定负荷24h运行($\zeta = 100\%$)。在分量蓄冷限定需求策略下,制冷机组在低谷期和平峰期均以全负荷运行,而在高峰期处于部分负荷下运行。出于经济性考虑,ζ 应在 50%～100%变化。

ξ 反映制冷工况对制冷机组负荷变化的影响,即考虑蓄冷方式对负荷变化的影响。在冰蓄冷时,制冷机组必须在制冰工况下运行。由于制冷机组的制冷能力会随着蒸发温度的下降而下降,随着冷凝温度的下降而升高,制冷机组在夜间低谷期运行时,尽管制冰使制冷量下降,环境温度的下降也会使制冷量有所增加。在水蓄冷时,制冷机组在空调工况下运行。现在,有些厂家也开发了双效制冷机组,可以根据实际情况使同一台制冷机组在制冰工况或空调工况下运行。

在确定蓄冷系统制冷机容量时,也可以不考虑蓄冷损失,并用折算全负荷运行时间进行简单计算:

$$P = \frac{Q_T}{T} \tag{5-80}$$

式中,P 为制冷机组制冷容量;Q_T 为设计日总冷负荷;T 为全负荷运行时间。

蓄冷容量的确定一般是以设计日总冷负荷为基础进行计算的。一般情况下,设计日总冷负荷应由蓄冷供冷负荷和制冷机组直接运行供冷负荷组成,即

$$Q_T = Q_S + Q_d \tag{5-81}$$

蓄冷供冷负荷为

$$Q_S = xQ_T \tag{5-82}$$

制冷机组直接运行供冷负荷为

$$Q_d = (1-x)Q_T \tag{5-83}$$

实际蓄冷容量的计算可用式(5-84)进行:

$$Q_{SS} = Q_S + Q_{SL} = (Q_T - Q_d)(1+\varphi) \tag{5-84}$$

式中,Q_{SS} 为实际蓄冷容量;Q_{SL} 为蓄冷槽热损失;Q_T 为设计日总冷负荷;Q_d 为制冷机组直接运行供冷负荷;φ 为蓄冷罐单位蓄冷量的损失率。在全量蓄冷策略下,Q_d 为平峰期制冷机组直接供应的冷量。在分量蓄冷限定需求策略下,Q_d 为平峰期和高峰期制冷机组直接供应的冷量。

3. 计算耗电量和运行费用

1) 基本假设

电价结构采用三段式电价结构，如表 5-12 所示。空调安装费设置为 G。

表 5-12　三段式电价结构

电度电价/[元/(kW·h)]			月基本电价/
高峰期电价	平峰期电价	低谷期电价	[元/(kW·h)]
H	M	L	B

辅机功耗计入系统的性能系数，全年的运行按设计日类比计算。

2) 常规制冷空调系统的电费

对应三段式电价结构，设计日冷负荷分为高峰期冷负荷、平峰期冷负荷和低谷期冷负荷，分别为 Q_h、Q_m 与 Q_l。设计日高峰期冷负荷即常规制冷机组的容量 P_c，若常规制冷空调系统的性能系数为 η_c，在三个运行时段中的耗电量分别为 Q_h/η_c、Q_m/η_c、Q_l/η_c，则设计日运行电费为

$$C_1 = (HQ_h + MQ_m + LQ_l) / \eta_c \tag{5-85}$$

电力安装费为

$$C_2 = GP_c / \eta_c \tag{5-86}$$

月基本电费为

$$C_3 = BP_c / \eta_c \tag{5-87}$$

4. 蓄冷系统的电费

与常规制冷空调系统的分析方法类似，在蓄冷系统的运行中，按三段式电价结构，蓄冷供冷负荷和直接运行供冷负荷分成 Q_{sh}、Q_{sm}、Q_{sl} 和 Q_{dh}、Q_{dm}、Q_{dl}。

设蓄冷运行时系统的性能系数为 η_s，则蓄冷运行时的电费为

$$S_{11} = (HQ_{dh} + MQ_{dm} + LQ_{dl}) / \eta_s \tag{5-88}$$

在直接供冷时，系统的性能系数与常规制冷空调系统的性能系数近似相同为 η_c，则系统运行的电费为

$$S_{12} = (HQ_{dh} + MQ_{dm} + LQ_{dl}) / \eta_c \tag{5-89}$$

设计日运行电费为

$$S_1 = S_{11} + S_{12} \tag{5-90}$$

电力安装费为

$$S_2 = GP_S / \eta_c \tag{5-91}$$

月基本电费为

$$S_3 = BP_S / \eta_c \tag{5-92}$$

式中，P_S 为蓄冷空调制冷机组容量。

5. 电费的节约

设空调年运行时间为 I 天，用 μ 来表示季节因素的影响，则年电费节约

$$E_1 = I(C_1 - S_1)\mu \tag{5-93}$$

节约电力安装费为

$$E_2 = C_2 - S_2 \tag{5-94}$$

节约基本电费为

$$E_3 = I(C_3 - S_3)/30 \tag{5-95}$$

每年节约的电费为

$$E = E_1 + E_3 \tag{5-96}$$

6. 确定初投资

蓄冷系统所考虑的初投资包括制冷设备、蓄冷设备、电气控制系统、其他辅机等。为了进行经济性分析，同时还须确定常规制冷空调系统和蓄冷空调系统的初投资，确定的方法是根据单位容量初投资系数进行。

1) 常规制冷空调系统的初投资

一般采用制冷机组容量和单位制冷机组容量初投资系数来确定：

$$V_1 = P_c R_c \tag{5-97}$$

式中，P_c 为根据设计日最大冷负荷确定的制冷机组容量；R_c 为单位制冷机组容量初投资系数，根据制冷机组种类、系统的构成不同，R_c 也会随之变化。

2) 蓄冷空调系统的初投资

除了考虑制冷机组的投资外还须考虑增加蓄冷罐及辅机所带来的额外投资。其中，蓄冷空调系统制冷机组的初投资为

$$I_1 = P_S R_c \tag{5-98}$$

式中，P_S 为根据设计日总冷负荷确定的制冷机组容量。

蓄冷设备的初投资可以按式(5-99)计算：

$$I_2 = Q_{SS} R_S \tag{5-99}$$

式中，Q_{SS} 为实际蓄冷容量；R_S 为单位蓄冷容量初投资系数。根据蓄冷方式和蓄冷策略以及控制方式的不同，R_S 也会随之变化。

$$I = I_1 + I_2 \tag{5-100}$$

3) 初投资情况

初投资的变化表现在以下几个方面。

(1) 制冷机组容量变化使得制冷机组初投资减少：

$$\Delta I_1 = (P_c - P_S) R_c \tag{5-101}$$

(2) 新建项目电力安装需求减少，或改扩建项目增容费用的减少，以及电力公司为推动蓄冷调荷技术的应用而制定的鼓励措施，因此造成的初投资减少。电力安装费减少为

$$E_2 = G(P_c - P_S) / \eta_c \tag{5-102}$$

(3) 蓄冷空调系统增加蓄冷罐及部分辅机造成的初投资增加就是蓄冷设备的初投资。和常规制冷空调系统相比，蓄冷空调系统的初投资增加额为

$$I_{add} = I_2 - \Delta I_1 - E_2 \tag{5-103}$$

尽管蓄冷空调系统会增加建筑物的初投资，但在一些建筑物系统会带来一定的投资节约，如表 5-13 所示。

表 5-13　不同建筑物系统的投资节约范围

建筑物系统	投资节约范围/%	建筑物系统	投资节约范围/%
电器	0～2	空气分配	—
冷冻水	5～15	供冷盘管	20～25
热损耗	—	风扇电机	4～9
管线	15～25	建筑本体	0～0.75
冷却塔	20～35	噪声控制	0～0.3
结构	0～1.75	—	—

7. 完成技术经济分析

技术经济效果是指技术方案所带来的效益和为其所付出耗费的比较，因此在对技术方案进行经济效果评价时，就要合理权衡技术方案的所得与所费、投入与产出之间的合理关系。在对蓄冷系统进行技术经济分析时，可以是对单独方案的技术经济评价，判断该方案在经济上的可取性；也可以是对几种方案进行比较分析，鉴别方案的最优性。评价的方法主要有静态评价方法和动态评价方法。在进行可行性分析时，多使用投资回收期来衡量方案的经济性。

5.3.3　系统方案的技术经济分析方法

进行系统选择通常是对几种方案进行比较。比较的内容可以是纯粹的经济性，如按投资回收期进行比较；也可以包含其他内容，如用户对室内空气品质的要求、对舒适程度的感受等。应当注意，在确定最终系统方案时，往往要综合考虑方案的经济性、技术可行性和运行可靠性，并不仅仅考虑投资的经济效益。下面介绍几种在蓄冷系统分析中采取的主要评价方法。

1. 静态评价方法

在评价工程项目投资的经济效果时，不考虑资金时间因素的方法为静态评价方法。静态评价的计算方法比较简单，因此常用于投资方案的初选阶段，如用于可行性研究的机会研究和初步可行性研究阶段。静态评价方法主要包括投资回收期、追加投资回收期等方法。

1) 投资回收期

投资回收期也称返本期，指用投资带来的净收益偿还全部初始投资所需要的时间，一

般以年为单位。在应用于蓄冷系统分析时，其计算式表示为

$$\sum_{n=0}^{P} E_n = I \tag{5-104}$$

式中，P 为投资回收期；E_n 为第 n 年的净收益，在蓄冷系统分析中为第 n 年的电费节约、主要运行电费的节约；I 为蓄冷系统的总初投资。

在进行可行性分析时，一般假定每年的净收益均为 E，此时，投资回收期称为简单投资回收期，式(5-104)变为

$$P = \frac{I}{E} \tag{5-105}$$

静态投资回收期反映了初始投资得到补偿所需要时间的长短。用投资回收期来取舍方案，实际上是以投资支出的回收快慢作为决策依据。由于未考虑资金的时间价值，一般只能作为评价投资方案的一种辅助指标，多用于对投资建议进行粗略评价。求得的投资回收期 P 必须与给定的标准投资回收期进行比较，只有在 P 小于标准投资回收期时，方案才可接受。

2) 追加投资回收期

投资回收期可以反映工程项目的绝对经济效果。但是，在考虑蓄冷系统方案选择时，多提供几种方案，就需要对方案的相对经济效果进行比较。这时可以采用追加投资回收期来比较评价。

一般地，在满足相同空调需要的情况下，常规制冷空调的投资较少，但在峰谷分时电价下，其运行费用较大；而蓄冷空调方案的投资相对较大，但可以减少运行费用。追加投资回收期是指投资大的方案以每年所实现的运行费用节约来补偿和回收追加投资的期限，计算公式为

$$RP = \frac{I_1 - I_2}{E_2 - E_1} \tag{5-106}$$

式中，I_1 与 I_2 分别为两个方案的初投资，且 $I_1 > I_2$；E_1 与 E_2 分别为两个方案的运行电费，且 $E_1 < E_2$。

一般地，以追加投资回收期小的方案为最佳。当然，在进行选择时，还需要进行综合考虑。

2. 动态评价方法

随着工程项目的增多、资金使用量的增长，资金的时间因素已成为方案比较中一个不可忽视的因素。考虑资金的时间价值比较符合资金的运动规律，使评价更加符合实际。

1) 动态投资回收期

动态投资回收期考虑了资金的时间价值，它是从投资开始到方案净现值等于 0 的年限。计算公式如下：

$$\sum_{n=0}^{DP} \frac{E_n}{(1+R_0)^n} = \sum_{n=0}^{k} \frac{I_n}{(1+R_0)^n} \tag{5-107}$$

式中，DP 为动态投资回收期；R_0 为考虑投资的时间价值所给出的标准折现率；k 为投资结

束年份；E_n 为第 n 年的净收益；I_n 为第 n 年的投资。

考虑资金的时间价值、能源价格受通货膨胀的影响等因素，使用式(5-108)计算回收期：

$$N = \ln\left|1 - \frac{(i-c-e)(I_1-I_2)}{E_2-E_1}\right|\Big/\ln\left(\frac{1+e}{1+i-c}\right) \qquad (5\text{-}108)$$

式中，N 为回收期；i 为利息；c 为物价上涨率；e 为能源费用上升率。

2) 寿命周期投资分析法

此方法是从整个设备使用寿命周期来进行经济性分析的，也称为净现值法。寿命周期投资包括所有寿命周期的投资费用、建筑物的能耗费用、设备购置、安装、维修、材料更换等费用，以及其他与投资有关的费用。

所有资金量都要考虑过去和未来资金的等价性，并转换成当前净资金总额：

$$\text{NPV} = \sum_{n=1}^{L}\left[\frac{E_n}{(1+R)^n}\right] - \text{IC} \qquad (5\text{-}109)$$

式中，NPV 为净现值；E_n 为第 n 年的净收益；R 为折现率；IC 为一次性初投资；L 为经济寿命。

当净现值 NPV > 0 时，表示项目方案是可行的。在运用净现值标准对多个互斥方案进行评价时，如果各方案的使用寿命相同，则公认的标准是净现值最大的方案为最优方案。

5.4　蓄冷工程装备建模求解

5.4.1　解析法

解析法通过解析模型将其划分为无数个单元模型，基于能量守恒原理，对每个单元模型建立微分方程并进行计算，从而对整个蓄冷模型中的各个部分进行求解。

1. 水蓄冷装置建模

图 5-14、图 5-15 分别为蓄冷罐内、蓄冷罐壁的热量传递示意图。由图 5-14 可知，蓄冷罐沿纵向分成 N 个相等的蓄冷单元，根据能量平衡原理，对每个蓄冷单元及蓄冷罐壁建立微分方程：

$$\frac{\partial T}{\partial t} = \frac{k_w}{\rho_f c_{pw}}\frac{\partial^2 T}{\partial x^2} - \frac{\dot{m}}{\rho_f c_{pw}}\frac{\partial T}{\partial x} + \frac{h_i p}{A_f \rho_f}(T_w - T) \qquad (5\text{-}110)$$

式中，A_f 是蓄冷罐内横截面积，m^2；c_{pw} 是水的比热容，$kJ/(kg \cdot ℃)$；h_i 是蓄冷罐内壁面传热系数，$W/(m^2 \cdot ℃)$；k_w 是水的热导率，$W/(m \cdot ℃)$；$\dot{m}$ 是充冷或放冷时水的流量，kg/s；p 是蓄冷罐周长，m；T 是蓄冷水温度，$℃$；T_w 是蓄冷罐壁温，$℃$；t 是时间，s；x 是轴向坐标，m；ρ_f 是水的密度，kg/m^3。

$$\rho_w c_w \frac{\partial T_w}{\partial t} = \lambda_w \frac{\partial^2 T_w}{\partial x^2} + \frac{h_o}{A_w}(T_\infty - T_w) + \frac{h_i}{A_w}(T_w - T) \qquad (5\text{-}111)$$

式中，A_w 是蓄冷罐壁横截面积，m^2；c_w 是蓄冷罐壁的比热容，$kJ/(kg \cdot ℃)$；h_o 是蓄冷罐外壁面传热系数，W/(m^2 · ℃)；T_∞ 是环境温度，℃；λ_w 是蓄冷罐壁的热导率，W/(m · ℃)。

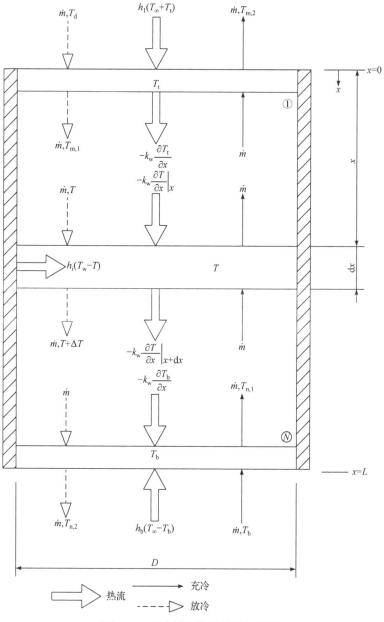

图 5-14　蓄冷罐内热量传递示意图

2. 冰蓄冷装置建模

根据结构的划分，冰蓄冷装置主要分为盘管式冰蓄冷系统和冰板式冰蓄冷系统，通过对两种系统进行模型的建立，同时采用解析法进行计算，分析冰蓄冷装置整体的性能特征。

图 5-16 所示为冷水机组上游串联式盘管式冰蓄冷系统。充冷时，温度较低的载冷剂在管内流动，冰在管外形成；放冷时，温度较高的载冷剂在管内流动，冰在管外壁融化。冰层的热阻随着冰层厚度的增加而增加，因此蓄冷罐的性能随着蓄冷容量和蓄冷时间而变化。

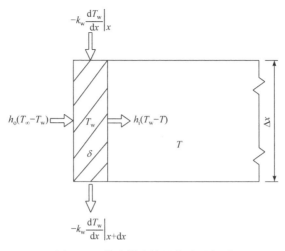

图 5-15　蓄冷罐壁热量传递示意图

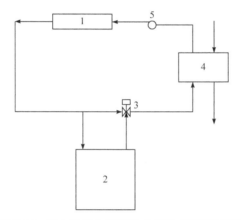

图 5-16　冷水机组上游串联式盘管式冰蓄冷系统
1-冷水机组；2-蓄冷罐；3-调节阀；4-换热器；5-泵

根据能量平衡原理，建立蓄冷罐传热微分方程式如下：

$$Q_b + Q_g = \frac{\mathrm{d}H}{\mathrm{d}t} = m\frac{\partial h}{\partial t} + h\frac{\partial m}{\partial t} \tag{5-112}$$

式中，H 是总焓，kJ；h 是比焓，kJ/kg；m 是质量，kg；Q_b 是载冷剂在蓄冷罐内的传热量，kW；Q_g 是周围环境与蓄冷罐之间的传热量，kW；t 是时间，s。

管内载冷剂与管外冰之间的传热量可用式(5-113)表示：

$$Q_b = \dot{m}_b c_b \left(T_{b,in} - T_{b,out} \right) \tag{5-113}$$

式中，c_b 是载冷剂比热容，kJ/(kg·℃)；$\dot{m}_b$ 是载冷剂的质量流量，kg/s；$T_{b,in}$ 是载冷剂进口温度，℃；$T_{b,out}$ 是载冷剂出口温度，℃。

周围环境与罐内冰的传热量 Q_g 可用式(5-114)表示：

$$Q_g = U_a A_a \left(T_a - T_t \right) \tag{5-114}$$

式中，A_a 是蓄冷罐壁的面积，m²；T_a 是周围环境温度，℃；T_t 是蓄冷罐内温度，℃；U_a 是蓄冷罐壁的传热系数，kW/(m² · ℃)。

蓄冷介质焓的变化可以写成冰的潜热、显热变化与水的显热变化之和，其表达式如下：

$$Q_b + Q_g = -h_{if}\frac{\mathrm{d}m_{ice}}{\mathrm{d}t} + m_{ice}c_{ice}\frac{\mathrm{d}T_{ice}}{\mathrm{d}t} + m_wc_w\frac{\mathrm{d}T_w}{\mathrm{d}t} \tag{5-115}$$

式中，c_{ice} 是冰的比热容，kJ/(kg · ℃)；c_w 是水的比热容，kJ/(kg · ℃)；h_{if} 是冰的熔解热，kJ/kg；m_{ice} 是冰的质量，kg；m_w 是水的质量，kg；T_{ice} 是冰的温度，℃；T_w 是水的温度，℃。

载冷剂温度随着盘管的长度而变化，根据能量平衡关系，可建立如下方程式：

$$\dot{m}_bc_b\frac{\mathrm{d}T_b}{\mathrm{d}x} = \dot{q}_b \tag{5-116}$$

式中，T_b 是载冷剂温度，℃；$\dot{q}_b$ 是单位长度传热量，kW/m。

蓄冷介质与载冷剂之间的单位长度传热量还可用以下传热方程式表示：

$$\dot{q}_b = UA_t'\left(T_s - T_b\right) \tag{5-117}$$

式中，A_t' 是单位长度管子外表面积，m²/m；T_s 是蓄冷介质温度，℃；U 是传热系数，kW/(m² · ℃)。

蓄冷介质与载冷剂之间的传热系数可用式(5-118)表示：

$$UA_t = \left(\frac{1}{A_ih_b} + \frac{1}{UA_s}\right)^{-1} \tag{5-118}$$

式中，A_i 是管子内表面积，m²；A_s 是蓄冷介质表面积，m²；A_t 是管子外表面总传热面积，m²；h_b 是载冷剂与管内表面之间的表面传热系数，kW/(m² · ℃)。

式(5-118)中第 1 项为载冷剂与管壁间的对流热阻；第 2 项为管子与冰水层间的热阻，其值取决于蓄冷罐处于充冷过程还是放冷过程。

在分析蓄冷系统性能时，假设 UA_t 沿着管长不变，这样就可得到任何位置处的载冷剂温度 T_b，即

$$T_b = T_s + \left(T_{b,in} - T_s\right)\mathrm{e}^{\frac{-UA_tx}{\dot{m}_bc_bL}} \tag{5-119}$$

式中，L 是管子长度，m；x 是沿管长位置，m。

对数平均温差可用式(5-120)表示：

$$\Delta T_{lm} = \frac{\left(T_{b,out} - T_s\right) - \left(T_{b,in} - T_s\right)}{\ln\left(T_{b,out} - T_s\right)/\left(T_{b,in} - T_s\right)} \tag{5-120}$$

利用对数平均温差，可以求出载冷剂与冰之间的传热量，即

$$Q_b = UA_t\Delta T_{lm} \tag{5-121}$$

蓄冰和融冰期间的传热过程取决于管外介质是冰还是水，以及管子的排列结构。图 5-17 为蓄冷盘管结构示意图，图 5-17(a)为单根管子的蓄冰过程，图 5-17(b)为一排管子的蓄冰过程。

1) 充冷过程

该过程分为三部分：显热充冷、不受限的潜热充冷和受限的潜热充冷。显热充冷过程是在蓄冷罐完全放冷之后进行的，它将水温从起始温度降至水的凝固温度，该过程没有发生

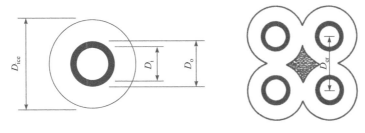

(a) 单根管子的蓄冰过程　　　　　　　(b) 一排管子的蓄冰过程

图 5-17　蓄冷盘管结构示意图

相变；不受限的潜热充冷过程是从冰开始形成到相邻管子之间的冰柱开始搭接为止，如图 5-17(a)所示，管壁外的冰是以冰柱形式出现的；一旦相邻管子之间的冰柱形成搭接，冰外表面的传热面积就受到限制，如图 5-17(b)所示，该过程就称为受限的潜热充冷过程。

显热充冷过程是将水温降至水的凝固温度，假设蓄冷罐内水温均匀，其能量平衡方程可从式(5-115)简化得到

$$Q_{\text{b}} + Q_{\text{g}} = m_{\text{w}} c_{\text{w}} \frac{\mathrm{d}T_{\text{w}}}{\mathrm{d}t} \tag{5-122}$$

载冷剂与水之间的总热阻包括载冷剂与管内壁之间的热阻、管壁热阻、管外壁与蓄冷介质之间的热阻，它可按式(5-123)计算：

$$UA_{\text{t}} = \left[\frac{1}{A_{\text{i}} h_{\text{b}}} + \frac{\ln(D_{\text{o}}/D_{\text{i}})}{2\pi k_{\text{tube}} L} + \frac{1}{h_{\text{w}} A_{\text{o}}} \right]^{-1} \tag{5-123}$$

式中，A_{o} 是管子外表面积，m^2；h_{w} 是管子外表面的表面传热系数，$\text{kW}/(\text{m} \cdot \text{℃})$。

管子外表面的自然对流表面传热系数可按式(5-124)计算：

$$Nu_D = \left\{ 0.60 + \frac{0.387 Ra_D^{1/6}}{\left[1 + \left(0.559/Pr\right)^{9/16}\right]^{8/27}} \right\}^2 \tag{5-124}$$

式中，Ra_D 是瑞利数。

在不受限的潜热充冷过程中，蓄冷量受管外蓄冰量的影响。在该过程中，由于冰与载冷剂之间的温差较小，冰的显热蓄冷量不到潜热蓄冷量的 4%，因此可忽略显热蓄冷量，其能量平衡方程可用式(5-125)表示：

$$Q_{\text{b}} + Q_{\text{g}} = -h_{\text{if}} \frac{\mathrm{d}m_{\text{ice}}}{\mathrm{d}t} \tag{5-125}$$

载冷剂与蓄冷介质之间的传热热阻可按式(5-126)确定：

$$UA_{\text{t}} = \left[\frac{1}{A_{\text{i}} h_{\text{b}}} + \frac{\ln(D_{\text{o}}/D_{\text{i}})}{2\pi k_{\text{tube}} L} + \frac{\ln(D_{\text{ice}}/D_{\text{o}})}{2\pi k_{\text{ice}} L} + \frac{1}{h_{\text{w}} A_{\text{ice}}} \right]^{-1} \tag{5-126}$$

式中，A_{ice} 是管外冰层表面积，m^2；D_{ice} 是管外冰层直径，m；k_{ice} 是管外冰层的热导率，$\text{kW}/(\text{m} \cdot \text{℃})$。

其中，管外冰层表面积可按式(5-127)计算：

$$A_{\text{ice}} = \pi D_{\text{ice}} L \tag{5-127}$$

2) 放冷过程

放冷过程分为不受限的潜热放冷过程和受限的潜热放冷以及显热放冷过程。在不受限的潜热放冷过程中，冰层在管外融化；在受限的潜热放冷过程中，管子之间融化后的水层开始连通。

在不受限的潜热放冷过程中，由于冰层在恒定的温度下融化，其显热变化很小，但水的显热变化较大，因此能量平衡方程可写为

$$Q_b + Q_g = h_{if}\frac{\mathrm{d}m_w}{\mathrm{d}t} + m_w c_w \frac{\mathrm{d}T_w}{\mathrm{d}t} \tag{5-128}$$

式中，$\mathrm{d}m_w/\mathrm{d}t$ 是管外水层的质量变化率，kg/s。

当放冷过程开始时，管子外壁周围没有水，管子外表面温度等于水的冻结温度，冰表面温度也恒定在冻结温度。载冷剂与管表面之间的传热热阻可按式(5-129)确定：

$$UA_t = \left[\frac{1}{A_i h_b} + \frac{\ln(D_o/D_i)}{2\pi k_{tube}L} + \frac{\ln(D_w/D_o)}{2\pi k_w L}\right]^{-1} \tag{5-129}$$

式中，D_w 是水层的外径，m；k_w 是水层的热导率，kW/(m · ℃)。

当融化的水层连通后，出现了载冷剂与水、水与冰之间的传热过程。由于不能确定管子与水、水与冰之间的传热系数，在此假定管子与水之间的传热热阻在受限的潜热放冷过程中保持不变，等于不受限潜热放冷过程时的传热热阻。

5.4.2　数值法

数值法主要具备两个原理，即离散化和代数化。其基本思想是将原来连续的求解区域划分成网格或单元子区域，在其中设置有限个离散点(称为节点)，将求解区域中的连续函数离散为这些节点上的函数值；将作为控制方程的偏微分方程转化为联系节点上待求函数值之间关系的代数方程(离散方程)，求解所建立起来的代数方程以获得求解函数的节点值。下面以水蓄冷装置自然分层为例，对通过数值法对蓄冷装置建模求解过程进行介绍。

自然分层型水蓄冷槽的槽体形状一般有圆柱体和长方体两种。在相同体积下，圆柱体的表面积要比长方体小，因此圆柱体水蓄冷槽的冷损失较小，自然分层型水蓄冷槽一般采用平底圆柱体。

1) 自然分层型水蓄冷流程

图 5-18 所示为自然分层型水蓄冷流程，该流程可按以下几种模式运行。

(1) 制冷机组单独供冷。

(2) 制冷机组向蓄冷槽充冷。

(3) 蓄冷槽单独供冷。

(4) 制冷机组、蓄冷槽联合供冷。

充冷时，制冷回路中制冷机组及其冷水泵单独运行，制冷机组出口水温为充冷过程中的重要控制参数，制冷机组出口水温越低，蓄冷槽内的温差越大，对蓄冷过程就越有利。但与之相应地，制冷机组效率将降低，因此应综合考虑其出口温度值。

供冷时，根据冷负荷的变化，制冷回路及供冷回路可采用联合运行或单独运行两种方式。单独供冷过程就是在供冷时，蓄冷槽按要求向用户(空调或风机盘管)逐渐释放冷量。联

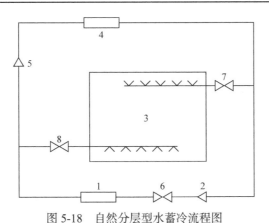

图 5-18　自然分层型水蓄冷流程图

1-制冷机组；2-冷水泵；3-蓄冷槽；4-负荷；5-负荷泵；6、7、8-调节阀

合供冷过程就是制冷机组应在额定工况下满负荷运行，不足部分由蓄冷槽补充。

2) 水蓄冷自然分层动态模型

模拟的水蓄冷槽是垂直放置的圆柱形蓄冷罐，如图 5-19 所示。沿轴向将蓄冷罐离散化分成 N 层，并认为每一层内的水是等温的。蓄冷罐内的水沿轴向流动，近似为某一层水在离散化时间步长内向上移动一层。实际中水蓄冷罐内有对流现象发生，不利于温度分层，并严重影响其蓄冷量和蓄冷效率。在实际操作中，在蓄冷罐的进、出口处装有分配器或散流器，目的是让水流均匀流动，不产生较大的扰动。

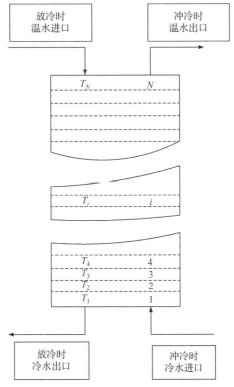

图 5-19　水蓄冷自然分层动态模型

根据能量平衡关系，对每一层可建立离散化的数学模型，即

$$M_i c_{pw} \frac{dT_i}{dt} = \frac{k_w A_c}{\Delta x} \left[(T_{i+1} - T_i) - (T_i - T_{i-1}) \right] + K A_s (T_a - T_i) \tag{5-130}$$

式中，M_i 是每层内水的质量，kg；c_{pw} 是水的比热容，kJ/(kg·℃)；k_w 是水的热导率，kW/(m·℃)；K 是蓄冷罐壁传热系数，kW/(m²·℃)；A_c 是蓄冷罐内横截面积，m²；A_s 是每一层的圆周表面积，m²，$A_s = \pi D \Delta x$，D 是蓄冷罐内径，m；Δx 是每一层的厚度，m；T_{i+1} 是第 i+1 层内水温，℃；T_i 是第 i 层内水温，℃；T_{i-1} 是第 i-1 层内水温，℃；T_a 是周围环境温度，℃。

若定义无量纲时间：

$$t^* = \frac{k_w}{\rho \Delta x^2 c_{pw}} t \tag{5-131}$$

$$\frac{dt^*}{dt} = \frac{k_w}{\rho \Delta x^2 c_{pw}} \tag{5-132}$$

对式(5-130)进行微分，即

$$\rho A_c \Delta x c_{pw} \left[\frac{dT_i}{dt^*} \right] \left[\frac{dt^*}{dt} \right] = \frac{k_w A_c}{\Delta x} \left[(T_{i+1} - T_i) + (T_{i-1} - T_i) \right] + K A_s (T_a - T_i) \tag{5-133}$$

再将式(5-132)代入式(5-133)，即

$$\frac{dT_i}{dt^*} = \left[(T_{i+1} - T_i) + (T_{i-1} - T_i) \right] + \frac{K A_s \Delta x}{A_c D} (T_a - T_i) \tag{5-134}$$

亦即

$$\frac{dT_i}{dt^*} = (T_{i+1} - 2T_i + T_{i-1}) + \frac{4K \Delta x^2}{k_w D} (T_a - T_i) \tag{5-135}$$

对式(5-134)在时间和空间上进行离散化求解，并适当选取空间步长 Δx 和时间步长 Δt，即

$$\Delta x = \frac{0.3 A_c k_w}{\dot{m} c_{pw}} \tag{5-136}$$

$$\Delta t = \frac{\rho A_c \Delta t}{\dot{m}} \tag{5-137}$$

式中，$\dot{m}$ 是进入蓄冷罐的水流量，kg/s。

5.4.3 CFD 法

对平板表面的纯水液滴采用 FLUENT 中的凝固与融化模型分析其凝固过程中的固、液相转化与温度分布的变化，分析接触角对凝固过程的影响。

目前，研究相变过程的方法很多，主要包括有限元法、有限差分法、控制容积法等。在众多的研究方法中对有关能量存储的相变过程中，主要采用的方法有有限元法与有限差分法两种。

有限元法是一种常用的高效数值计算方法。该方法主要是将需要连续求解的域离散为一组单元的集合体，然后在每个单元内假设一个近似的求解函数去分片求解域上需要求解

的未知函数，从而使连续的无限自由度问题转化为离散的有限自由度问题来解决。其主要步骤为：首先将待求解区域划分成为有限个单元的集合，然后将分割后的单元建立一个线性插值函数，最后根据能量方程建立待定参数的代数方程组，利用计算机辅助求解方程组得到有限元法的数值解。

有限差分法是将求解区域划分为差分网格，利用有限个网格点来代替连续的求解区域，然后将待求解的各个变量储存在各网格点上，将偏微分方程中的微分项用相应的差商代替，将偏微分方程转化为代数形式的差分方程，得到含有离散点上有限个未知变量的差分方程组，最后求解方程组得到网格点上变量的数值解，将问题简单化。

1. 水液滴物理模型构建

利用数值模拟软件对平板表面液滴凝固蓄冷过程计算的流程如图 5-20 所示，首先利用 Solidworks 对平板表面的液滴进行几何建模，将建立好的模型导入 ANSYS Workbench 中的 ANSYS Fluid 模块进行网格划分，然后采用 FLUENT 中的凝固与融化模型进行求解区域以及边界条件的设定，在求解完成后对计算结果进行后处理，使处理结果可以进行对比、分析等。

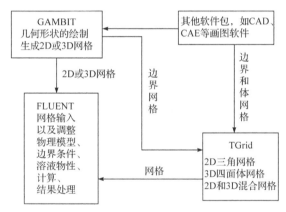

图 5-20　利用数值模拟软件对平板表面液滴凝固蓄冷过程计算的流程图

液滴在平板表面的实物如图 5-21 所示，液滴在平板表面的模型可以简化为球体的一部分，在实验过程中平板底面受冷，在这里简化为液滴底面温度恒定，温度会从液滴底部逐渐向顶端过渡。

由于在液滴凝固过程中伴有相变导热以及自然对流换热等复杂过程，为了方便计算，这里使用三维非稳态模型进行计算，将模型简化为图 5-22，并做如下假设。

(1) 探究接触角对凝固过程的影响时，假设平板表面温度即液滴底面温度恒定，为–10℃。

(2) 探究不同溶液在铝板表面凝固时，假设平板表面为恒热流密度，为 $46875W/m^2$。

(3) 假设液滴表面及内部水温度在凝固开始前恒定。

(4) 液滴在相变过程中的比热容、热导率、密度等均为定值。

2. 网格划分及计算参数设定

在如图 5-23 所示的简化模型中，液滴底面半径为 $R = 3.5mm$，分别根据接触角为 30°、45°、

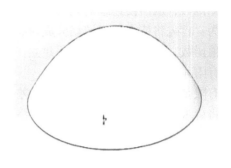

图 5-21　平板表面液滴实物图　　　　　　图 5-22　平板表面液滴模型简化图

60°、74°计算液滴的高度。利用 Solidworks 对液滴在平板表面的模型进行模型简化，并使用 ANSYS Fluid Mesh 对模型进行网格划分，网格划分时采用四面体网格对模型进行划分，并设置液滴底面为冷却壁面，设置完后进行保存。

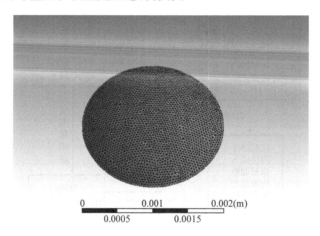

| 0 | 0.001 | 0.002(m) |
0.0005　　0.0015

图 5-23　液滴模型网格划分情况

　　网格划分完毕保存后关闭，打开下一步 FLUENT setup 对求解参数进行设置，求解器选择 3D 非稳态求解，利用软件自带的凝固与融化模型对液滴在平板表面的凝固过程进行模拟。模型物性选择液体水，潜热设置为 333.134kJ/kg，设置固相温度为 0℃，液相温度为 0.5℃，液滴底面温度为恒温−10℃或者为恒热流密度 46.875kW/m^2，残差为 $1×10^{-6}$，液滴的初始温度为 19.5℃，时间步长设置为 0.2。求解方法采用 SIMPLE 算法，松弛因子设置保持默认，监控器设置对液滴的液相体积分数进行监控。

本 章 小 结

　　本章分享了两个最具代表性的典型实际工程案例及其经济效益，从收集用户资料到设备容量计算、系统形式选择以及运行控制方式配合考虑，介绍了初步运行中对电网的削峰贡献以及运行费用的节省和总计。同时介绍了解析法、数值法和 CFD 法这三种方法在计算求解蓄冷过程的数学分析过程。利用解析法计算求解蓄冷罐逐层热量传递的过程，分析蓄冷装置的性能；数值法的核心思想则是将连续的求解区域划分为网格，对连续的函数进行离散，对所建立起的代数方程进行求解。本章介绍了利用数值法分析水蓄冷装置的自然对流过程及平板蓄冷过程；最后介绍了利用数值模拟软件对平板表面液滴凝固蓄冷过程计算的基本流程，包括水液滴物理模型构建、网格划分及计算参数设定以及对表面凝结过程的分析。

课 后 习 题

5-1　水蓄冷工程中，如何选择布水器？

5-2　某建筑考虑采用蓄冷系统，基本电价为 0.5 元/(kW·h)，高峰期电价为 1.2 元/(kW·h)，平峰期电价为 0.8 元/(kW·h)，低谷期电价为 0.3 元/(kW·h)。常规制冷空调系统性能系数为 2.0，蓄冷系统性能系数为 2.5。若该建筑的设计日冷负荷为 1000kW，其中高峰期冷负荷为 300kW，平峰期冷负荷为 400kW，低谷期冷负荷为 300kW。计算采用蓄冷系统和常规制冷空调系统的电费差异。

5-3　在水蓄冷装置建模中，已知蓄冷罐沿纵向分成 10 个相等的蓄冷单元，蓄冷罐内横截面积为 20m²，水的比热容为 4.2kJ/(kg·℃)，蓄冷罐内壁面传热系数为 10W/(m²·℃)，水的热导率为 0.6W/(m·℃)，充冷或放冷时水的流量为 0.5kg/s，蓄冷罐周长为 10m，蓄冷水温度为 20℃，蓄冷罐壁温为 15℃，时间为 10s，轴向坐标为 5m，水的密度为 1000kg/m³。根据能量平衡原理，计算该蓄冷单元的温度变化率。

5-4　蓄冷系统的经济性分析包括哪些方面？

5-5　某蓄冷系统有两个方案可供选择，方案 A 的初投资为 80 万元，运行电费为 15 万元/年；方案 B 的初投资为 60 万元，运行电费为 20 万元/年。计算追加投资回收期。

第6章 民用暖通空调蓄冷技术

建筑供冷是现代生活和工作环境中一个至关重要的组成部分，对于维持室内舒适度、保障健康以及提高工作效率具有不可替代的作用。随着全球气候变暖和城市化进程的加速，建筑供冷的需求日益增长。空调系统能够实现对室内温度和湿度的调节，为居住者和工作人员提供舒适的环境。它通过过滤和通风改善室内空气质量，去除灰尘、细菌和其他污染物。对于某些敏感设备和仪器，空调系统可以提供必要的环境条件，确保它们在特定温度和湿度下稳定运行。此外，空调系统还有助于保护建筑结构和材料，延长其使用寿命。但是为了维持建筑内的温度和湿度，往往需要消耗大量的能耗用于空调系统的运行。

蓄冷系统是在电力需求较低的时段制取冷量并储存起来，以便在高峰时段使用。例如，某市电价尖峰时段 1.4397 元/(kW·h)，高峰时段 1.3104 元/(kW·h)，平时段 0.7847 元/(kW·h)，低谷时段 0.3113 元/(kW·h)。蓄冷系统可以通过蓄冷装置在低谷时段用 0.3113 元/(kW·h) 的电价制取冷量，在电价高峰时段利用储存的冷量供冷。这种做法不仅能有效降低用电成本，还能减少对电网的峰值负荷需求，从而提高电网的稳定性。此外，低谷时段制冷的效率通常更高，因为夜间温度较低，这有助于提高整个制冷系统的能效。蓄冷系统还可以作为紧急情况下的备用冷源，确保建筑在主要制冷系统出现故障时仍能保持适宜的室内温度。

蓄冷系统和空调系统的结合使用，可以实现更高效、经济和可靠的建筑环境控制。蓄冷系统在电力成本较低时制取冷量并储存，平时段空调系统供冷，将冷量分配到建筑的各个部分，以满足居住者和设备的需求。通过改变用能时间段，实现能源利用效率的提升，节约运行费用。

6.1　蓄冷空调系统原理

蓄冷空调是指采用制冷机和蓄冷装置，在电网低谷的廉价电费计时时段进行蓄冷，在电网高峰时段将所蓄冷的冷量释放的技术。蓄冷技术通过合理选择蓄冷介质、蓄冷装置与设计系统组成，利用优化的传热手段，通过自动控制周期性地实现高密度的介质蓄冷和合理的冷量释放。蓄冷空调系统通常包括三部分：制冷系统、冷量储存系统以及冷量输送系统。这些设备和子系统通过一系列的管道相互衔接。

根据储存冷能的方式不同，可以将蓄冷装置分为显热蓄冷和潜热蓄冷两种形式。根据蓄冷介质的不同，又可以细分为水蓄冷、冰蓄冷以及相变蓄冷等方法。

1. 水蓄冷

水蓄冷采用水作为蓄冷介质，通过水的温度变化即显热来蓄冷，是一种空调蓄冷方式。水被冷水机组冷却后储存于蓄冷水罐(池)中，在用户需要时通过水泵等输送至末端设备以满足空调冷量需求。水蓄冷系统的蓄冷温度通常设置为 4~6℃，蓄冷温差为 5~8℃，而大温差水蓄冷系统的温差可达到 12℃。增加蓄冷温差可以减小蓄冷槽的体积。例如，当温差为 8℃时，单位蓄冷量的容积指标为 0.118m³/(kW·h)；当温差为 11℃时，该指标降低至 0.086m³/(kW·h)。水蓄冷通常可以使用常规空调的冷水机组，并且可以考虑利用消防水池作为蓄水池。因此，水蓄冷方式初投资较省、技术要求低、维修简单、维修费用低。

2. 冰蓄冷

冰蓄冷是一种利用冰的相变潜热来储存和释放冷量的技术。水在冰点(0℃)时，通过向外界释放热量而相变成冰；当冰融化为水时，则吸收热量并相变成水。为了促进水结冰，制冷机需要提供温度为−9～−3℃的低温介质。制冰过程中使用的低温介质分为两类：一类是直接蒸发的制冷剂，如氨、氟利昂等；另一类是作为二次冷媒的载冷剂，如乙二醇水溶液或其他含盐的抗冻水溶液(也称为卤水)。蓄冰槽利用潜热蓄冷，蓄冷密度高，需要的蓄冰槽较小。蓄冰槽供水温度稳定，但制冷机制取较低温度的介质时 COP 会略低。

3. 相变蓄冷

相变蓄冷是利用相变材料的相变潜热进行蓄冷的。由于相变过程具有等温或近似等温的特性，具有较好的蓄冷密度。冰蓄冷也是相变蓄冷的一种。

在工程中，水蓄冷和冰蓄冷是两种常见的储冷方式，6.3 节、6.4 节将进行详细的介绍。按照空调系统中是否包含蓄冷装置，可以分为常规空调供冷系统和蓄冷空调系统。本节分别介绍常规空调供冷系统与蓄冷空调系统的组成和工作原理。

6.1.1　常规空调供冷系统

常规空调供冷系统通常指的是使用机械制冷设备的系统，它通过制冷剂在蒸发器中吸收室内空气中的热量，空气温度下降，从而达到制冷的目的。这些系统主要由压缩机、蒸发器、冷凝器和膨胀阀等部件构成制冷循环，如图 6-1(a)所示。在常规空调供冷系统中，制冷剂在蒸发器中吸收热量蒸发成气体，然后被压缩机吸入并压缩成高温高压气体，接着在冷凝器中释放热量，制冷剂凝结成液态。液态制冷剂通过膨胀阀节流后变成低温低压的液体，再次进入蒸发器吸收热量，完成一个制冷循环并循环此过程。制冷循环压焓图如图 6-1(b)所示，1 到 2 为绝热压缩过程；2 到 3 为制冷剂在冷凝器中的等压冷凝放热过程，其中 2 到

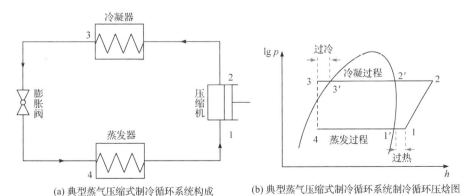

(a) 典型蒸气压缩式制冷循环系统构成　　(b) 典型蒸气压缩式制冷循环系统制冷循环压焓图

图 6-1　典型蒸气压缩式制冷循环系统构成及其制冷循环压焓图

2′放出过热量，2′到3′放出比潜热，3′到3为过冷量；3到4为节流过程；4到1为制冷剂在蒸发器中的等压蒸发吸热过程，其中4到1′吸收比潜热，1′到1为吸收过热量。

常规空调供冷系统通过制冷循环产生冷量，并通过载冷介质将冷量输送至建筑空调房间，满足建筑的冷量需求。水冷式中央冷却系统因其高效的冷却能力而广泛使用。图 6-2 展示了一个典型的水冷式中央冷却系统，该系统由三个子系统组成：冷却水环路、冷水机组和冷冻水环路。水冷式中央冷却系通过冷却水塔、冷却水泵构成的冷却水环路对冷凝器内制冷剂进行降温。降温后的制冷剂经过节流阀流向蒸发器，在蒸发器中对冷冻水进行降温。冷冻水环路将降温后的冷冻水送至空气处理设备或室内末端设备(风机盘管)中，实现对建筑室内温度和湿度的调节。

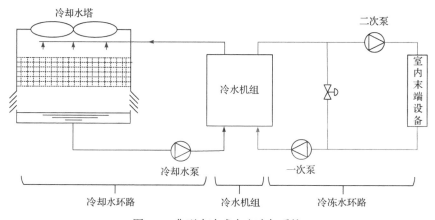

图 6-2　典型水冷式中央冷却系统

这种常规空调供冷系统产生的冷量直接送入建筑内部进行热交换，以满足即时的冷负荷需求。这种系统的优点在于其系统简单、可靠和能效比(COP)较高。常规空调供冷系统由于其结构简单，维护成本相对较低，且易于安装和操作。值得注意的是，空调负荷高峰时段往往与电价高峰时段重合。常规空调供冷系统也存在一些缺点，最显著的是它在电力需求高峰时段运行用电量较高，这就导致其电力成本较高，尤其是在电价按时段计费的地区。此外，这种系统在高峰时段对电网的负荷较大，可能会加剧电网的负担。

6.1.2　蓄冷空调系统

蓄冷空调系统与传统制冷系统组成不同，蓄冷空调系统是在常规中央空调水系统的基础上增加了蓄冷装置，制冷主机变成双工况主机，如图 6-3 所示。双工况主机可以运行在蓄冷模式和常规的供冷模式。在常规供冷模式下，制冷机组通过循环水泵向用户直接提供

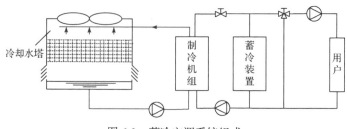

图 6-3　蓄冷空调系统组成

冷冻水。在蓄冷模式下，制冷机组向蓄冷装置储存冷量，在电价高峰时段通过蓄冷装置向用户提供冷量。在蓄冷模式下，制冷机组通常提供更低温度的冷冻水或乙二醇水溶液，在释冷阶段可直接或者经过板式换热器提供给用户。

传统制冷系统更侧重于即时制冷，蓄冷空调系统则通过在电价较低的夜间蓄冷，在电价较高的白天释放冷量，实现了能源的优化使用和成本的节约。蓄冷空调系统的设计和运行更加复杂，需要考虑蓄冷装置的类型、容量以及与整个空调系统的配合。此外，蓄冷空调系统还具有平衡电网峰谷荷、提高空调品质、具有应急冷源等优点。在蓄冷空调系统中，其冷量的产生和分配方式的不同又可以将含有蓄冷装置的空调系统的运行模式分为四种模式：冷机供冷、蓄冷供冷、联合供冷、冷机蓄冷与供冷同时进行。

下面分别介绍蓄冷空调系统四种不同的运行模式。

1. 冷机供冷

夜间电力低谷时段，冷机蒸发器侧冷冻水由一次泵或者蓄冷泵驱动在冷机和蓄冷罐(池)之间形成循环，不断将温度较低的冷冻水从蓄冷罐(池)下部送入，温度较高的水从上部流出到冷机蒸发器，形成循环。在日间非高峰时段，冷机承担用户全部冷负荷，冷机蒸发器制冷提供 7℃的冷冻水，并经过二次泵输送到用冷场地末端，为用户提供冷量。净化房间后冷水稳定升高至 12℃，经过一次泵回到冷机蒸发器中，形成制冷循环。此时，蓄冷装置不工作，蓄冷罐(池)内水温度和液位高度保持基本稳定。冷机供冷模式如图 6-4 所示。

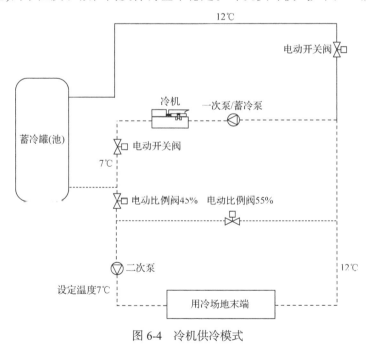

图 6-4　冷机供冷模式

2. 蓄冷供冷

蓄冷装置单独供冷模型是蓄冷装置首先在低谷电时段开启制冷机，将电力以冷量的形式储存在蓄冷装置内部，白天高峰电时段开启放冷泵(二次泵)将储存在蓄冷装置内的冷量输送给末端用户，保证末端用户的温湿度。图 6-5 是以水蓄冷罐(池)为例的供冷模式。在白天时段或者电力高峰时段,系统运行蓄冷模式,蓄冷装置下部供给的冷冻水约4℃,与部分空调回水混合达到供水温度7℃要求后,经过二次泵等辅助设备将冷冻水送入用冷场地末端,在房间吸热后水温升高至12℃,回到蓄冷罐(池)上部。此时,制冷机组不运行。

　　蓄冷系统设计时部分采用蓄冷装置承担全部冷负荷,这种采用蓄冷系统供给全部冷量的方案可以有效平衡电网负荷、降低运行成本。但此类系统需要蓄冷装置有较大的容量和复杂的控制系统,因此初始投资成本较高。

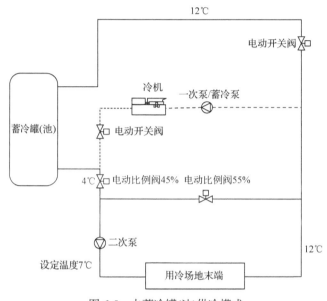

图 6-5　水蓄冷罐(池)供冷模式

3. 联合供冷

　　在炎热的夏季,空调负荷很大时可以采用冷机与蓄冷装置联合供冷。制冷机和蓄冷罐(池)各提供一定比例的冷量。此时,系统运行原理如图 6-6 所示。从蒸发器出来的冷冻水与蓄冷罐(池)提供的冷冻水和部分回水混合将供水温度控制在 7℃,送入用冷场地末端,如图 6-6 虚线所示。经过空调房间吸热水温升高至 12℃后,一部分返回蒸发器,一部分返回蓄冷罐(池),如图 6-6 实线所示。

　　冷机与蓄冷装置的联合供冷,为建筑室内温度控制提供了一种高效经济的方案。该方案可以根据实际负荷需求和电价变化灵活调整,以实现能效最优化。联合供冷系统通过在电价较低的夜间储存冷能,并在电力需求高峰的白天释放,有效实现了电网负荷的平衡,不仅降低了运行成本,还提高了能源使用的灵活性。此外,系统能在非高峰时段利用较低成本的电力,减少了对环境的影响,同时在紧急情况下还能作为备用冷源,增强了系统的可靠性。然而,这种系统也存在一些缺点。由于蓄冷系统增加了额外的设备和控制需求,整个系统的复杂性增加,对设计和维护的专业要求更高。

4. 冷机蓄冷与供冷同时进行

　　对于夜间具有冷量需求的建筑来讲,冷机在夜间同时供冷给蓄冷装置和用冷场地末端,

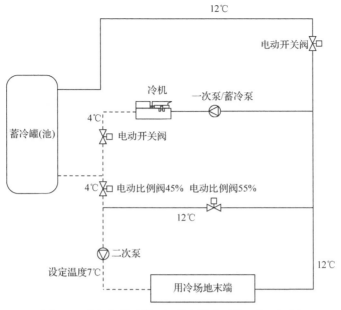

图 6-6　冷机与蓄冷罐(池)联合供冷系统运行原理图

这种情况下蓄冷和供冷同时进行。对于水蓄冷系统，蓄冷与供冷同时进行原理如图 6-7 所示。其中冷机出来的 4℃冷冻水，一部分进入蓄冷装置下部，蓄冷罐(池)上部温度较高的水(12℃)在一次泵(蓄冷泵)驱动下回到蒸发器。同时，冷机提供的冷冻水一部分与用冷场地末端回水混合达到设定水温 7℃，在二次泵的驱动下进入空调房间盘管吸热，为房间提供冷量。冷冻水吸热后水温升高，一部分用于混水调控水温，一部分与蓄冷罐(池)的出水混合回到蒸发器。

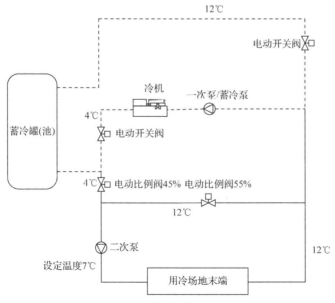

图 6-7　蓄冷与供冷同时进行原理图

6.2　蓄冷与空调系统负荷

建筑负荷特征对于空调设计具有深远的影响，因为它们直接决定了空调系统的选择、配置和运行效率。首先，建筑的负荷特征，包括冷热负荷的大小和变化，是设计合适空调系统的基础。准确的负荷预测能够确保系统在满足室内舒适度的同时，避免过度设计导致的能源浪费和经济成本。其次，建筑内部不同区域的负荷特征差异要求空调设计实现分区控制。例如，办公区、会议室和计算机房等区域可能需要不同的温度设定和新风量，以满足各自的使用需求。新风系统的设计也受到建筑负荷特征的影响。新风负荷在总冷负荷中占有重要比例，特别是在人员密集或新风需求量大的建筑中，因此空调设计需要考虑有效的新风处理方案，以确保室内空气质量和系统能效。此外，湿度控制对于某些地区或建筑类型尤为重要。空调系统设计时需要考虑有效控制湿度，以提供舒适的室内环境，同时避免霉菌生长等问题。经济性和可持续性是现代空调设计的重要考量，因此需要在初期投资成本和长期运行成本之间找到平衡，同时采用节能和环保的空调技术，以满足绿色建筑的要求。综上所述，建筑负荷特征对空调设计的影响是多方面的，需要综合考虑这些因素。蓄冷空调系统设计的前提与传统空调系统设计一致，都需要进行详细的负荷计算。蓄冷空调系统冷负荷计算与传统冷负荷计算一致，本书不再进行详细介绍。然而，不同类型建筑展现出了不同的负荷特征，这些特征影响蓄冷空调系统的设计及运行，因此本节对不同类型建筑的冷负荷特征进行详细的分析，并介绍蓄冷空调系冷负荷的确定方法。

6.2.1　不同类型建筑冷负荷特征

不同类型的建筑，如办公楼、住宅、商场等，具有不同的冷负荷特征。例如，办公楼可能在工作日的白天有较高的冷负荷，住宅则可能在晚上和周末有更高的冷负荷需求。

1. 办公类建筑

办公类建筑是专为各类办公活动设计和建造的建筑物，它们通常包括以下几种类型：行政办公楼、商务写字楼、综合性办公楼等。

办公类建筑具有显著的时间性，如图 6-8 所示，在工作日的 07:00～20:00 负荷较大，在晚上和周末负荷则显著减小或无供冷的需求，在午餐时间 12:00～13:00 有明显的负荷降低，在 15:00 时负荷达到最大值。这种冷负荷的高峰与低谷时段通常与电价的高峰与低谷时段相吻合，这就导致了采用传统冷机供冷时费用较高。这种明显的日间高峰和夜间低谷负荷特征要求空调系统能够灵活调节，以适应不同的负荷需求。同时，随着季节的变化冷负荷也有显著的变化，冷负荷在温暖季节较高，在寒冷季节则较低或几乎不需要，因此空调系统的设计需要考虑季节性的温度变化。办公楼内的人员密度会影响冷负荷的大小。人员较多的区域，如会议室或开放式办公区，会产生更多的热量，需要更大的冷负荷来维持舒适的室内温度，但会议室等房间具有间歇使用的特点。对于平面规模较大的办公类建筑，存在明显的空调内区和外区。内区和外区的负荷特点不同，外区随着室外气象条件的变化显著变化，尤其是有大面积玻璃窗的建筑，太阳辐射冷负荷大，朝向、天气的阴晴都会影响其负荷变化，并且呈现一天或一年四季周期性变化。内区全年有人员、设备、灯光等形成的冷负荷，基本上负荷大小保持不变。对于建筑整体来说，办公类建筑冷负荷呈现显著的间歇和周期性变化。

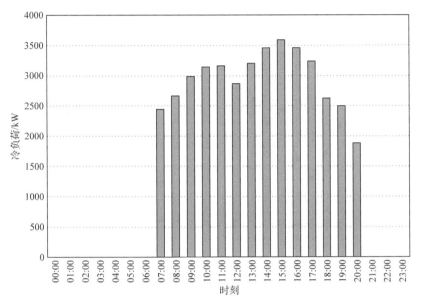

图 6-8　办公类建筑空调季典型日冷负荷变化图

2. 商场类建筑

商场类建筑是商业建筑的一种，通常指的是为零售、购物、娱乐和餐饮等商业活动提供空间的建筑物。商场类建筑类型多样，如购物中心、百货商店、超级市场、大型超市等。

商场类建筑空调冷负荷在多种外部因素的作用下呈动态变化，如室外温度、相对湿度、太阳辐射量、风速等的实时变化通过外围护结构、门窗等与建筑发生热传导、对流、辐射等，扰乱建筑内的热湿平衡，进而影响空调冷负荷的变化。商场内区较大，人员多、照明的灯具多，人体散热负荷、新风负荷、照明负荷占冷负荷的绝大部分。内区具有常年不变的冷负荷，而建筑围护结构负荷占比例很小，并且　年四季和一天内各时刻都在变化。商场湿负荷较一般办公类建筑大，因此热湿比较小。与办公类建筑类似，商场类建筑冷负荷在营业时间与非营业时间有显著的差异。在夜间非营业时间冷负荷很小或没有，在营业时间 09:00~22:00 具有显著的冷负荷需求，并且在各个时段负荷差异不明显，如图 6-9 所示。

3. 酒店类建筑

同理，室外气象参数变化对酒店冷量需求变化的影响不仅体现在全年的整体变化上，典型日的逐时变化更为明显。以上海某酒店建筑逐时冷负荷为例，冷量需求具有明显的波动性(图 6-10)，夜间 20:00~07:00 的冷量需求较高；相反，白天 08:00~19:00 的冷量需求较低，这与酒店类建筑人员的作息时间有直接关系。在白天多数人员在外活动，停留在酒店内的人数较少，夜间居住人数最多。酒店类建筑的这一特点也是其与办公和商场类建筑的最大区别。

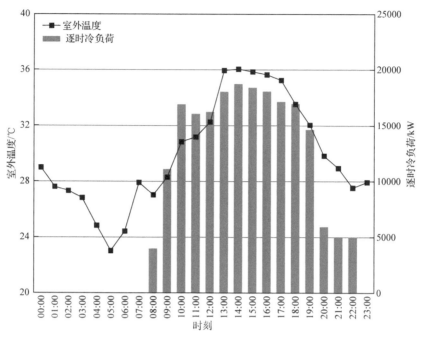

图 6-9　商场类建筑典型夏季日空调逐时冷负荷

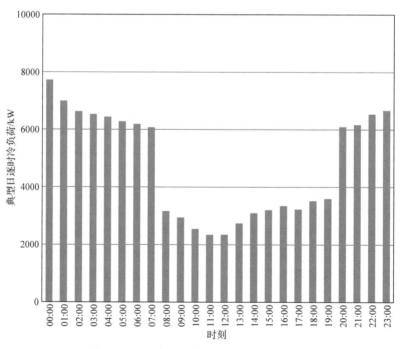

图 6-10　上海某酒店建筑典型日逐时冷负荷

4. 不同建筑类型对比

由于建筑的功能、人员的在室率、设备和照明的使用率等因素，不同的建筑，负荷稳定性、持续性等均存在差别。酒店类建筑的房间功能较多样，其负荷白天较小、夜间较大、持续性较强；商场和办公类建筑的房间功能相对单一，其负荷主要集中在白天，夜间几乎为零，持续性较弱，并在一天内存在间歇性。典型建筑类型在五个代表城市的空调季峰值负荷指标分布如图 6-11 所示。从图 6-11 可看出，整体而言，建筑的峰值负荷指标变化趋势为商场>酒店>办公类建筑。

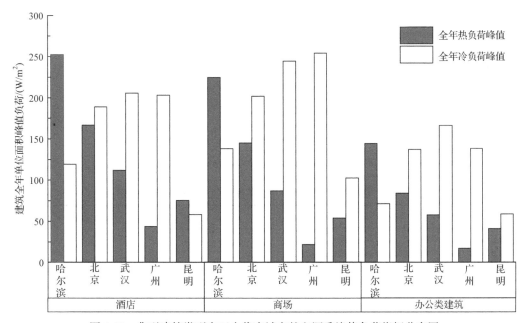

图 6-11　典型建筑类型在五个代表城市的空调季峰值负荷指标分布图

6.2.2　蓄冷系统供冷负荷的确定

　　常规空调设计中，通常根据建筑所在地区，采用非稳态计算方法计算建筑设计日逐时冷负荷，并选取逐时冷负荷的最大值作为建筑室内冷负荷。通常建筑空调负荷随着室外环境温度的变化而变化，因此制冷设备不可能一直运行在满负荷，通常负荷最大值出现在 14:00～16:00。某办公类建筑在典型设计日空调冷负荷逐时变化趋势如图 6-12 所示，空调运行时间为 07:00～17:00，共 10h，其中仅在 14:00～16:00 两个小时内达到最大值 100kW，其他 8h 均在部分负荷下运行。冷源系统设计选型是在冷源系统负荷基础上考虑一定安全余量来确定系统中制冷设备的制冷能力的。为了满足系统的峰值负荷，需要根据其最大冷负荷 100kW 选定供冷设备，如选择额定冷量 100kW 的冷水机组才可以满足建筑的需求。冷水机组在实际运行过程中根据用户需求调节冷量的供给。

　　蓄冷系统通常是按一个蓄冷–释冷周期(通常以 24h 为一个周期)内的冷负荷量来计量的，单位采用 kW·h，国际上也常采用 RTH 来计量。蓄冷系统的供冷负荷与非蓄冷空调系统的供冷负荷确定有所区别，见表 6-1。蓄冷系统的负荷需要设计日的负荷，而传统非蓄冷空调系统一般以设计日的最大小时负荷为基准进行空调系统的设备选型。蓄冷系统的设计也是考虑以 24h 为周期根据设计日逐时冷负荷分布图来进行的，而非最大小时负荷值。非蓄冷空调系统的总冷负荷主要是建筑物冷负荷、建筑物内冷水泵与冷水管道附加冷负荷、室外冷水管道附加冷负荷的叠加。蓄冷系统的总冷负荷是在传统非蓄冷空调系统总冷负荷基础上加上蓄冷装置的附加冷负荷。

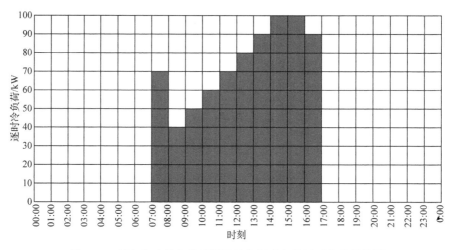

图 6-12　某办公建筑在典型设计日空调冷负荷逐时变化趋势图

表 6-1　蓄冷系统与非蓄冷空调系统的供冷负荷确定的区别

区别项目	蓄冷系统	非蓄冷空调系统
计算基数	设计日的日负荷	设计日的最大小时负荷
设计依据	设计日逐时冷负荷分布	设计日的最大小时负荷
总冷负荷	建筑物冷负荷+建筑物内冷水泵与冷水管道附加冷负荷+室外冷水管道附加冷负荷+蓄冷装置的附加冷负荷(冰蓄冷为装置冷容量的2%~3%；水蓄冷为装置冷容量的5%~10%)	建筑物冷负荷+建筑物内冷水泵与冷水管道附加冷负荷+室外冷水管道附加冷负荷

　　蓄冷系统的设计和选型较为复杂，其通过在低电费时段储存冷量并在高峰时段释放冷量，可以满足系统制冷机直接供冷需求，因此含有蓄冷装置的冷源系统选型设计与蓄冷装置蓄冷能力、系统运行控制方式等有关。根据蓄冷装置运行模式可分为全负荷蓄冷和部分负荷蓄冷两种。

1. 全负荷蓄冷

　　蓄冷装置承担设计周期内全部空调冷负荷，制冷机在夜间非用电高峰期启动进行蓄冷，当蓄冷量达到周期内所需的全部冷负荷量时，关闭制冷机；在白天用电高峰期，制冷机不运行，由蓄冷系统将蓄存的冷量释放出来供给空调系统使用。此方式可以最大限度地转移高峰电力用电负荷。由于蓄冷装置要承担空调系统的全部冷负荷，因此蓄冷装置的容量较大、初投资较高，但运行费用最省。全负荷蓄冷一般适用于白天供冷时间较短或要求完全备用冷量以及峰、谷电价差特别大的情况，图 6-13 是典型的全负荷蓄冷负荷及系统运行图。在 23:00 至次日 07:00 运行蓄冷模式，制冷机运行对蓄冷装置进行储冷；在 07:00 后制冷机停止蓄冷，切换为释冷模式，蓄冷装置通过换热器、水泵等辅助装置将冷量供给末端用户，供冷量随着用户的需求不断变化。蓄冷装置的容量选择应该考虑设计日冷负荷累计值。由于制冷机仅在夜间进行蓄冷，其供冷能力应满足在蓄冷时段完成总蓄冷量的需求。

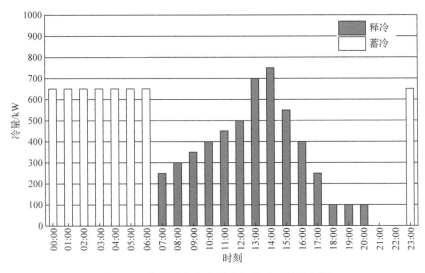

图 6-13　典型的全负荷蓄冷负荷及系统运行图

2. 部分负荷蓄冷

蓄冷装置只承担设计周期内的部分空调冷负荷,制冷机在夜间非用电高峰期开启运行,并储存周期内空调冷负荷中所需要释冷的冷负荷量;在白天,空调冷负荷的一部分由蓄冷装置承担,另一部分则由制冷机直接提供。

在此情况下,制冷机与蓄冷装置共同承担设计日所有的冷量需求。蓄冷装置的容量选择应该考虑设计日所承担的冷负荷累计值,制冷机应该在高峰时段供给部分冷量,剩余部分冷量累计值由蓄冷装置承担,同时需要考虑制冷机在低谷时段累计供冷量是否能够满足其蓄冷装置在高峰时段的释冷需求。因此,该方案的设计选型更为复杂,需要综合考虑蓄冷装置容量及制冷机供给能力。根据制冷机在日间供冷的特点可进一步分为负荷均衡蓄冷和用电需求限制蓄冷。图 6-14 为负荷均衡蓄冷,在夜间 23:00~07:00,制冷机连续运行为蓄冷装置储存冷量,此时制冷机供冷量约为 650kW。在白天,制冷机基本维持恒定的供冷能力,07:00~18:00 冷机供冷量为 1000kW,不足部分由蓄冷装置释放冷量。在 18:00~21:00,

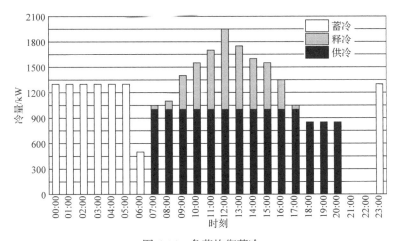

图 6-14　负荷均衡蓄冷

由于用户冷量需求较低，制冷机供冷满足用户需求即可。图 6-15 为用电需求限制蓄冷，制冷机在夜间 23:00 至次日 06:00 连续蓄冷 7h，供冷量为 1300kW；在白天高峰时段 08:00～12:00、16:00～20:00，蓄冷装置释冷承担该时段内的所有冷负荷，其余时段由制冷机直接供冷满足用户的冷量需求。

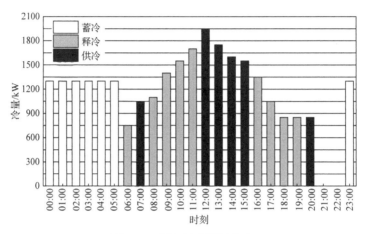

图 6-15　用电需求限制蓄冷

对比两种部分负荷蓄冷可以看出，尽管两者都是部分负荷蓄冷，但有显著区别(表 6-2)。负荷均衡蓄冷时制冷机负载基本维持恒定，蓄冷装置满足其他需求，因此制冷机利用率较高、蓄冷装置需要容量较小、系统初投资最低、节省运行费用较少，适用于有合理分时峰、谷电价差地区的空调系统。用电需求限制蓄冷制冷机和蓄冷装置承担不同时间段的冷负荷，制冷机利用率较低、蓄冷装置通常需要容量较大、系统初投资较高、节省运行费用较多。

表 6-2　负荷均衡蓄冷与用电需求限制蓄冷区别

对比项目	负荷均衡蓄冷	用电需求限制蓄冷
供冷模式	制冷机在设计周期内连续(蓄冷或供冷)运行；负荷高峰时蓄冷装置同时释冷	制冷机在限制用电或电价峰值期内停机或限量开；高峰时段蓄冷装置释冷
特点	制冷机利用率较高，蓄冷装置需要容量较小，系统初投资最低，节省运行费用较少	制冷机利用率较低，蓄冷装置通常需要容量较大，系统初投资较高，节省运行费用较多
使用条件	有合理分时峰、谷电价差地区的空调系统	有严格的限制用电(时间段和量)或分时峰、谷电价差特别大的地区

6.3　水　蓄　冷

水蓄冷系统以空调用的冷水机组为制冷设备，以保温槽为蓄冷设备。空调主机在用电低谷时间将冷水蓄存起来，空调运行时将蓄存的冷水抽出使用。水蓄冷是利用水的温差进行蓄冷的，可直接与常规空调系统匹配，不需要其他专门设备。但这种系统只能储存水的显热，不能储存潜热，因此需要较大体积的蓄冷槽。在夏热冬冷地区，可以设计成冬季蓄热、夏季蓄冷，提高水槽利用率。

6.3.1　水蓄冷技术及系统概述

图 6-16 是水蓄冷空调系统示意图。充冷循环时，一次水泵将水从水蓄冷槽的高温端汲

取出来，经制冷机组冷却到 4~6℃，送入水蓄冷槽的低温端蓄存起来，当槽内充满 4~6℃ 冷水时，充冷循环结束。释冷循环时，二次水泵(负荷泵)从水蓄冷槽的低温端取出冷水，送 往空气处理设备，回水送入水蓄冷槽的高温端。除某些工业生产厂房(如纺织厂)外，释冷温 度受到除湿要求的限制，其上限温度一般为 8~9℃。蓄冷温度越低、空调回水温度越高， 可利用的蓄冷温差越大，蓄冷量也越大。在开式循环的水蓄冷空调系统中，由于水蓄冷槽 的存在，冷量生产和消费不需要同步，可以有时间上的差异(负荷转移)，有利于制冷机组和 一次水泵实现避峰运行。

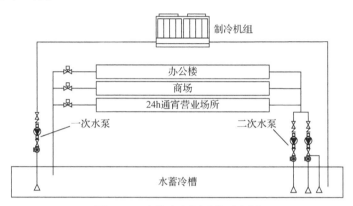

图 6-16　水蓄冷空调系统示意图

水蓄冷系统主要有如下优点。

(1) 可以使用常规的冷水机组，也可以使用吸收式制冷机组。常规的主机、泵、空调箱、 配管等均能使用，设备的选择性和可用性范围广。

(2) 适用于常规供冷系统的扩容和改造，可以在不增加制冷机组容量的条件下达到增加 供冷容量的目的。用于旧系统改造也十分方便，只需要增设蓄冷槽，原有的设备仍然可用， 增加费用不多。

(3) 蓄冷、放冷运行时冷媒水温度相近，冷水机组在这两种运行工况下均能维持额定容 量和效率。

(4) 可以利用消防水池、原有蓄水设施或建筑物地下室等作为蓄冷槽，以降低初投资。

(5) 利用电力的低谷时段进行制冷，并将冷量储存在水中；在高峰时段释放冷量，减少 高峰电力消耗，节省能源。利用峰谷电价差，在电价较低的时段储冷，可以显著降低整体 电费支出。

(6) 可以根据实际冷负荷需求灵活调节冷量输出，适应不同季节和使用情况的变化。

(7) 通过平衡高峰和低谷的冷量需求，可以减少设备的装机容量，降低初期投资成本。

(8) 通过减少高峰期的电力需求，减轻电网压力，减少碳排放，有利于环境保护。

水蓄冷系统也存在一些不足之处。

(1) 水蓄冷密度低，需要较大的储存空间，其使用受到空间条件的限制。

(2) 水蓄冷系统相较于传统制冷系统更为复杂，需要更专业的设计和施工，同时也对操 作和维护人员的技术水平提出了更高的要求。

(3) 安装水蓄冷系统需要建设蓄冷水池或储罐，以及相应的管道和控制系统，初期投资 成本较高。

(4) 在冷量储存和传输过程中，可能会有一定的能量损失，需要进行精细的设计和增加保温措施。

(5) 需要定期对储水系统进行处理，确保水质达标，以防止管道和设备腐蚀、结垢等问题。

6.3.2　水蓄冷系统的设计及实施

1. 蓄冷槽的蓄冷量与体积确定

蓄冷槽的实际可用蓄冷量必须满足系统对蓄冷量的需求。系统需要的蓄冷量取决于设计日内逐时空调负荷的分布情况和系统的蓄冷模式。各种蓄冷系统的蓄冷模式可以归纳为全部蓄冷模式和部分蓄冷模式两类。全部蓄冷模式是指设计日非电力谷段的总冷负荷全部由蓄冷装置供应；部分蓄冷模式是指设计日非电力谷段总冷负荷的一部分由蓄冷装置供应，其余冷负荷由制冷机供应。一般情况下，蓄冷系统采用部分蓄冷模式。

在确定蓄冷槽体积之前，需要计算出设计日内的逐时空调负荷，然后根据蓄冷模式确定系统需要的蓄冷量，即蓄冷槽的可用蓄冷量。对于具有一定体积的蓄冷槽而言，蓄冷槽实际可用蓄冷量可表示为

$$Q_s = \rho c_p \Delta T V \varepsilon \alpha \tag{6-1}$$

式中，Q_s 为蓄冷槽实际可用蓄冷量，kJ；ρ 为蓄冷水密度，kg/m^3；c_p 为水的比定压热容，$kJ/(kg \cdot ℃)$；ΔT 为释冷时回水温度与蓄冷时进水温度之间的温差，℃，可取 8~10℃；ε 为蓄冷槽的完善度，考虑混合和斜温层等的影响，一般取 85%~90%；α 为蓄冷槽的体积利用率，考虑散流器布置和蓄冷槽内其他不可用空间等的影响，一般取 95%。

根据式(6-1)，蓄冷槽的体积 V 可由式(6-2)确定：

$$V = \frac{Q_s}{\rho c_p \Delta T \varepsilon \alpha} \tag{6-2}$$

在设计蓄冷槽时，应确保槽内水位与槽顶之间留有足够空间，特别是在地震频发区域，需要预留更大的空间以容纳由地震引起的水面波动。

2. 水蓄冷槽的结构设计

鉴于自然分层蓄冷技术应用比较广泛，这里只阐述自然分层水蓄冷槽的结构设计方法。水蓄冷槽应具有一定的结构强度以及防水和防腐性能，并具有良好的保温效果。设计蓄冷槽时考虑的因素主要有形状、安装位置、材料与结构以及防水保温等。

1) 水蓄冷槽的形状

水蓄冷槽外表面积与容积之比越小，冷损失越小。在同样的容积下，圆柱体蓄冷槽外表面积与容积之比小于长方体或立方体蓄冷槽，在自然分层蓄冷系统中应用最多的是圆柱体蓄冷槽。此类蓄冷槽的高度与直径之比(高径比)增加，会降低斜温层体积在蓄冷槽中的比例，有利于温度分层并提高蓄冷效率；但在容积相同的情况下，会提高一次投资。另外，提高高径比限制了散流器的长度，给散流器的设计增加了一定的难度。高径比一般通过技术经济比较来确定，据有关文献介绍，钢筋混凝土贮槽的高径比采用 0.25~0.5，其高度最

小为 7m，最大一般不高于 14m。地面以上的钢贮槽高径比采用 0.5～1.2，其高度宜为 12～27m。其他形状的蓄冷槽也可用于自然分层，但必须采取措施防止进口水流的垂直运动。球形蓄冷槽的外表面积与容积之比最小，但分层效果不佳，实际应用较少。立方体和长方体的蓄冷槽可以与建筑物一体化，虽然热损失较大，但可以节省一个单独的蓄冷槽(如可利用现有的消防水池做蓄冷槽)，以节省基建投资。

2) 水蓄冷槽的安装位置

由于水蓄冷采用的是显热贮存，蓄冷槽的体积较冰蓄冷槽的体积要大，因此安装位置是蓄冷槽设计时要考虑的主要因素。若蓄冷槽体积较大而空间有限，则可在地下或半地下布置蓄冷槽。对于新建项目，蓄冷槽应与建筑物组合成一体以降低初投资，这比新建一个蓄冷槽要合算，还应综合考虑兼作消防水池功能的用途。蓄冷槽应布置在冷水机组附近，靠近制冷机及冷水泵。这样在减少系统冷损失的同时降低了冷水管道输送距离，从而减少了能耗及费用。循环冷水泵应布置在蓄冷槽水位以下的位置，以保证泵的吸入压力。

3) 水蓄冷槽的材料与结构

在蓄冷槽的建设中，常用的材料有网板焊接、预制混凝土和现浇混凝土。网板焊接的钢槽具有良好导热性能，会影响蓄冷效率，对于体积较小的蓄冷槽这种影响较明显。网板焊接的蓄冷槽具有很好的机械强度，能承受较大的结构压力和冲击，适用于需要高强度和耐久性的蓄冷槽，特别是在化工或重工业应用中。预制混凝土蓄冷槽是在工厂中预先制造好的混凝土构件，现场安装时将这些构件组装起来。这种方法的优点在于质量容易控制、施工速度快、现场工作量减少。预制混凝土具有良好的耐久性和抗渗性，特别适用于地下或半地下的蓄冷槽构建，可以有效防止地下水渗入和化学腐蚀。现浇混凝土是在施工现场直接浇筑的混凝土，允许根据现场的具体条件调整槽体的尺寸和形状，具有极高的灵活性和适应性，可以制作出各种形状和大小的蓄冷槽，尤其适合于大型或不规则形状的蓄冷系统。水泥槽的绝热性能较好，地下布置时热损失不会很大，但其绝热性能同时会造成斜温层品质的下降。用于水蓄冷的塑料槽，必须满足结构强度、水密性、抗腐蚀性等方面的要求，如聚乙烯、预制模压槽、玻璃纤维槽等。选择蓄冷槽材料时应考虑的因素有初投资、泄漏的可能性、地下布置的可能性和现场的特定条件，设计时应合理地选用蓄冷槽的结构和本体材料，尽可能避免或减少槽体内因结构梁、柱形成的冷桥。

4) 蓄冷槽的防水保温

实施蓄冷槽的保温措施是提升其储存能力的关键。在设计过程中，须特别注意槽底和槽壁的隔热处理。保温不仅有助于降低冷量损失、防止蓄冷槽表面出现结露，还可避免出温差引起的结构应力，防止蓄冷槽损坏。此外，由于保温材料在潮湿环境下性能可能下降，因此在其外层添加防水或防潮层既能防止水分渗透，也能保护保温材料不受环境因素的侵蚀。保温材料应具有防水、阻燃、不污染水质、与混凝土防水材料结合性能强、耐槽内水温及水压且施工安全、耐用及易维修等特点。一般采用聚苯乙烯发泡体、无定形聚氨酯制品，其性能见表 6-3。防水材料要具有好的防水、防潮性能，对混凝土、保温材料的黏结性能要好，承受水温及水压的能力强，其膨胀系数应与保温材料相同，对水质无污染，施工方便、耐用、易维护。通常采用的防水材料有灰浆加有机系列防水剂(树脂)、沥青橡胶系列涂膜防水材料、环氧合成高分子系列板形防水材料。常用的保温和防水材料的组合形式包括成形保温材料(聚苯乙烯发泡体)和灰浆防水材料、成形保温材料和板形防水材料以及现场发泡保温材料(硬质聚氨酯发泡体)和防水表面涂层(环氧树脂型防水)。

表 6-3　常用保温材料性能

项目	聚苯乙烯发泡体	无定形聚氨酯制品
材质	发泡有机材料	发泡有机材料
生产方法	工厂成型	现场发泡
密度/(kg/m³)	32	30～35
热导率/[kcal/(m·h·℃)]	0.032	0.016
抗压强度/(kgf/cm²)	2.5	1.5
抗弯强度/(kgf/cm²)	5.0	4.0
抗拉强度/(kgf/cm²)	5.0	2.5
吸水率(体积分数)/%	0.5 以下	1.0 以下
透湿率/[g/(m²·h·mmHg)]	0.056	1.0
燃烧性	自熄熔融	自熄碳化
自黏性	无	有
溶解性	可溶于溶剂	不溶于溶剂
最高使用温度/℃	70	65～120
膨胀系数/[cm/(cm·℃)]	$7.0×10^{-5}$	$5.4×10^{-5}$
发泡剂	石油	氟利昂
施工方法	黏接或机械固定	现场发泡，自黏

注：1cal = 4.184J；1kgf = 9.80665N；1mmHg = 133.322Pa。

3. 水蓄冷槽散流器设计

在自然分层蓄冷系统中，散流器的作用是引导水以重力流的方式平稳缓慢地流入蓄冷槽，减小水流对槽内储存水的扰动，形成一个冷温水混合程度最小的斜温层，并维持斜温层的稳定，减少因冷温水混合而引起的冷量损失。因此，散流器的设计至关重要，直接影响蓄冷槽的蓄冷效率和系统整体性能。

1) 散流器水力学特性

在 0～20℃范围内，水的密度差不大，形成的斜温层不太稳定，因此要求通过散流器的进出口水流流速足够小，以免造成对斜温层的扰动破坏。这就需要确定恰当的弗劳德数 (Fr) 和散流器进口高度，确定合理的雷诺数(Re)。弗劳德数是表示作用在流体上的惯性力与浮力之比的无量纲数，反映了进口水流形成密度流的条件。其表达式为

$$Fr = \frac{Q}{L\sqrt{gh^3(\rho_i - \rho_a)/\rho_a}} \tag{6-3}$$

式中，Fr 为散流器进口的弗劳德数；Q 为通过散流器的最大流量，m^3/s；L 为散流器的有

效长度，m；g 为重力加速度，m/s^2；h 为散流器最小进口高度，m；ρ_i 为进口水的密度，kg/m^3；ρ_a 为周围水的密度，kg/m^3。

研究表明，当 $Fr \leqslant 1$ 时，进口水流的浮力大于惯性力，可很好地形成重力流，进入槽内的流体以很低的流速平稳地到达蓄冷槽底部；当 $1 < Fr < 2$ 时，也能形成重力流；当 $Fr \geqslant 2$ 时，惯性流占主导，惯性力作用增大会产生明显的混合现象，并且 Fr 的微小增加会造成混合作用的显著增强。一般要求 $Fr < 2$，通常设计时取 $Fr = 1$。

若已知空调冷水循环流量和散流器的长度，通过计算 Fr 可以确定散流器所需的进口高度。散流器进口高度定义为当水以重力流从下部散流器的孔眼流出时，孔眼与蓄冷槽底的垂直距离。对于上部散流器，进口高度应为开孔与蓄冷槽液面的垂直距离。

当蓄冷槽中的水温度(或密度)差异上下混合时，可能会导致斜温层受损，这通常是因为进口散流器的单位长度流量过高造成的。其流体特性用雷诺数表示，物理意义为流体的惯性力与黏滞力的比值。散流器进口 Re 的表达式为

$$Re = \frac{Q}{Lv} \tag{6-4}$$

式中，Re 为散流器进口的雷诺数；v 为通过散流器进口的水的运动黏度，m^2/s。

在设计散流器时，应确保雷诺数保持较低值。过高的 Re 会导致惯性流动增加，从而加剧冷水和温水的混合，导致蓄冷槽所需的容量增大。一般来说，进口 Re 取 240～800 时，可以获得理想的分层效果。对于高度小或带倾斜侧壁的蓄冷槽，Re 下限值通常取 200；对于高度大于 5m 的蓄冷槽，Re 一般取 400～850；对于高度大于 12m 的蓄冷槽，Re 可放宽至 2000 左右。对于确定的蓄冷所需循环水量，可以通过调整散流器的有效长度来得到所需的 Re。

2) 散流器的结构形式

在自然分层水蓄冷槽中，常用的散流器形式主要有水平缝口型散流器、圆盘辐射型散流器、H 形散流器和八边形散流器。水平缝口型散流器的缝口设计为尺寸一致的线型或多孔型，保证水流的均匀分布，缝口的布局和数量根据蓄冷槽的大小和设计要求进行调整，内部设有导流片，可以引导水流方向，减少水流的湍流，促进水的层流状态。水平缝口型散流器依赖于水的密度差异和导流片的设计，以实现水的自然分层，从而提高系统的蓄冷效率和稳定性，主要用在长方体蓄冷槽中。

圆盘辐射型散流器由两个距离相近的圆盘平行安装在蓄冷槽的底部或顶部，自分配管进入盘间的水，通过两盘之间的间隙，呈水平径向辐射状进入蓄冷槽，水在蓄冷槽中得到均匀分配。图 6-17(a)所示为圆盘辐射型散流器的结构，其主要用在圆柱形蓄冷槽中。圆盘辐射型散流器的有效长度等于圆盘的周长，圆盘的面积一般不应大于水槽底面面积的 50%。对于圆盘辐射型散流器而言，确保出口流速均衡的关键在于水流在离开水管进入散流器时形成轴对称的流动模式。为此，进入散流器之前的竖直管道需要有足够的长度，通常应为管道直径的 10～20 倍。此外，也可以通过在管道内设置各种稳流装置来达到同样的效果。圆盘辐射型散流器的水流方向是径向向外离开圆盘，在相同条件下，这通常会导致散流器的雷诺数较高。增加散流器的数量可以有效降低每个散流器的流量，从而降低雷诺数，改善流动特性，减少湍流现象。

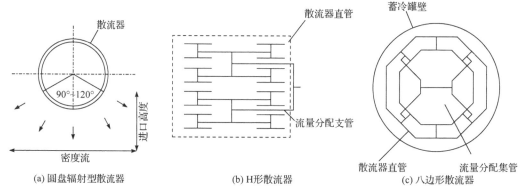

(a) 圆盘辐射型散流器　　　　(b) H形散流器　　　　(c) 八边形散流器

图 6-17　圆盘辐射型散流器、H 形散流器、八边形散流器结构示意图

　　H 形散流器由水平和垂直管道组成，形成 H 形结构。冷水和热水通过独立的管道分别进入 H 形散流器的不同分支，均匀地散布到蓄冷槽的各个区域。图 6-17(b)为 H 形散流器结构示意图，该散流器适用于长方体或立方体的水蓄冷槽。由于沿程阻力的作用以及水不断从管中流入槽内，压头逐渐减小，出流速度也随之降低。为了平衡流速，可以通过增加散流器分支和适当缩短单个散流器的长度等方法来减少其对出口流速的影响。此外，可以安装分流管，均匀分配流量到各散流器分支管，同时应尽量避免在散流器的进口处发生管径变化，以保证流速的稳定性和均匀性。

　　八边形散流器由八个分支管道组成，每个分支管道均匀分布在一个八边形框架内，一般在水平面上呈 1~3 圈同心环状布置，各环所分割的区域面积相等，冷水和热水分别通过不同的管道进入散流器，并通过这些分支管道均匀分布到蓄冷槽的各个区域。下部散流器在管的下部开口，上部散流器在上部开口。当散流器朝径向的内外两侧均有出口时，有效长度为实际长度的两倍。图 6-17(c)为八边形散流器结构示意图，其主要适用于圆柱形蓄冷槽。

　　3) 散流器布置

　　冷温水散流器的设置及与之相连的干支管均应采用对称自平衡的布置方式，以保证在各种负荷情况下，散流器接管上任意点的压力恒等，不引起干支管水流的偏流，从而确保散流器单位长度的水流量均衡，排出水流速均匀，处于重力流状态，避免引起槽内水平方向的混合扰动。由于自然分层水蓄冷槽在下部散流器与槽底之间、上部散流器与水面之间容易形成死水域，减少槽的有效蓄冷容积，设计时要注意散流器的开口方向，减小进水对槽中水的扰动。

　　4) 散流器的开口设计

　　散流器孔口形状有条缝形和圆孔形，开口角度一般为 90°~120°。散流器孔口设计须注意开口方向和出流均匀性。散流器开口方向应使进入槽内的流体朝邻近的槽底或稍高的水表面流出，然后水平地与相邻孔口的水流融合在一起，避免有向上的动量传递给下部散流器处的流体，或者向下的动量传递给上部散流器处的流体。沿着散流器长度方向上出水的均匀性对形成重力流是十分重要的。散流器孔口的流量不均匀会导致产生涡流、干扰和恶化斜温层。均匀的出流速度要求整个散流器管内的静压保持均衡。

　　散流器的孔口尺寸与间距应该使单位长度的水流接近于均匀，水流离开孔口后在很短的距离内与周围流体融合。孔口截面积应小于接管截面积的一半，孔口间的距离应小于孔口高度的 2 倍。为了减小孔口处的动压与动量，保持散流器内静压均匀，配水管的设计流速应使散流器孔口前水流速小于 0.3m/s。限制通过孔口的流速，孔口的最大出流速度一般控制在 0.3～0.6m/s。孔中心间距应小于 2 倍的开孔高度，以确保孔间水的混合可能性降到最低限度。

6.3.3　水蓄冷技术的应用

1. 某机场能源中心水蓄冷系统

某机场空调使用面积为 30 万 m^2，每年空调使用时间是 330 天，其尖峰负荷为 20305kW。采用水蓄冷系统的机场空调，主要在夜间较低的电费时段进行冷能储存，然后在白天的高峰时段利用储存的冷量来供应空调需求。这种方法不仅有助于降低电力成本，还可以减轻空调主机在白天的运行负担，从而降低噪声污染。这样的策略优化了能源使用效率，同时也提升了环境舒适度。

机场能源中心冷源采用了温度自然分层式水蓄冷系统，利用水在温度大于 4℃时，随温度升高，水的密度减小；在温度为 0～4℃时，随温度升高，水的密度增大，在 3.98℃时水的密度最大。在温度自然分层式水蓄冷系统中，温度为 4～6℃的冷水聚集在蓄冷罐的下部，10～18℃的温水自然聚集在蓄冷罐的上部，实现冷温水的自然分层。蓄冷温度为 5℃，航站楼空调冷水供、回水温度按 5.5～14.0℃设计。水蓄冷系统的设计日最大负荷为 907125kW·h，逐时最大负荷为 62500kW·h。系统配置电力驱动冷水机组 6 台，单台机组制冷量为 7.034MW，总制冷量为 42.204MW；蓄冷罐有效总容积为 55200m^3，由四个 13800m^3 的水罐组成。

在电力需求较低的夜间时段，冷水机组启动并运行，将生产的冷水储存在蓄冷罐中。由于夜间电价较低，这一过程显著降低了制冷成本。在白天电力需求高峰时段，冷水机组部分甚至完全停止运行，系统则通过释放储存在蓄冷罐中的冷水来满足空调需求。据统计，系统投入使用后每年节约的电量约为 500 万 kW·h，相当于减少了约 4000t 标准煤的使用，节约了 20%～30% 的电力成本。由于减少了高峰时段的用电量，系统每年为机场节省的电费达数百万元。同时，由于系统在夜间运行，冷水机组的效率更高，延长了设备的使用寿命，减少了维护成本。水蓄冷系统的应用减少了对电网的压力，平滑了电力需求曲线，减少了二氧化碳排放量，年减排量约为 10000t，对环境保护起到了积极作用。

2. 某汽车公司车间水蓄冷系统

某汽车公司为减少涂装车间、总装车间、冲焊联合厂房以及全厂空调用冷费用，选用了水蓄冷系统，利用电网的峰谷电价差，采用夜间冷水机组配合蓄冷罐蓄冷，白天蓄冷罐放冷而主机避峰运行的节能方式。采用水蓄冷具有投资小、运行可靠、制冷效果好、经济效益明显的特点。项目提供一个 14000m^3 开式蓄冷罐(图 6-18)，罐体直径为 30m，设备液位高度为 20m，总高度约为 23m；蓄冷罐的蓄冷水温差为 8℃(6～14℃)，总蓄冷量约为 130000kW·h。夏季夜间采用 2 台 9500kW 离心式冷水机组为蓄冷罐蓄冷，白天高峰时段停止冷机运行，采用蓄冷罐直接供冷，蓄冷罐液位比厂区内最高液位点高，因此无须加入板式换热器，直接向厂区内提供冷量。蓄冷罐在夜间积累冷水，这些低温水不仅供应涂装车间、总装车间和冲焊联合厂房的空调需求，还能覆盖全厂的冷却需求。在春秋两季冷却需求较低时，蓄冷罐中的冷水能够满足不仅是高峰时段，还包括非高峰时段的冷量需求。

图 6-18　某汽车公司用开式蓄冷罐

项目建设蓄冷罐后，厂区内面对突然停电等情况，利用存储的冷量持续供冷，满足连续供冷需求，提供高品位冷源，保障工业用冷安全。配置蓄冷罐的同时，有效地解决主机前期负荷不高时的喘振问题，保障主机始终处于高效率运行，提高系统 COP。通过蓄冷调峰，减少了系统在尖峰用冷时期的需求，减少了尖峰机组投入，降低了设备装机容量和配套变配电投资，解决了制能与用能时间和规模不匹配的问题。最主要是通过移峰填谷，节省运行电费达 20%～70%。

3. 某大学校园水蓄冷系统

某大学校园总建筑面积超过 3000 亩(1 亩 ≈ 666.7m²)，校园的空调需求非常大，因此学校采用水蓄冷系统降低高峰时段的电力消耗和电费。图 6-19 展示了该大学具有大型保温水罐和管道的水蓄冷系统工业规模设施。该系统总制冷容量约为 14000RT(约 49MW)，两个蓄冷罐，每个罐体积为 7000m³，总蓄冷量为 14000m³。有 7 台高效离心式冷水机组，每台机组的制冷容量为 2000RT。系统顶部和底部均采用高效散流器，确保冷水和热水在蓄冷罐内的均匀分层，减少了热混合，提高了蓄冷和释冷的效率；采用不锈钢材料制造，具有良好的耐腐蚀性和机械强度。蓄冷罐采用耐腐蚀的混凝土结构，内壁涂有防水防腐涂层，以确保长期使用。管道系统采用高效绝热材料，减少冷量损失。先进的楼宇自控系统(BAS)

图 6-19　某大学水蓄冷系统示意图

和优化算法确保了系统的高效运行和动态调整，提高了系统的整体能效。基于预测的冷负荷需求和电价变化，动态优化冷水机组的运行和蓄冷/释冷过程。通过利用夜间低谷电力生产冷量，每年节约电量约为 6000000kW·h，减少了约 4800t 标准煤的使用。每年节省电费约为 500 万美元，系统投资回收期约为 5 年。通过平滑电力需求曲线，减少了电力高峰负荷，对电网的稳定运行也起到了积极作用。系统每年减少二氧化碳排放量约为 15000t。

6.4　冰　蓄　冷

6.4.1　冰蓄冷技术概述

1. 冰蓄冷技术的发展历程

冰蓄冷技术的起源可以追溯到 20 世纪初，最早是由美国提出并开发应用的，其应用场所为宾馆、酒店和商店等。随着时间的推移，该技术也逐渐应用于更多的领域，如商业建筑、教育机构、医疗中心等。直至 20 世纪 80 年代，冰蓄冷技术的节能优势在全球范围内得到普遍重视并推广应用。1989 年，美国、日本、加拿大等国开始从事冰球蓄冷研发。在 20 世纪 90 年代，中国开始引进冰蓄冷技术，并将其应用于影剧院、乳品加工厂等场所，但由于电力消耗过大、成本过高，该技术的发展曾一度停滞。直到能源危机爆发后，冰蓄冷技术在国内才得到了突飞猛进的发展。

在 1998 年，国务院颁布的有关文件中指出，为缓解高峰用电对电网安全稳定运行的压力，保证经济发展和人民生活水平提高对电网的需要，要加大推行峰谷、丰枯电价的力度，鼓励用户采用节电技术措施，鼓励用户多用低谷电，加快推广蓄冷空调等移峰填谷的技术措施。然而，中央空调和其他类空调作为用电大户，率先受到了峰谷分时电价政策的影响。城市中的商场、宾馆、大楼等普遍采用空调设备，且居民空调数量日益增多，使集中空调和居民空调的耗电量占整个城市用电比例上升，电力负荷峰谷差进一步加大。因此，作为一项移峰填谷的重要措施，冰蓄冷技术备受关注。21 世纪以后，我国更大范围地普及并应用了冰蓄冷技术，国内众多知名建筑亦广泛采用了这项技术。此外，随着本土企业冰蓄冷技术自主研发实力的增强，中国已逐渐在全球市场上具备了竞争优势。

2. 冰蓄冷技术简介

冰蓄冷是利用水的相变潜热进行冷量贮存的一种方式。由于冰蓄冷同时利用水的显热和潜热进行蓄冷，则利用较小的槽容量即可获得较大的蓄冷量，提高了系统经济性。冰蓄冷技术通过在夜间低谷电价时段制冷制冰，然后在白天高峰电价时段融冰供冷，以冷量贮存的方式实现电力需求的移峰填谷，优化电力资源的使用。

在水的冰点温度 0℃条件下，水由液态变为固态(冰)，需要从外界获取冷量；当冰由固态融化成液态水时，则需要从外界吸取热量。为了使水结冰，制冷机必须提供−9～−3℃的低温介质，该低温介质有两类：一类是制冷剂直接蒸发制冰，如氨、氟利昂等；另一类是用作二类冷剂的载冷剂，如乙二醇水溶液及卤水(其他含盐类抗冻性的水溶液)。

6.4.2 冰蓄冷系统的分类及特点

冰蓄冷系统是一种利用制冷机在夜间低谷负荷电力制冰并储存在蓄冰装置中，白天融冰将所储存冷量释放出来的系统，主要用于转移电网高峰电力需求、平衡电力供应、提高电能的有效利用。冰蓄冷系统主要由制冷机组、蓄冷装置、供冷系统等组成。

1. 蓄冰模式

根据提供的冷量不同，冰蓄冷系统的蓄冰模式可分为全量蓄冰、分量蓄冰两种。

1) 全量蓄冰

全量蓄冰即全负荷蓄冰，制冷机组只负责在夜间电网低谷期制冰蓄冷，空调所需的所有负荷全部由冰的融化来提供。其策略是将用电高峰期的冷负荷全部转移到用电低谷期，将全天所需冷量均由用电低谷期蓄存的冷量供给。该蓄冰模式下的蓄冰装置和制冷机组的装设容量是最大的，其初投资也最大，但相应的电费等运行费用最节省。

2) 分量蓄冰

分量蓄冰即部分负荷蓄冰，蓄冰装置只承担设计周期内的部分空调冷负荷，制冷机组在夜间低谷期制取部分冷量，以冰的形式储存供冷周期内空调冷负荷所需的部分冷负荷量。白天空调冷负荷的一部分由蓄冰装置承担，另一部分则由制冷机组直接提供。

由于全量蓄冰投资高、装置占地面积大，则除冷量需求峰值大且用冷时间较短的建筑外，一般不宜采用全量蓄冰。相对于全量蓄冰模式，分量蓄冰模式的制冷机组和蓄冰装置的容量可减少近一半，具有较少的初期投资和较短的投资回收期。然而，由于分量蓄冰模式中制冷机组日夜运行，其运行电费比全量蓄冰模式高，因此在空调负荷需求量锐减的季节，通常使用全负荷蓄冰模式，以减少运行电费。

2. 冰蓄冷系统分类

根据制冷方式的不同，冰蓄冷系统可分为静态制冰系统(static ice system)和动态制冰系统(dynamic ice system)。

1) 静态制冰系统

静态制冰：冰的制备和融化在同一位置进行，蓄冰装置与制冰部件合为一体。静态制冰主要有冰盘管式和封装式两种形式，其中冰盘管式包括盘管外融冰和盘管内融冰形式，封装式蓄冰系统又可分为冰球式、冰板式等形式。

(1) 冰盘管式。

根据制冷剂是否与蓄冰装置中水直接换热，静态冰盘管式蓄冰系统可分为直接蒸发式和载冷剂间接式两种，如图 6-20 所示。

直接蒸发式蓄冰系统是指制冷剂在蓄冰盘管中循环流动，制冷剂管路直接作为换热管蓄冰，瞬时释冷速率高，但同时对管路具有强承压能力和高密封性等要求的系统。该系统的特点在于制冷剂在管内直接蒸发、管外进行制冰，这种设计简化了系统结构，提高了能效，运行成本相对较低，适合家庭、办公室等小型用户。

载冷剂间接式蓄冰系统是指利用载冷剂(通常为乙二醇水溶液)流经蓄冰盘管，从而进行蓄冰和融冰循环的系统。该系统特点在于：在直接制冷不宜应用的位置或者不可运用直接

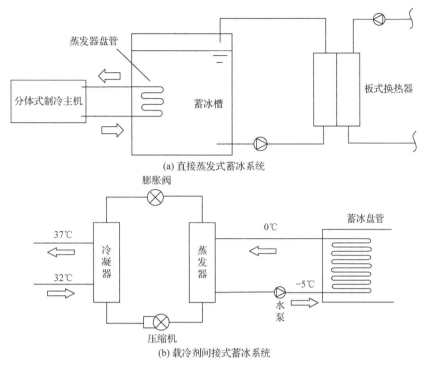

(a) 直接蒸发式蓄冰系统

(b) 载冷剂间接式蓄冰系统

图 6-20　直接蒸发式和载冷剂间接式蓄冰系统

制冷剂的特殊环境中，可用载冷剂来代替直接制冷剂。采用这种系统可以有效减少制冷循环系统制冷剂的充注量和制冷系统管路、阀门接头等处制冷剂的泄漏，有助于节能环保。

此外，根据盘管融冰方式的不同，冰盘管式蓄冷系统又可分为盘管外融冰方式和盘管内融冰方式两种，如图 6-21 所示。

盘管外融冰系统是指在蓄冰过程中，制冷剂直接在盘管内循环，蒸发吸收装置中水的热量，水在盘管上逐渐结冰，冰层沿径向向外增大，并在盘管外表面形成冰层；在融冰过程中，温度较高的空调回水直接送入盘管表面结有冰层的蓄冰装置内，蓄冰槽里的水为动

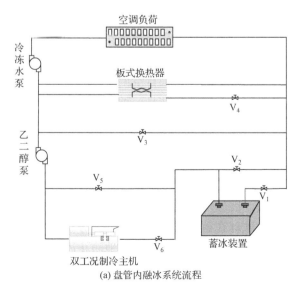

(a) 盘管内融冰系统流程

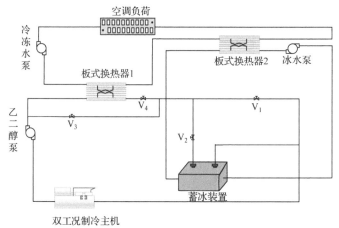

(b) 盘管外融冰系统流程

图 6-21 盘管内融冰和外融冰系统流程

态的，使盘管表面上的冰层自外向内逐渐融化。此外，盘管内制冷剂蒸发温度过低会造成冰层过厚，进而导致制冷系统效率大幅降低。通常情况下，冰层厚度以 40～60mm 为准。为监控蓄冰过程中的冰层厚度，需要在金属盘管外设置结冰厚度传感器，通常采用机械式、电阻式、电板式、水位差式或温度敏感式传感器。当结冰厚度达到最大时，传感器产生控制信号使制冷机组停止运行，结束制冰过程。同时，也可防止冰在相邻管间形成相连的"冰桥"，其将阻断水流通道，进而影响释冷时融冰过程的正常进行。

盘管内融冰系统是指在蓄冰过程中，制冷机组制出的低温制冷剂通过管内进行循环，其外表面形成冰层；在融冰过程中，制冷剂仍在盘管内部流动，通过管壁向外部冰层传递热量，导致冰层从内部开始融化，蓄冰槽里的水为静态的。冰层自内向外融化时，由于在盘管表面与冰层之间形成了薄的水层，其热导率仅为冰的 25% 左右，增大了热阻，从而限制了取冷速度。为了优化这一过程，目前的解决方案倾向于采用更细小的管道和设计较薄的冰层，以减小热阻，提高热交换效率，从而加快冰的融化速度，提升系统的整体性能。

(2) 封装式。

对于封装式蓄冰系统，将水溶液和成核剂作为蓄冷介质，将其封装在球形或板形小容器密封件内，并将许多此种小蓄冷容器密集地放置在一个钢制的压力容器中，形成封装式蓄冰系统的核心蓄冰装置。在蓄冰过程中，低温载冷剂在小容器外流动，使得其中的蓄冷介质冻结，实现制冰；在融冰过程中，将来自空调系统的高温载冷剂通过封装式小蓄冷容器间隙实现融冰释冷。其中，小容器密封件是一种特殊的塑料容器，通常由高密度聚乙烯制成。存放大量密封件的蓄冰槽形状多种多样，包括圆桶形、立置式钢制密封槽和立方体形混凝土槽。为了防止冰在形成过程中因体积膨胀而对密封件外壳造成破坏，通常会在壳体内预留一定的空间，以容纳冰的膨胀。根据不同的应用场景和需求，封装式蓄冰系统目前有三种形式，即冰球式、冰板式和蕊芯冰球式，图 6-22 为冰球式蓄冷罐结构示意图。

以冰球式蓄冰系统为例，冰球均匀地放置在蓄冷罐内，它们的内部大约填充了 90% 的蓄冷介质，即水。为了确保冰球在蓄冷过程中能够均匀分布，罐内设置了水平和垂直的栅栏。这些栅栏不仅起到固定冰球的作用，还能有效地防止冰球在运动过程中相互碰撞，导致分布不均。在蓄冷阶段，载冷剂流体从蓄冷罐的底部进入，通过冰球之间的间隙通道流

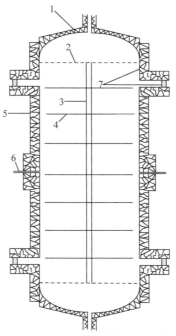

图 6-22　冰球式蓄冷罐结构示意图

1-可拆的上盖；2-均匀格栅；3-垂直栅栏；4-水平栅栏；5-保温层；6-旋转轴；7-热电偶

动。在这个过程中，载冷剂与冰球内的蓄冷介质进行热交换，带走热量，从而实现冷却效果。随着载冷剂的流动，它逐渐被加热并从罐顶流出。在放冷阶段，载冷剂流体的流动方向与蓄冷阶段相反，流体从蓄冷罐的顶部进入，经过冰球的冷却作用后，从罐底流出。这种流动方式有助于将冷却后的载冷剂带回空调系统，继续发挥其冷却作用。

2) 动态制冰系统

动态制冰：冰的制备和储存不在同一位置，制冰机和蓄冰槽相对独立，如制冰滑落式、冰晶式等。

(1) 制冰滑落式。

制冰滑落式冰蓄冷系统主要由蓄冰装置和蒸发器两大部分构成，系统流程如图 6-23 所

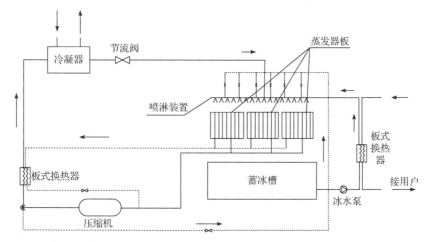

图 6-23　制冰滑落式冰蓄冷系统流程图(实线和虚线分别为制冷主机制冰和融冰过程)

示。其中，蓄冰装置包括一个蓄冰槽，其内部设有多个平行排列的蒸发器板，这些板状结构的设计使得水能够均匀地流过其表面。在蒸发器上方安装有喷淋装置，它们负责将水持续地喷洒在蒸发器板上，形成一层薄冰。随着时间的推移，这些薄冰会逐渐累积，达到预设的厚度。当冰层达到一定厚度后，系统会启动压缩机，将其出口处的高温高压冷媒引入蒸发器板内。这些冷媒通过蒸发器板把热量释放给冰层，冰融化，融化后的冰水会流入下方的蓄冰槽内。蓄冰槽的位置通常设置在制冰主机下方，以便冰块能够直接落下并存储。

(2) 冰晶式。

典型的冰晶式冰蓄冷空调系统流程如图 6-24 所示。水泵从蓄冰晶槽底部将载冷剂溶液抽出送至特制的蒸发器，当载冷剂溶液在管壁上产生冰晶时，搅拌机将冰晶刮下，冷却至冻结点温度以下使载冷剂溶液产生非常细小均匀的冰晶，此类细微冰晶与载冷剂形成泥浆状的物质，称为冰浆。冰浆经泵输送至蓄冰晶槽面储存相变潜热，以满足尖峰负荷的需求，冰晶悬浮于蓄冰晶槽上部，与载冷剂溶液分离。关于冰浆技术及应用的内容详见 6.4.3 节。

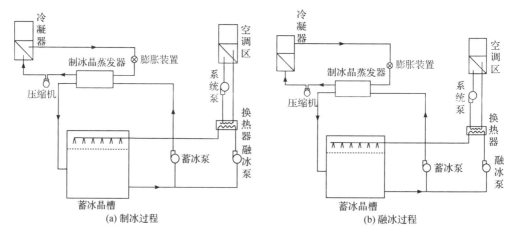

图 6-24　冰晶式冰蓄冷空调系统流程图

3. 冰蓄冷系统流程

根据制冷主机和储冰设备的连接情况，冰蓄冷系统基本上可分为并联流程、串联流程两种形式。针对饭店、宾馆等商业性建筑，夏季夜间仍有空调供冷需求，这便要求夜间蓄冰时间制冷主机产生用于蓄冰的 0℃ 以下载冷剂，其需要经换热器后提供约 7℃ 的空调冷水，这将降低制冷系统的运行效率。在这种情况下，应设有直接供应空调冷水的基载冷水机组，以确保蓄冰时间的空调供冷量。若蓄冰时间的空调供冷量很少，为减少初投资，则可直接利用蓄冰用的低温载冷剂制冷，而不需要设置基载冷水机组。

1) 并联流程

图 6-25 所示为并联冰蓄冷系统流程，该系统由空调冷水系统(介质为水)和乙二醇水溶液系统(图中点画线框内)组成。其中，乙二醇水溶液系统包括冷水机组、蓄冷槽、换热器、泵和阀门等装置。

空调冷水系统有三条供水回路，一路为用于空调供冷的基载冷水机组回路，另一路为经换热器 1 与来自冷水机组低温溶液换热的空调水回路，还有一路则为经换热器 2 与来自

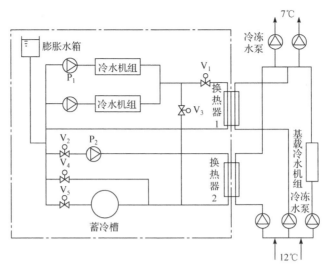

图 6-25　并联冰蓄冷系统流程图

蓄冷槽低温溶液换热的空调水回路。并联冰蓄冷系统可实现蓄冰、冷水机组单独供冷、蓄冷槽单独供冷、冷水机组和蓄冷槽同时供冷四种模式，各种模式运行调节工况见表 6-4。

表 6-4　并联冰蓄冷系统各种模式运行调节工况

工况	V_1	V_2	V_3	V_4	V_5
蓄冰	关	关	开	关	开
冷水机组单独供冷	开	关	关	关	关
蓄冷槽单独供冷	关	开	关	调节	调节
冷水机组与蓄冷槽同时供冷	开	开	关	调节	调节

　　为确保系统供冷性能的稳定性，冰蓄冷系统的运行不仅受到冷机出水参数的影响，还受到冰槽取冷速率的影响。虽然冷机出水参数易于控制，但冰槽的取冷速率往往存在较大的波动。仅凭阀门 V_4 和 V_5 的调节以及泵 P_2 的变频调整，很难同时满足出水温度和所需流量的精确要求，因此在选择冰槽产品时，应优先考虑具有相对稳定取冷速率的产品，并且在运行过程中应避免出现过大的取冷率需求，以提高系统的整体运行控制精度。

　　并联冰蓄冷系统能够兼顾冷水机组和蓄冷装置的容量及能效要求。在实际运行中，冷水机组和蓄冰设备共同承担冷负荷，实现高效节能；单释冷模式下，由于无须额外的能量投入，溶液泵的能耗相对较低。但是，并联冰蓄冷系统的控制逻辑较为复杂，需要精确调节流量以平衡主机和融冰设备的冷量输出，融冰优先策略较难实现。

　　2) 串联流程

　　串联冰蓄冷系统由制冷机、蓄冷槽、板式换热器以及泵、阀门等串联组成，其利用低温的乙二醇溶液通过板式换热器将空调用水冷却。在串联冰蓄冷系统中，将制冷机置于蓄冷槽的上游，此时，制冷机的出水温度相对较高，蓄冷槽的进出水温度则相对较低。这种情况下，制冷机的运行效率较高、能耗较低，但蓄冷槽的融冰温差较小，导致其制冷效率相对较低。反之，当制冷机位于蓄冷槽的下游时，上述参数的变化趋势相反。在一般情况下，通常选择将制冷机布置在蓄冷槽的上游。该系统可以实现蓄冰、制冷机单独供冷、蓄冷槽单独供冷、制冷机与蓄冷槽同时供冷四种模式，各种模式的运行调节工况见表 6-5。

表 6-5　串联冰蓄冷系统各种模式运行调节工况

运行工况	V_1	V_2	V_3	V_4
蓄冰	关	关	开	开
制冷机单独供冷	开	开	关	关
蓄冷槽单独供冷	开	调节	调节	关
制冷机与蓄冷槽同时供冷	开	调节	调节	关

　　根据制冷机与蓄冷槽的前后位置不同，串联冰蓄冷系统又可分为主机上游串联冰蓄冷系统和主机下游串联冰蓄冷系统。

　　(1) 主机上游串联冰蓄冷系统。

　　主机上游串联冰蓄冷系统流程如图 6-26 所示，由双工况制冷机、蓄冷槽、板式换热器、冷冻水泵、冷却水泵、乙二醇泵和各种阀门等组件构成，其中制冷机位于蓄冷槽的上游。该系统可实现制冰、融冰供冷、制冷机供冷、制冷机与融冰同时供冷四种模式，各模式的运行调节工况见表 6-6。采用主机上游串联模式的系统，制冷机出水温度较高，系统运行效率高、电耗少。

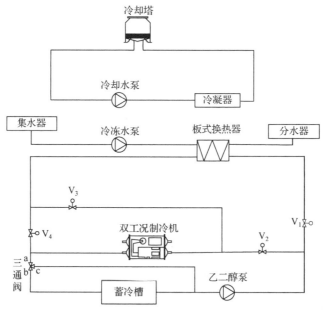

图 6-26　主机上游串联冰蓄冷系统流程图

表 6-6　主机上游串联冰蓄冷系统各模式运行调节工况

运行工况	双工况制冷机	乙二醇泵	V_1	V_2	V_3	V_4	三通阀
制冰	开	开	关	开	关	关	a—b
融冰供冷	关	开	开	关	关	开	调节

续表

运行工况	双工况制冷机	乙二醇泵	V_1	V_2	V_3	V_4	三通阀
制冷机供冷	开	开	开	关	开	关	a—c
制冷机与融冰同时供冷	开	开	开	关	开	关	调节

（2）主机下游串联冰蓄冷系统。

主机下游串联冰蓄冷系统流程如图 6-27 所示，由双工况制冷机、蓄冷槽、板式换热器、乙二醇泵、冷冻水泵、冷却水泵和各种阀门等组件构成，其中制冷机位于蓄冷槽的下游。该系统可实现制冰、融冰供冷、制冷机供冷、制冷机与融冰同时供冷四种模式，各模式的运行调节工况见表 6-7。

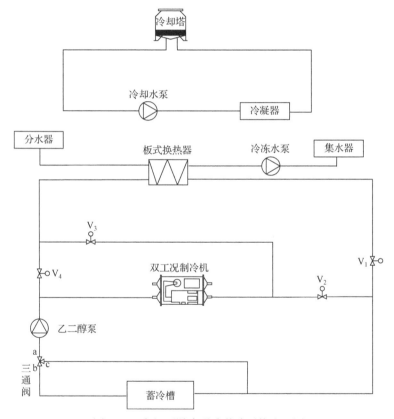

图 6-27　主机下游串联冰蓄冷系统流程图

表 6-7　主机下游串联冰蓄冷系统各模式运行调节工况

运行工况	双工况制冷机	乙二醇泵	V_1	V_2	V_3	V_4	三通阀
制冰	开	开	关	开	关	关	b—a
融冰供冷	关	开	开	关	关	开	调节
制冷机供冷	开	开	开	关	开	关	c—a
制冷机与融冰同时供冷	开	开	开	关	开	关	调节

相较于主机上游串联冰蓄冷系统，主机下游串联冰蓄冷系统的制冷机出水温度较低，此时，制冷机在蒸发温度较低的情况下运行，运行效率相应降低，进而导致制冷机的制冰容量减少。然而，主机下游串联冰蓄冷系统也存在一定的优势，它能够实现稳定控制。

6.4.3　冰蓄冷技术的应用

1. 冰蓄冷技术的应用领域

冰蓄冷系统在多种行业中有着广泛的应用，尤其是在对制冷需求波动较大或者需要在夜间或非高峰时段提供制冷服务的场所。下面是冰蓄冷系统的一些主要应用领域。

(1) 商业建筑。如商场、超市、办公楼等，这些场所在白天人流密集、制冷需求大，在夜晚则相对较低，冰蓄冷系统可在夜间制冰，白天释放冷量，从而实现能源的高效利用。

(2) 工业生产。如制药工业、石油化工企业、食品饮料企业、精密电子仪器业等行业，对温度控制有严格要求，冰蓄冷系统可以维持恒定的生产环境温度。

(3) 冷链物流。如冷藏库、冷冻仓库、冷链运输等，冰蓄冷系统可以在低温时段储存大量冷量，在需要时快速释放，保持货物的新鲜度和质量。

(4) 公共设施。如医院、学校、体育馆等，这些场所需要在特定时间段提供稳定的制冷服务，冰蓄冷系统可以在非高峰时段制冰，高峰时段释放冷量，满足需求。

冰蓄冷系统的优势在于能够充分利用峰谷电价差异，降低运行成本，同时还能减少冷水机组的容量，降低一次性投资。此外，冰蓄冷系统在主机出现故障或系统断电时，可以作为应急冷源，增强系统的可靠性。随着技术的进步和环保意识的提升，冰蓄冷系统的应用范围有望进一步扩大。

2. 冰蓄冷空调与低温送风系统

对于常规空调系统而言，送风温度一般为 10～15℃，这是为了避免冷冻水供水温度过低而导致的制冷机组效率降低的问题。而冰蓄冷空调系统较低的取冷温度(1～3℃)为低温送风提供了可能性。

1) 低温送风的分类

4～6℃为超低温送风：需要特制的送风口，其初投资和运行费用大，主要用于需要进行湿度控制的场合。

7～8℃为低温送风与冰蓄冷技术的结合送风：可获得较好的制冷效果，并且具有良好的经济性，目前应用最为广泛。

9～12℃为常规送风：经济效益不显著，在实际工程中应用不多。

2) 低温送风的特点

(1) 降低了冰蓄冷空调系统的初投资。当低温送风与冰蓄冷空调系统共同使用时，低温送风系统减小了送风量以及风管及其辅助设备的尺寸，从而有效抵偿了蓄冰装置的初投资，提高了整体的经济性。

(2) 减少了风机能耗，降低了空调系统的运行费用。送风量的减小使得系统的耗电量有所降低，从而节省了空调的运行费用。

(3) 降低了层高要求，节省了建筑空间。送风量的减小亦使得风机盘管等设备的尺寸有所减小，从而降低了风管或空气处理设备对建筑层高的要求，节省了建筑空间。

(4) 提高了空调系统的制冷能力，适用于空调改建工程。由于送风温度的降低和送风温差的增大，单位送风量的供冷能力增大，因此用于空调改建的费用下降。

(5) 提高了保温要求。低温送风系统较低的送风温度使得风管的热交换能力和水分凝结能力有所增强。为了防止送风得热和水蒸气凝结等现象的产生，该系统的保温层厚度必然增大。

3) 低温送风系统的构成

低温送风系统主要由蓄冷设备、冷却盘管、风机、风管及低温送风末端装置组成。

(1) 蓄冷设备。

蓄冷设备是决定送风温度的主要因素。通常来讲，在同一供水温度下，不同蓄冷系统在释放冷量时的初始温度是不同的。在释冷过程中，如果蓄冷系统的流量不变，则系统的出水温度会逐渐升高；如果出水温度不变，则系统的流量会逐渐降低。同时，系统内载冷剂的温度亦会因蓄冰类型的变化而发生改变。

(2) 冷却盘管。

低温送风系统中冷却盘管的排数一般为 8～12 排。盘管的选择主要依据其传热性能、迎面风速、风机位置等因素来决定。选型时，应尽量减小冷冻水的流量以降低泵的功率，从而使温升最大化；一般情况下，常规送风系统的温升为 6～8℃，低温送风系统的温升可达 11～16℃。盘管的迎面风速取决于空调处理设备的冷却容量、送风量和盘管尺寸。与常规送风系统不同，低温送风系统的除湿量更大、盘管排数更多，因此其迎面风速更低，一般为 1.8～2.3m/s。风机与盘管之间的相对位置会影响低温送风系统的工作效果。在工程中，通常将风机安置在盘管上游，以便于获得较低的送风温度。

(3) 风机。

低温送风系统中风机选型的方法与常规送风系统选型方法一致。抽出式风机必须按照温升(一般为 1.0～1.7℃)进行计算，而压入式风机无须计算温升。

(4) 风管。

低温送风系统的风管较小，且允许以更灵活的方式确定风管的尺寸。由于低温送风系统减小了送风量，系统可采用的风管尺寸必然减小，从而节省了风管的制作费用，减少了风管所需的建筑空间。为了防止冷量损失和凝露现象的发生，针对风管的保温必不可少。其中，通过防止凝露现象的产生来确定最小保温层厚度，而保温材料的最佳厚度根据经济分析来确定。

(5) 低温送风末端装置。

低温送风系统的送风温度较低、一次送风量较小，但也会产生以下问题：①空气循环量较小、空气流速较低，从而影响空调区域的舒适性；②冷空气易下沉，因此应防止低温空气直接进入工作环境；③由于送风温度明显低于周围空气的露点温度，因此应防止送风装置表面结露现象的发生。

综上所述，现阶段的低温送风系统通常采用以下两种送风方式。

在送风末端加设空气诱导箱或混合箱，使一次送风和部分回风在其中混合至常规送风状态后，再送入空调环境中。

在送风末端加设低温送风专用散流器，使送入空调环境的低温冷风与环境中的空气发生混合，从而达到工作环境的需求。

3. 冰蓄冷技术的工程实例

1) 上海某场馆冰蓄冷空调系统

该建筑的面积约 15 万 m², 夏季所需冷负荷约为 13000kW，冬季所需热负荷约为 9000kW。该场馆的制冷和制热系统均采用江水源热泵+冰蓄冷+水蓄冷技术，以满足不同季节的用冷用热需求。夏季空调系统的冷指标约为 90W/m²，其供回水温度为 6～13℃。系统以 2 台双工况冷水机组和 3 台江水源热泵机组组合运行，单台双工况冷水机组在制冷工况下的制冷量超 2462kW，在制冰工况下的制冷量可达 1583～1758kW；单台江水源热泵机组在制冷工况下的制冷量近 1758kW。蓄冷系统采用水蓄冷技术和冰蓄冷技术混合模式：冰蓄冷装置为 10 台 RUNPAQ 纳米导热复合盘管蓄冰装置，其蓄冷量约为 26376kW；水蓄冷装置为体积近 1000m³ 的消防水池，其蓄冷量可达 6330～7034kW。冰蓄冷系统采用主机上游串联流程，其冷冻水供回水温度为 6～13℃，乙二醇侧供回水温度为 4～12℃。该系统采用江水源热泵作为基载主机，载冷剂采取乙二醇溶液，利用泵送入主机；乙二醇泵的流量介于 450～500m³/h，其扬程超 40m。

2) 北京某大厦冰蓄冷空调系统

该建筑总高接近 550m，总建筑面积约 45 万 m²，夏季所需冷负荷近 40000kW，冬季所需热负荷约为 30000kW。大厦的制冷系统采用电制冷离心机+冰蓄冷系统。制冷主机采用双工况主机，设有 4 台，单台主机在 6～11℃制冷工况下的制冷量可达 5500～6000kW，在−6～−3℃制冰工况下的制冷量可达 3500～4000kW。蓄冰装置采用不完全动结式纳米导热复合盘管，其总蓄冰量超 30000RTH。板式换热器分设高区和低区，并配有乙二醇补水泵和冷冻水补水泵。常用的乙二醇补水泵和冷冻水补水泵的台数分别同主机数量对应，并考虑一台备用。高区板式换热器的一次侧和二次侧的工况分别为 4～11℃ 和 4.5～13℃；低区板式换热器的一次侧和二次侧的工况分别为 4～11℃ 和 4.5～12℃。

6.5　冰浆蓄冷与水合物蓄冷

6.5.1　冰浆的概念

冰浆是一种由水、冰晶粒子以及冰点调节剂(如乙醇、氯化钠、乙二醇等)组成的固液两相混合物，常称为"冰晶"或"冰泥"。如图 6-28 所示，动态冰浆是一种絮状的固液混合溶液，通过低倍显微镜可以看到冰浆中的冰晶粒子呈现球形或盘形悬浮状，直径通常在几十微米到几百微米之间。由于其良好的流动性，冰浆可以通过类似于水泵的冰浆泵进行输送，因此称为"可泵送冰"。冰浆的主要特征在于其含有细小的冰晶，典型尺寸约为 0.2mm。动态冰浆作为一种新型蓄冷介质，具有以下几个特点。

高效蓄冷：动态冰浆是冰晶粒子与水混合形成的固液两相溶液，具有显著的相变潜热和低温显热。当冰晶粒子发生相变时，会释放出大量的潜热(冰的融化潜热约为 335kJ/kg)，从而提高流体的单位体积热容量，使其能快速响应冷负荷的变化。例如，含冰率为 5%～30% 的冰浆，其传热系数为 3kW/(m²·K)，比传统冷冻水高 4～5 倍。

优越的传热特性：冰浆在传热方面由于其独特的相变特性，在相变瞬间释放大量冷量，其在冷储存能量和响应速度方面优于同等条件下的冷水。实验和模拟研究表明，冰浆在蓄冷空调和区域供冷设计中的应用，比普通制冷机组制取的冷水更加高效。

灵活的传输和储存：虽然冰浆是固液两相混合物，但如果固液比例控制合理，其可以像液态水一样在储冰罐内储存或在管道中传输。此外，由于冰浆的蓄冷密度较大，可以减小送、回冰浆管径的尺寸，从而优化泵和换热器的尺寸与选型。

环境友好和经济性：动态冰浆对环境无污染、安全性高，并且可以利用夜间低廉的电力制取，起到移峰填谷和节约电费的作用。通过调整冰浆的含冰率或添加冰点抑制剂，可以满足不同领域的需求。

广泛的应用范围：含冰率为 20%～25% 的冰浆，其流动阻力与水相近，但含冷量远高于同等条件下的冷冻水。当含冰率超过 40% 时，流动阻力增加，呈现黏稠状；达到 65%～75% 时，类似于半融化的冰淇淋；当含冰率达到 100% 时，即全冰粒子，可直接用于各种产品中。

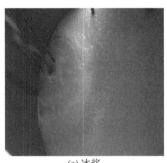 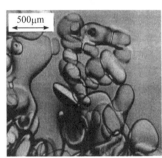

(a) 冰浆　　　　　　　　　　(b) 低倍显微镜下的冰浆

图 6-28　冰浆实物图

6.5.2　冰浆制取方法

冰浆的制取是冰浆技术发展的关键一步，尤其是制取冰晶颗粒较小的动态冰浆。由于制取冰浆的能耗高且稳定性不足，这成为阻碍冰浆广泛应用的主要原因，因此各国都在致力于开发新型、高效、稳定且节能的冰浆制取方法。目前，冰浆的制取方法主要包括传统和新型两大类。传统制取方法有壁面刮削法、过冷水法、流化床法、真空法和直接接触法，新型制取方法则在不断探索和改进中。

1. 壁面刮削法

壁面刮削式动态冰浆制取装置因其结构简单、性能稳定和制造容易，成为目前工业上最广泛采用的制冰方法。该方法能够稳定地生产出平均直径为 200μm 的冰晶粒子，且制冰过程中的含冰率易于控制。

旋转刮片式冰浆制取装置原理如图 6-29 所示。壁面刮削法制取动态冰浆的基本过程如下：制冷剂在套管式换热器的外管流动，含有添加剂的水溶液在内管流动，通过壁面换热实现传热；氯化钠溶液在壁面过冷结晶，形成的结晶体通过安装在管内中央动力轴上的刮片进行刮削，刮削下来的冰晶粒子与溶液混合形成冰浆，最终通过泵输送至储冰罐。传热界面为内侧圆筒壁，制冷剂流通通道位于圆筒壁外侧，制冷剂在内侧流动并降温至冰点以下生成冰晶；这些冰晶被刮片刮成更小的颗粒，与溶液混合形成冰浆，流出冰浆生成器。

图 6-29　旋转刮片式冰浆制取装置原理图

2. 过冷水法

水的过冷处理研究最初用于处理有机废水，后来日本率先在冰浆制取领域进行研究，特别是在理论和实验方面都取得了较大进展。随着冰蓄冷技术在 HVAC 系统中的应用，对冰浆过冷水法的研究也逐渐增多。过冷度的概念非常重要，它指的是物体在发生相变时，实际相变温度比理论相变温度低的那部分温差。纯水的冰点是 0℃，但在某些情况下，如降温过快，水在低于 0℃时仍可能保持液态，甚至在零下几十摄氏度时也不结冰。这种状态下，当水降到某一特定温度时开始形成晶核并结冰，特定温度与 0℃的差值就是纯水的过冷度。传统的过冷水法制冰装置利用物质相变过冷原理，在低于 0℃时使纯水保持液态，通过外部条件触发形成冰浆溶液。

过冷水法制取冰浆的关键设备是过冷却器，它是一种特殊设计的换热器，用来降低水的温度，使其达到最大过冷度。为了确保系统稳定运行，必须确保过冷却器中流动的水不结冰。为此，需要满足几个条件：过冷却器中与水接触的表面温度应高于实际不结冰温度；在过冷却器之前应完全消除水中携带的冰晶，一般通过设置冰晶过滤器或加入加热结构完成；在冰槽中应完全消除水的过冷状态。使用氟塑料处理过冷却器可以显著预防冰堵现象，或采用多个过冷却器进行切换，当一个过冷却器发生冰堵时切换到另一个，以确保系统循环畅通，实现连续制取冰浆。水在过冷却器出口获得较大过冷度时，通过特定装置或方法迅速消除过冷状态，形成冰晶。常见的过冷解除装置包括挡板和容器壁。通过水流冲击或在副流水中加入冰晶粒子作为成核剂，可以诱导过冷水迅速冻结，这些方法在实际应用中效果较好，但冰浆制取仍面临结冰随机性和冰堵问题。解决这些问题的关键在于对过冷现象和过程的精准控制。冲击和撞击装置扰动水流使其形成晶核，但控制难度较大。

3. 流化床法

冰浆的制取和应用过程中，流化床法展现了其显著优势。最初，冰浆作为一种流化态

存在，并用于冰浆生成器。荷兰大学在工业用
流化床换热器的基础上，设计了一种流化床法
制取冰浆的装置，如图 6-30 所示。在这种装置
中，水在发生器的竖直管道内从下往上流动，
制冷剂则在管道外部从上往下流动，与水形成
逆流换热。与传统的壁面刮削式不同，流化床
式冰浆生成器在管道内分布了许多直径为 1～
5mm 的钢珠和玻璃颗粒，这些颗粒在水流动过
程中不断撞击管壁，破坏冰层，防止冰晶黏附
在管壁上，从而提高换热效率。制成的冰水混
合物从发生器上部流出，经过冰水分离器的处
理，形成高浓度的冰浆，并储存在蓄冰罐内或

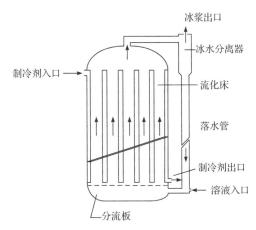

图 6-30　流化床法制取冰浆的装置图

运送到用户终端。剩余的水通过回水管路返回发生器，与其他溶液混合后重复上述过程。
尽管流化床制冰装置的制作相对复杂且需要精确控制水温和流速，以防止换热管发生冰堵，
但其优点在于传热速率高、设计简单且成本低廉。流化床法在防止换热器表面结冰的同时，
提高了整体换热效率，这使其成为冰浆技术中一种重要的制取方法。通过这种方法制得的
冰浆，不仅可以有效清洁换热器表面，还能显著提升冷却效果，具有广泛的应用前景。

4. 真空法

真空法制取冰浆是基于三相点原理进行操作的，制取装置如图 6-31 所示。其实验装置
包括真空罐、供水装置、水蒸气吸收装置和喷
嘴。制取过程通过固液相变原理实现，水依靠
重力自上而下流入真空罐底部，经过喷嘴喷出
的液体与罐体温度进行充分换热，液滴吸热降
温，最终在罐底转化为细小的冰晶颗粒，形成
冰浆。水蒸气吸收装置通过抽取真空罐内的水
蒸气，保持罐内真空环境；喷嘴则使水以喷雾
状态进入真空罐，以利于换热。影响真空法效
率的主要因素有四个：第一，液滴直径越小、
比表面积越大、闪蒸面积越大，冰晶形成时间
越短；第二，液滴初温越高、闪蒸越剧烈，液
滴降温速度越快；第三，真空罐初压力越低、对应的饱和温度越低、蒸发潜热越大，冰晶
形成时间越短且含冰率越高；第四，水蒸气吸收装置中加入有效吸附剂能提高制取速度，
吸附剂吸收大量水蒸气，保持低压环境并降低水蒸气分压力，有利于液滴蒸发，但在真空
罐初压力较低时吸附剂作用有限。真空法的优点包括：使用无毒无污染且不可燃烧的水作
为制冷剂，换热效果好、热效率高；设备结构简单、操作便捷，仅须控制供水压力和罐内
真空度；喷嘴喷雾形成的冰晶颗粒较小，利于应用。然而，真空法也有缺点。例如，真空
罐需要高气密性和强度，设备成本高；受喷雾量影响，冰浆产量较低；喷嘴容易结冰，产
生冰堵问题。

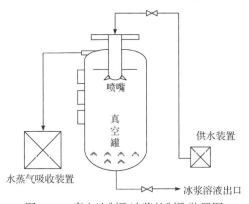

图 6-31　真空法制取冰浆的制取装置图

5. 直接接触法

直接接触法制取冰浆是一种利用不溶于水的低温冷媒通过特制喷嘴喷入冰浆发生器，冷媒与水充分换热的方法。根据冷媒的不同形态，这种方法分为液体直接接触法和气体直接接触法。液体直接接触法使用低温流体作为冷媒，气体直接接触法则采用惰性气体。直接接触法对冷媒有几个要求：一是易于与水分离，使分离过程简单；二是具有适当的相变温度和工作压力；三是具备优良的热物性，如高热导率、低过冷度和高溶解度；四是化学性能稳定、不污染环境，具备零臭氧消耗潜能值(ODP)和低全球变暖潜能值(GWP)；五是材料价格合理、实用性强。这些特性使得直接接触法在制取冰浆过程中能够高效且环保地实现冷媒与水的热交换。

6. 传统制冰方式的比较

表 6-8 所示为传统冰浆制取方式的优缺点比较，各种动态制冰方法各有利弊，需要根据具体情况选择最合适的方法。

表 6-8　传统冰浆制取方式的优缺点比较

制取方式	优点	缺点
壁面刮削法	系统稳定、制冰效率高、无冰堵	刮片需要定期更换、能效低
过冷水法	系统简单、换热效率高	含冰率低、容易发生冰堵
流化床法	管壳设计简单、换热效率高	管内容易发生冰堵、对系统控制要求高
真空法	制冷设备仅用于冷凝蒸气	对真空度和气密性要求高、系统庞大、容易腐蚀管道
直接接触法	传热热阻极小、传热效率很高	喷口容易冰堵、需要特殊设计

6.5.3　冰浆蓄冷的应用

1. 建筑空调

近年来，随着室内舒适度要求的提高，空调的用电量在总用电量中的比重不断增加。据统计，美国 HVAC 系统是商业建筑中最大的能量消耗户，占总能耗的 33%，其中 20% 用于供冷。大型建筑中，地下分配管道和冷却塔空间的缺乏，以及夏季空调使用导致的高耗电量，使得电站峰谷供电不平衡问题加剧。应用动态冰浆作为载冷剂的冰蓄冷技术可以提高冷却效率、降低设备费用，并利用夜间低价电蓄冷，实现移峰填谷、降低运行成本。动态冰浆具有不凝结、良好流动性和高储能密度等特点，其冷却能力是常规冷冻水的 5～6 倍，占用空间仅为水蓄冷的 25%～30%。这种技术可以使系统小巧紧凑，节省大量资金，具有低温送风特性，减小风管和水管尺寸，降低冷负荷输送功率和运行成本，在大型商场和集中供冷应用上有很大潜力。目前，日本安装了约 400 个动态冰浆系统，欧洲安装了 150 个。动态冰浆系统通常与低温空气分配装置搭配使用，通过夜间低谷电制取冰浆储存，在节能的同时节省运行费用。实验表明，在环境温度为 30℃ 时，用冰浆将室内温度降到 22℃ 仅需 6～8min，而用 7℃ 冷水需要 15～20min。为提高潜热利用效率，大型供冷场合须提高冰浆含冰率，保持流动速度不小于 0.5m/s。在输送冰浆过程中，当 IPF 为 20% 时，泵停止运转会导致冰粒上浮、流通截面积缩小，重新启动时可能出现故障。含冰率的控制至关重要，因为随着 IPF 升高，换热效率下降，沿程阻力损失增加，输送设备功率消耗增加。总体而言，动态冰浆蓄冷技术在提升制冷效率、节能和降低成本方面具有显著优势。

2. 食品加工

从 20 世纪 90 年代开始，随着人们对生活品质要求的提高，食品市场逐渐呈现出新鲜食品取代冻结食品的趋势。新鲜、健康食物的需求量增加，使得食物储存的安全性和可靠性变得至关重要。食品质量恶化的机制极其复杂，控制微生物活动是延长保质期的关键，特别是对于易腐的海鲜和肉类，温度是影响微生物生长的重要因素，因此温度是决定食品保质期和品质的关键参数之一。将食品温度降到冰点以下的过冷储存，在保持食物新鲜、品质和抑制有害微生物生长方面具有明显优势。为了提供更好的储存条件，利用相变温度稳定和储能密度高的特点，人工生产出的冰(如碎冰、冰屑、冰浆等)在食品保鲜冷却中发挥着越来越重要的作用。特别是冰浆，因其具有恒定温度和高储能密度的特性，以及细小冰晶粒子的高换热系数，在食品冷冻冷藏行业得到了广泛应用。冰浆在食品加工、运输和零售过程中，用于保持鱼类、肉类、奶制品及其他零售食品的新鲜度。

3. 医疗冷却

冰浆技术在医疗冷却领域的应用包括对心脏骤停、肾脏手术、心脏手术和器官移植的冷却保护。动态冰浆的高效冷却能力能够快速降低关键器官的温度，减慢细胞代谢速率，减少需氧量，从而延缓细胞死亡，为治疗赢得更多时间。冰浆冷却弥补了传统方法速度缓慢和不良反应频发的缺点，具有高蓄冷能力和快速冷却速率，减少了生物冷却剂的用量，且温度变化小。其微小冰晶颗粒具备较大的换热面积和高对流换热系数，这使其在心脏手术中有效延长手术时间，并在器官移植中提高器官存活率，防止热缺血，提高移植成功率。此外，冰浆技术还可用于减少脊髓和大脑神经损伤，广泛应用于现代医学的冷却保护中。

4. 其他领域

冰浆技术在换热器中的应用广泛，涵盖建筑制冷、矿井降温以及大厨房等多种场景。冰浆冷却系统已经在多个国家得到实际应用，能够高效地用于整个烹饪和冷藏过程，显著延长食物的保鲜期并减少食物浪费。此外，冰浆冷却系统在冷链运输中表现出更高的效率，相比标准车载冷却系统，其二氧化碳排放量减少了 20%～30%。冰浆冷却车的发动机在货物接收和交付点可以完全关闭，减少噪声和污染，特别适合空气质量差的大城市。冰浆不仅在冷却领域表现优异，还显示出在灭火中的潜力。甲级火灾通常用水火火，但使用水会产生过热蒸气，可能对消防员构成威胁，多余的水也可能带来更大的灾害。冰浆通过更快的灭火速度和减少水量需求，提高了灭火效率。除此之外，动态冰浆还应用于仪器冷却、换热器表面清洗、混凝土余热去除、交通运输以及人工造雪等领域，展示了其多功能性和高效能。各国正在致力于开发新型、高效、稳定、节能的冰浆制取方法，以克服制取过程中能耗高和稳定性不足的困难，从而推动冰浆技术的广泛应用和推广。

6.5.4　水合物蓄冷

水合物蓄冷技术是一种新兴的高效储能技术，利用水合物在形成和分解过程中吸收和

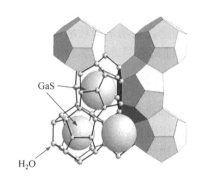

图 6-32　笼形水合物结构图(天然气水合物)

释放大量潜热来实现能量储存。水合物是小分子气体或挥发性液体在一定温度和压力条件下与水形成的笼形结构,如图 6-32 所示。水合物蓄冷具有较高的相变潜热,以 CO_2 水合物为例,其相变潜热为 $501\sim507kJ/kg$,相变温度为 $5\sim12℃$。水合物蓄冷还具有较大的储能密度和较低的操作温差,能够解决传统材料蓄冷密度低、系统效率低和设备易老化等问题。表 6-9 给出了不同蓄冷方式的对比,从表 6-9 中数据可以清楚地看到,水合物相变潜热较高、换热性能较好。

表 6-9　不同蓄冷方式的对比

冷能储存介质	相变温度/℃	相变潜热/(kJ·kg^{-1})	换热性能	COP(制冷系数)	蓄冷温度/℃	供冷温度/℃
水	$0\sim10$	—	好	1	$4\sim6$	$1\sim4$
冰	0	334	较好	$0.6\sim0.7$	$-6\sim-3$	$1\sim3$
共晶盐	$8\sim12$	$153\sim253$	一般	$0.92\sim0.95$	$-2\sim4$	$9\sim10$
气体水合物	$5\sim12$	$200\sim500$	好	$0.89\sim1$	$0\sim8$	$9\sim12$

目前常用的水合物蓄冷介质有烷烃(CH_4、C_3H_8、CP)、CO_2、制冷剂(R134a、R141b等)、水溶性的有机介质(THF、TBAB)、多组分介质(HCFC-141b-HFC-134a、TBAB-THF、TBABCH4)。烷烃水合物虽然资源丰富,但是生成条件较为苛刻,仍然需要采取一些相应的措施来降低其生成压力。制冷剂水合物虽然具有较高的蓄冷密度和合适的存储性能,但是其对环境的影响仍然是主要考虑的问题。水溶性有机物性能良好,在水合物生成系统中主要充当热力学促进剂,但是在相转化的过程中容易泄漏。CO_2 水合物对环境的影响最小,但是其反应压力比较大。与单组分水合物相比,多组分水合物能够降低水合物的生成压力,增加水合量,改进水合物的构型,并且其热力学性质更适合用于冷能储存。

理想蓄冷介质的选择对推动水合物蓄冷行业发展具有重要意义。不是所有水合物都适合成为蓄冷系统的相变材料,部分水合物存在相平衡压力高、成核生长缓慢的问题,其导热性能和过冷性有待提高。这些问题对于确定蓄冷系统中水合物蓄冷介质的使用至关重要,因此对蓄冷介质的选择需要满足以下条件。

(1) 具有合适的水合物相变条件和相平衡条件:水合物相变条件和相平衡条件决定与蓄冷系统运行条件的匹配性和兼容性,即希望介质相变温度为 $5\sim12℃$,压力为 $0.1\sim1MPa$,保证空调系统正常安全使用。

(2) 具有较高的相变潜热:即蓄冷密度大,单位质量的水合物解离焓决定蓄冷系统的储存容量和蓄冷密度。选用蓄冷密度较大的介质可减少材料的使用量,进而降低成本。

(3) 水合物成核和生长速率快:蓄冷过程往往需要在较短的时间内完成,因此水合物蓄冷介质需要较快的水合物成核生长速率。

(4) 良好的导热性，相变体积变化小：水合物蓄冷介质的生长富集以及导热性决定换热设备的传热效率，选择导热性好的介质有利于在蓄冷时热量的导出和防止热胀冷缩导致体积突变所带来的危险。

(5) 过冷度低：水合物的形成过程有三种驱动力(温度、压力和热力学)，较大的过冷度会降低水合物的生成速率和蓄冷效率，增加蓄冷时间和系统能耗。

(6) 化学性质稳定、无毒：应具有环保性，减少对臭氧层的破坏，材料资源丰富，可持续获取，价格低廉，决定系统的投资成本和可行性。

(7) 循环稳定性好：水合物蓄冷介质在没有泄漏的情况下可以多次循环利用，进一步降低成本费用。

本 章 小 结

本章系统探讨了民用暖通空调系统中的蓄冷技术，深入分析了水蓄冷、冰蓄冷、冰浆蓄冷和水合物蓄冷技术的基本原理、系统设计及其工程应用，并结合不同类型建筑的冷负荷特征，分析了蓄冷系统供冷负荷的确定方法，帮助设计者在实际应用中更好地匹配系统需求。在具体技术方面，水蓄冷技术作为较为传统且广泛应用的一种蓄冷方式，涵盖了其系统的设计、实施以及应用案例的介绍。冰蓄冷技术部分则进一步分为冰蓄冷技术概述、冰蓄冷系统分类及特点以及其在实际项目中的应用探讨。最后讨论了冰浆蓄冷的概念、制取方法及其在实际工程中的应用，以及水合物蓄冷的相关知识。

课 后 习 题

6-1　比较常规供冷系统和蓄冷空调系统的组成和工作原理的异同点。

6-2　说明蓄冷空调系统供冷负荷与非蓄冷空调系统供冷负荷确定方法的区别。

6-3　比较水蓄冷和冰蓄冷有什么不同，它们各自的优点和缺点分别是什么？

6-4　简述水蓄冷系统的工作原理，并思考其在节能方面的优势有哪些。

6-5　在设计蓄冷罐时，需要考虑哪些关键因素？并思考如何确保蓄冷罐在不同的工况下都能高效运转。

6-6　冰蓄冷系统的蓄冰模式有哪几种？分别有什么特点？

6-7　冰浆的制取方法有哪些？

第7章 冷链物流用蓄冷技术

冷链物流是指冷藏冷冻类食品在生产加工、贮藏运输和销售的各个环节中始终处于规定的低温环境下,以保证食品质量并减少食品损耗的一项系统工程。近年来,我国的冷链物流得到了快速发展,但由于起步较晚,其跨季节、跨区域调节食品供需的能力仍然不足,而蓄冷技术凭借其独特的优势,成为解决冷链物流中供需不匹配问题的重要手段。冷链物流中的装备主要分为冷加工技术装备、冷冻冷藏技术装备、冷藏运输技术装备、销售末端技术装备。其中,冷链装备是冷链物流体系的核心组成部分,是冷链物流的基础设施,是冷链物流绿色可持续发展的关键。冷链装备技术体系见表7-1。

表 7-1 冷链装备技术体系

冷链环节	关键技术	相关技术	相关设备
冷加工	预冷技术、速冻技术等	机械设计与制造、自动控制、传感器技术、外观包装设计等	果蔬预冷装备、肉禽冷却装备与设施、速冻机等
冷冻冷藏	冷冻冷藏用制冷技术、气调技术、冰温技术、库体结构保温技术、隔热层技术等	机械设计与制造,外观设计,自动控制技术,传感器技术,环保制冷剂、发泡剂代替技术等	大、中、小型冷藏冷冻库,气调库,冰温库和自动化立体库等
冷藏运输	高效制冷技术、蓄冷技术、隔热层技术等	汽车技术、列车/冷藏船加工技术、新材料技术等	冷藏车、冷藏船、冷藏集装箱等
销售末端	高效环保制冷技术、空气幕设计技术、解冻技术等	机械设计与制造、外观设计、智能控制技术等	商用冷藏柜、商用冷冻柜、厨房冷柜等

7.1 蓄冷型冷加工技术

我国人口众多,既是生鲜农产品的消费大国,也是生产大国。西部地区农产品容易出现"滞销浪费"问题,而东部地区容易出现"短缺价高"问题,因此形成了典型的"西果东送"的农产品流通格局。北方地区冬季气候寒冷,但果蔬需求量大。为了缓解冬春淡季果蔬的供需矛盾,广西、海南、云南等省份积极支持"南菜北运"的发展战略。据调查,我国每年生鲜农产品的总调运量超过 $3×10^8$t,综合冷链流通率仅为 19%;食品在流通环节中的损失严重,以果蔬、肉类、水产品为例,流通腐损率分别为 0%~30%、12%、15%。大量生鲜农产品在产销过程中的损耗和变质,造成了社会资源的巨大浪费,每年直接经济损失高达 6800 亿元。为了降低流通过程中的腐损率,必须对生鲜农产品的生产、加工、储藏、运输、销售等各环节的温度进行严格控制。

生鲜农产品如果不经过预冷处理而直接在常温下进行长途运输,会加速成熟和衰老,流通损失十分严重。再者,如果生鲜农产品直接进入冷库存储,则会加大制冷机的负荷。冷加工环节可以减少这种问题带来的损失,通过预冷和速冻等技术保持产品的营养和口感,延长了保质期。与冷加工技术耦合应用的蓄冷技术主要有水蓄冷和冰蓄冷技术，它们均是利用低谷电并使用蓄冷材料来储存和释放冷量的。现阶段对于生鲜农产品的蓄冷型预冷技术主要有空气预冷、真空预冷和液体预冷；蓄冷型速冻技术主要分为直接接触式、间接接触式和鼓风式。

7.1.1 蓄冷型预冷技术

1. 预冷技术的简介

预冷位于生鲜农产品冷链环节的最前端，指的是把采收后的生鲜农产品在贮藏或运输之前，迅速降温到适于保鲜的一种处理措施。预冷技术主要分三种，分别是空气预冷技术、真空预冷技术和液体预冷技术。其中，空气预冷技术的原理是利用冷风或冷气流通过食品表面，对食品进行辐射和对流散热，降低食品温度。该技术主要有常规室内预冷、压差预冷和连续预冷三种。空气预冷技术具有空气温湿度易调节、适用范围广、设备造价低等优点，但也存在冷却速度慢、冷却不均匀、干耗大等缺点。真空预冷技术的原理是利用果蔬在低压环境下水分的蒸发，快速吸收果蔬蓄存的热量，同时不断去除产生的水蒸气，使果蔬温度得到快速降低。该技术主要有间歇式真空预冷、连续式真空预冷和喷雾式真空预冷三种。真空预冷技术具有冷却时间快、冷却效果好以及可抑菌杀菌等优点，但也存在适用范围有限、设备价格昂贵、能耗大等缺点。液体预冷技术的原理是对食品进行浸渍或喷淋，通过传热降低食品温度。该技术主要分为冷液体和冰液体两种。液体预冷技术具有冷却速度快、适用范围广、设备简单和成本低廉等优点，但也存在设备占地面积大、食品易污染和腐烂等缺点。

我国是世界上最大的果蔬生产与消费国家，在果蔬的冷加工方面，现阶段仍以液体预冷技术为主，多采用浸渍和喷淋的方式。近些年，我国畜禽年产总量持续保持在 $8 \times 10^7 t$，对于肉类则主要采用螺旋预冷机进行预冷。江苏省、天津市、海南省等地采用向冷水池中投入冰块的方式使水温接近 0℃，然后采用人工方式将装有蔬菜的塑料筐浸入冰水池中，以此实现蔬菜的预冷；山东省烟台市采用喷淋式冷水预冷装备来预冷樱桃，且不断对预冷技术、装备进行改进，推广应用到省内的五莲县、厉家寨、泰安市以及河南省、陕西省、四川省等樱桃产区。

2. 预冷技术的应用实例

1) 应用实例 1——天津市某研究中心的果蔬预冷机

天津市某研究中心采用混流变频果蔬预冷机对葡萄进行预冷，该预冷机的结构示意如图 7-1 所示。预冷机主要由混流风机、均风风管、果蔬周转箱、变频控制柜和冷库维护结构等组成。在预冷机运行前，需要在冷库维护结构内进行安装和参数的设定。首先将密封挡板安装在混流风机上并摆放在合适位置，再将均风风管与混流风机连接并用支架支撑稳固，接着将变频控制柜的主电路与 380V/50Hz 的供电电源连接，最后将电源输出端与混流风机的电源进口接好。启动冷库制冷设备，设定的库温为 −1～0℃，再将采摘后的葡萄装入果蔬周转箱内运回冷库。果蔬周转箱长 45cm，宽为 30cm，高为 18cm，每个果蔬周转箱装有 6kg 的葡萄。

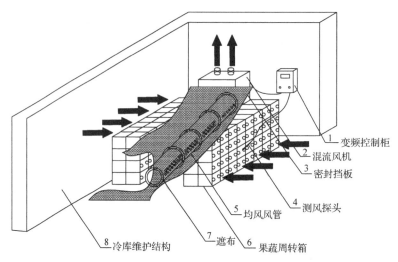

图 7-1　可移动式风管式混流变频果蔬预冷机结构示意图

可移动式风管式混流变频果蔬预冷机预冷初期在交流 380V/50Hz 的条件下运行，周转箱内果蔬的空气流速为 1.2m/s，变频控制柜的频率变化起始温度为 10℃，降速运行频率为 35Hz。该预冷机一次性预冷 2400kg 的葡萄，果实由 28℃的温度预冷降至 3℃需要 5h。与常规静压箱式压差预冷装置相比，预冷时间缩短了 1.5h，节省电耗 20%，且葡萄品温降温速率均匀。

2) 应用实例 2——江苏省某大学的果蔬预冷设备

图 7-2 显示的是应用热管技术的集合风冷与真空冷却的果蔬预冷保鲜系统，该系统将空气预冷和真空预冷技术结合起来，应用了热管技术，可以自动根据不同重量的果蔬采用不同方法进行预冷保鲜。系统中的主要部件包括：氮气瓶、透平分子泵、储气瓶等作为抽真

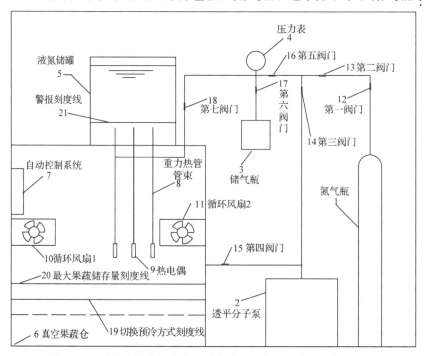

图 7-2　应用热管技术的集合风冷与真空冷却的果蔬预冷保鲜系统

空部件, 液氮储罐作为冷源部件, 真空果蔬仓作为蔬菜储藏部件, 自动控制系统作为系统集成化部件, 重力热管管束作为果蔬热量传输部件。根据不同吨位的果蔬采用不同方法进行预冷保鲜。针对小吨位的果蔬使用循环风扇对流吹风散热, 使得果蔬的温度均匀分布, 利用低温重力热管管束内部的氮气相变传递果蔬的热量; 针对大吨位的果蔬使用真空冷却装置, 利用低温重力热管管束内部的氮气相变传递上层果蔬的热量, 透平分子泵抽出真空果蔬仓内的空气和水蒸气以降低仓内压力, 带走仓内所有果蔬的热量。两种不同冷却方式分别结合低温重力热管管束内的氮气相变辅助传输果蔬热量, 将果蔬热量释放到液氮储罐的液氮中。系统可满足不同吨位果蔬预冷保鲜的需求, 并且可以随时补充液氮, 保证系统运行稳定, 比传统的空气预冷设备和真空预冷设备运行更为节能。

3) 应用实例 3——吉林省某公司的家禽预冷设备

吉林省某公司采用液体预冷技术对家禽类食品进行预冷, 使用多台螺旋预冷机来完成整个预冷工序, 其设备如图 7-3 所示。通过机械或人工将禽胴体投入预冷机中, 每台预冷机的禽胴体出口附近有冷水或片冰加入点, 预冷机内的冷水或片冰使禽胴体温度降低。禽胴体由螺旋叶片推进, 依次通过每一台预冷机, 使其温度下降到规定数值。与半槽预冷机相比, 该类设备能够合理地利用溢流水, 减少注水量, 片冰能够充分融于水中, 预冷效率更高、冷能耗散量更低。

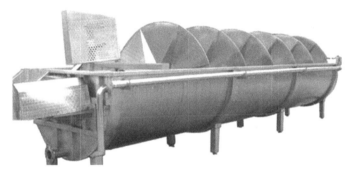

图 7-3　螺旋预冷机

7.1.2　蓄冷型速冻技术

1. 速冻技术简介

速冻技术一般是指在尽可能短的时间内, 将食品温度降低到其冻结点以下的某一温度, 使其所含的全部或大部分水分随着食品内部热量的外散而形成合理的微小冰晶体, 最大限度地减少食品中的微生物生命活动和食品营养成分发生生化变化所必需的液态水分, 最大限度地保留食品原有天然品质的技术。国内采用的速冻设备大致分为鼓风式、间接接触式和直接接触式三类。鼓风式速冻设备是采用冷却空气作为冷冻介质, 利用气体的对流传热使食品冷却冻结的, 常见的设备有隧道式速冻设备、螺旋式速冻设备和流态化速冻设备, 但这类设备对流换热系数较低、能耗大。间接接触式速冻设备是将食品物料经受冷的低温冷壁(如金属板等)进行冻结的, 食品与冷壁直接接触, 但与低温载冷剂不直接接触, 涉及平板式、钢带式和回转式等, 其中平板式速冻设备应用更为广泛, 但间接接触式速冻设备难以控制冻结后食品的形状。直接接触式速冻设备是通过食品与冷冻液直接接触的方式进行热量交换，分为浸渍式和喷淋式两种，其中基于液氮的直接接触式速冻设备应用最为广泛，该类设备冻结速率快、干耗小，但食品会吸收部分载冷剂，影响其品质，甚至会带来食品安全问题。液氮喷雾、液氮浸渍等装置应用于草莓、白灵芝、青刀豆、西兰花等的保鲜，能够对其中的多酚氧化酶(PPO)、过氧化物酶(POD)活性产生明显影响。然而完全采用液氮冻结附加值不高的果蔬是不经济的，应考虑采用液氮制冷与机械制冷相结合的联合制冷方式。不同种类食品对速冻技术设备的要求有所差别，需要对果蔬、水产品、兽禽类和方便食品的速冻工艺进行深入研究，科学确定每种食品的最优速冻工艺。

2. 速冻技术应用实例

1) 应用实例1——天津市某大学的全自动食品速冻机

图7-4是一种全自动食品速冻机的装置结构图，该设备能够根据不同的食品种类自动调节冻结时间，可以使速冻机的利用率达到最高且防止食品的过度冷却。该速冻方法包括下述步骤：判断进料口是否有待冻食品；如果进料口放置有待冻食品，则读取食品种类，并启动运输机器人，运输机器人将待冻食品放到指定位置；判断待冻食品是否放到指定位置，当待冻食品放置到指定位置后，开启送风装置的出风口送风，并根据待冻食品的种类启动相应冻结时间计时装置；判断是否到达冻结时间，如果达到冻结时间，则启动运输机器人将对应的冻结食品送到出料口，同时，关闭送风装置的出风口。该装置通过运输机器人代替了输送轨道，实现了速冻过程的全自动控制，生产效率高、节约能源。

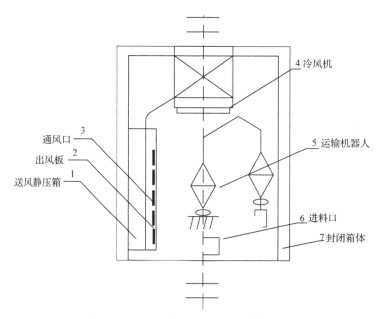

图 7-4　全自动食品速冻机的装置结构图

2) 应用实例2——黑龙江省某大学的新型速冻装置

黑龙江省某大学设计了一种利用压力喷射冷冻食品液流化的新型速冻装置,图7-5是其结构示意图。该装置主要由冷冻槽、盖板、底部支架、电动升降机构和制冷机组等部件组成。冷冻槽安装在底部支架上，用于存放需要冷冻的食品，在冷冻槽的上部开口处使用盖板密封, 位于冷冻槽内的电动升降机方便取存食品, 大大降低了人工成本。由制冷机组对冷冻槽内的食品进行冷冻。该食品液流化速冻装置将空气流化和浸渍式冷冻技术结合, 在槽体侧壁和底部设计了射流喷嘴, 喷嘴喷射出低温冷冻液, 提高了食品表面传热速率, 加速了食品的冻结速率, 并且该装置可以多次循环利用低温冷冻液, 减小了低温冷冻液的更换频率, 降低了生产成本。

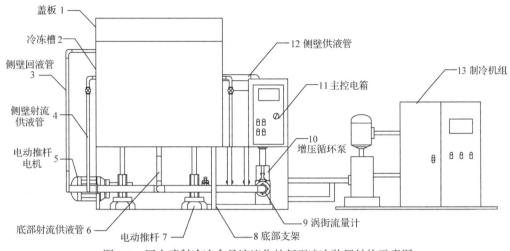

图 7-5　压力喷射冷冻食品液流化的新型速冻装置结构示意图

3) 应用实例 3——湖北省某公司的液态食品速冻装置

湖北省某公司为解决现有液态食品速冻方法获得成品口感较差的问题, 设计了一种适用于液态食品的速冻装置, 其装置结构示意如图 7-6 所示。该装置的运行过程主要包括以下步骤: 首先, 分散装置在空腔中将液态食品雾化成雾状或液滴状, 然后向空腔中喷射冷介质液氮, 雾状液态食品与液氮进行充分接触后迅速结晶形成固态颗粒。在该种装置中, 液

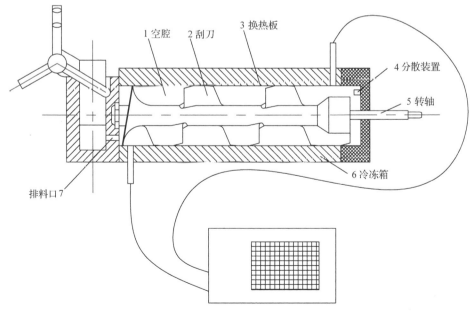

图 7-6　液态食品速冻装置结构示意图

态食品的适宜温度范围为 0~90℃，冷介质的适宜温度范围为-198~-5℃，雾状物或液滴状的平均粒径为 0.001~20mm。该种装置能够使液态食品瞬间速冻形成细小的颗粒，最大限度地保留了液态食品的营养成分，在延长保鲜期限的同时能够保持较好的口感，并且食品可直接解冻食用，营养成分不会遭到破坏。

7.2　蓄冷型冷冻冷藏技术

冷冻冷藏技术装备主要服务于肉类加工行业、水产品加工行业、果蔬类加工行业，目前已经可以利用蓄冷实现电价的峰谷转移，并有利于减少设备中温度的波动，保证食品的品质，但不同的货物、不同的堆码方式对设备内温度场如何影响，放置多少蓄冷剂合适，与设备制冷系统配置之间如何协同等问题，这些都是蓄冷型设备需要解决的难题。肉类联合加工厂的生产性冷库库温设计多为 0℃或-20~-18℃，前者用于暂存冷却肉或低温肉制品，后者用于冻品存储。水产加工厂生产性冷库的设计库温通常在-20℃以下，产品用于出口时往往设为-25~-23℃。果蔬加工分为鲜销和深加工两类，鲜销的加工过程一般包括原料整理、分级拣选、包装、入库冷却冷藏等工序；深加工主要包括速冻和净菜，其中速冻生产在物料速冻前还涉及清洗、漂烫、冷却等工序，净菜生产涉及清理、清洗甚至消毒和鲜切等工序。鲜销类的果蔬加工厂主要包括冷却和冷藏两种模式，冷却模式用于短期暂存品种，主要针对应季果蔬，采摘后对其快速冷却，或提供基于冰瓶、冰袋的保温包装，以便在随后的运输过程中减少损耗；冷藏模式用于果蔬的保鲜和贮藏，主要是通过控制果蔬的温度、湿度和气体成分等条件，抑制微生物和酶的活性，延长果蔬的保存期限，减少损耗，从而更大程度地保持其新鲜度和营养价值。

7.2.1　蓄冷型制冷技术

1. 蓄冷型制冷技术简介

蓄冷型制冷技术是对传统制冷技术的补充和调节，主要目的是解决峰谷时段电力负荷不平衡的问题。冷链物流行业用电量很大，目前应用于冷库系统的蓄冷技术主要包括冷凝水蓄冷技术和高温冷库冰蓄冷技术两种。冷凝水蓄冷技术的理论依据是冷凝温度与制冷量、制冷系数成反比。在夜间低谷电价时，将池中冷却水降温蓄冷；第二天峰期电价时，所蓄冷量用于冷凝器的冷却。但是，由于冷凝水蓄冷系统采用的是显热蓄冷，存在蓄冷密度低、蓄冷槽体积庞大的缺点，推广应用受到严重限制。高温冷库冰蓄冷技术主要应用于温度要求高于0℃的冷库。但是，由于蓄冰时存在一定的过冷度，蓄冰槽内温度一般为-6~-4℃，与室外温差太大，在蓄冷阶段，冷量损失巨大。制冷设备是制冷机与使用冷量的设施结合在一起的装置，设计和建造制冷设备是为了有效地使用冷量来冷冻冷藏食品或其他物品，在低温下进行产品的性能试验和科学研究试验，在工业生产中实现某些冷却过程，或者进行空气调节；物品在冷却或冻结时要放出一定的热量，制冷设备的围护结构在使用时也会传入一定的热量。为了保持食品的新鲜和延长食品的存放时间，需要将食品放置在温度较低的环境中，由于食品需要注意卫生干净，因此食品放置的空间必须无菌无毒，才能使得食品更加新鲜。但是现有的放置食品的制冷设备没有杀菌消毒的功能，容易滋生细菌，导致食品变质，因此亟须研发放置环境卫生干净、可以自由调节冷气温度高低、方便拿取食品的食品冷冻冷藏用制冷设备。

2. 蓄冷型制冷技术应用实例

1) 应用实例 1——日本某公司超低温用蓄冷器

日本某公司制备了一种超低温用蓄冷材料, 用于超低温食品的冷冻。该蓄冷器结构如图 7-7 所示, 其将磁性蓄冷材料颗粒构成的超低温用蓄冷材料填充于蓄冷容器内。该公司首先使用高频熔化的方法制作了 Er_3Ni 母合金, 接着在其熔融过程中施加一定的压力, 急冷凝固后再对得到的颗粒体进行筛选, 最后经过图像处理得到了磁性蓄冷材料。设备运行前先将该蓄冷材料填充于蓄冷器中, 填充率为 70%, 然后将蓄冷器组装到双级式 GM 冷冻机中进行冷冻试验。运行结果显示, 在温度为 4.2K 时, 该冷冻机的初始冷冻能力为 320MW, 而且在 5000h 的连续运行期间具有稳定的冷冻能力。该种蓄冷材料可以充分发挥换热效应, 实现食品的超低温储存, 并且使用该材料的蓄冷器具有优异的冷冻性能。

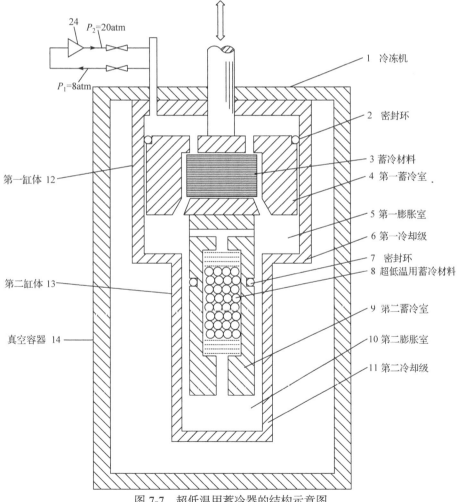

图 7-7　超低温用蓄冷器的结构示意图

2) 应用实例 2——广州市某研究所的蓄冷冷库

冷凝水蓄冷技术具有蓄冷介质蓄冷密度低、蓄冷设备占地大和蓄冷效率低等缺点, 高

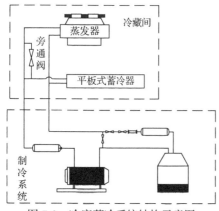

图 7-8　冷库蓄冷系统结构示意图

温冷库冰蓄冷技术具有系统复杂和投资成本大等缺点。广州市某研究所为了改善这两种技术的缺陷，采用蓄冷板建立了冷库蓄冷系统，其结构示意如图 7-8 所示。该冷库蓄冷系统主要由蒸发器、平板式蓄冷器、制冷系统和阀门等部件组成，充分利用了冷库内部有效容积之外的空间。另外，放置于冷库内部的蓄冷板直接向冷库供冷，减少了蓄冷期间的冷量损失。蒸发端采用的是蓄冷板与冷风机组联合运行的方式。冷库夜间需要的冷量少，自动控制系统将制冷机组制出的冷量一部分通过冷风机组用于向冷库供冷，另一部分冷量送入蓄冷板中，使蓄冷液发生相变，储存冷量；而白天室外温度高、人工活动频繁，冷库内需要的冷量大，蓄冷板中储存的冷量可完全用于向冷库供冷。这在一定程度上提高了蓄冷效率，节省了设备的运行费用。

3) 应用实例 3——深圳市某公司的蓄冷设备

深圳市某公司采用了水蓄冷技术的冷却工艺设备系统，系统如图 7-9 所示。该系统主要由水蓄冷设备、第一回路、蓄冷水存储装置和各个管道等部分组成。第一管道连接水蓄冷设备与蓄冷水存储装置，引出蓄冷水并进行存储；第二管道连接蓄冷水存储装置与换热器；第三管道与换热器相连，流经的蓄冷水与工艺设备系统中的循环水进行热交换；第四管道一端连接蓄冷水存储装置，另一端与第三管道连接，流经换热器的蓄冷水升温后返回蓄冷水存储装置中；电动调节阀也与第四管道连接。该系统没有将循环水带至制冷设备中，解决了现有技术中由制冷设备直接与工艺循环水进行冷热交换造成的水质污染和腐蚀热交换设备等问题，并且提高了蓄冷水的利用效率及热交换效率。该系统在低谷电价时段将冷量储存在水中，白天用电高峰时段使用存储的冷量，达到了节约电费的目的，降低了成本。

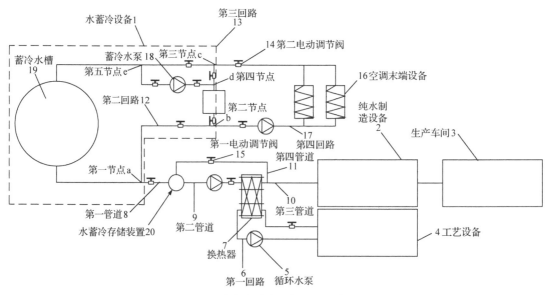

图 7-9　水蓄冷技术冷却工艺设备系统

7.2.2 蓄冷型设备中的气调技术

1. 气调技术简介

气调技术是指在低温贮藏的基础上，通过人为改变环境气体成分，实现肉、果蔬等贮藏物保鲜贮藏的一项技术。具体来说，气调实际上就是在保持适宜低温的同时，降低环境气体中氧气的含量，适当改变二氧化碳和氮气的组成比例。气调方法有多种，因设备条件和气体浓度指标要求不同而不同。总的来说，气调方法可以分为自然降氧、充氮降氧、最适浓度指标气体置换、减压气调和气调包装五种。自然降氧依靠水果蔬菜的呼吸作用，使环境中氧气浓度下降、二氧化碳浓度上升。该方法应用广泛，具体又有套袋法、大帐法、硅橡胶窗法等。充氮降氧是用充氮的方法置换库内气体实现快速降氧的。最适浓度指标气体置换是指人为地将氧气和二氧化碳等气体按最适浓度指标配置成混合气体，向贮藏环境输入并同时将贮藏环境中的原有气体抽出，以维持最适浓度指标的一种气调方法。该方法可对气体成分实现精准控制，但设备价格昂贵。减压气调通过抽真空促使水分蒸发，水分蒸发带走大量热量，从而使贮藏物品迅速降温。气调包装是当前食品包装中较新型的工艺，包括脱氧包装和充气包装。脱氧包装是先不断充氮后抽真空，排除包装容器内的氧气，然后进行密封包装。充气包装是在包装容器中充入一种或几种气体后密封包装，常用的填充气体有氧气、氮气和二氧化碳等。

2. 气调技术应用实例

山东省某公司使用了一种循环式自动气调装置来控制冷库中的气体浓度，装置结构示意如图 7-10 所示。其主要由进气/回气分配站、气动控制器、控制器、脱氧机、监控单元、传感器、采样泵、气体采样分配站和采样开关等部件组成。进气分配站与每一个气调库都是单向管路连接的，其左端与脱氧机的输出端管路连接。回气分配站与每一个气调库也是

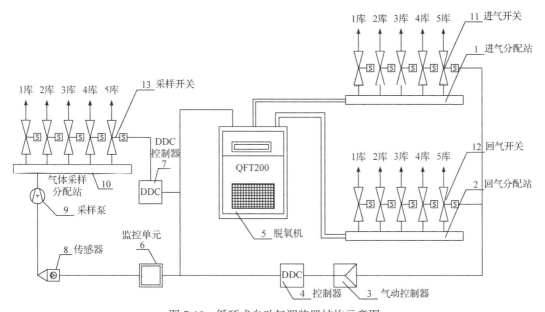

图 7-10 循环式自动气调装置结构示意图

单向管路连接的，管路上布置有控制管路通断的回气开关。回气分配站的输出端与脱氧机管路连接，其站内的低温气体即可重新输回至脱氧机内，脱氧机将温度适宜的气体输送至气调库内。该装置能够自动检测气调库内气体并进行相应调节，且制备工艺简单，适宜规模化生产，应用环境友好，市场前景广阔。

7.2.3　蓄冷型冰温技术

1. 蓄冷型冰温技术简介

冰温是指从 0℃ 开始到生物体冻结温度为止的温域，在这一温域储藏农产品、水产品等，可以使其保持刚摘取的新鲜度。冰温技术是一项全新的贮藏保鲜技术，弥补了冷藏和冷冻的种种缺陷，可以很好地保证食品的风味、口感和新鲜度，因此冰温技术成为仅次于冷藏、冷冻的第 3 种保鲜技术而引人注目。蓄冷型冰温技术是利用夜间电网低谷时间，利用低价电制冰蓄冷将冷量储存起来，在白天系统高峰负荷时，将所蓄冰冷量释放出来满足冷量需求的成套技术。冰温技术的开发与利用不仅减少了生鲜食品的新鲜度降低的损失，而且使调整出库时间成为可能。冰温领域的食品加工法是通过熟化、发酵、干燥、浓缩等技法而确立的。目前冰温技术广泛灵活地应用在食品制造、加工领域中，其研究正进入一个新的飞跃阶段，即超冰温技术。该技术通过调节冷却速度等特殊技法，使温度即使在冰点以下也可以成功地保持过冷状态，因此在超冰温领域内，即使温度在通常冰点温度以下，生物体也不会冻结，这进一步拓宽了冰温的研究领域。此外，冰温技术也有缺点：一是可利用的温度范围狭小，一般为 -2.0～-0.5℃，温度带的设定十分困难；二是配套设施的投资较大。

2. 冰温技术应用实例

1) 应用实例 1——新疆维吾尔自治区某研究所的冰温气调装置

新疆维吾尔自治区某研究所以西梅为研究对象，制作了一种冰温气调装置，其结构示意如图 7-11 所示。西梅的贮藏温度应为 -5～0℃，该装置将气调技术与冰温技术相结合，装置运行时先对入库的西梅进行阶梯降温，等到西梅果肉内部温度降低至贮藏温度时，再采用近冰温保鲜方法确定西梅的冰温带，在其冰温带范围内的合适温度点进行冰温气调贮

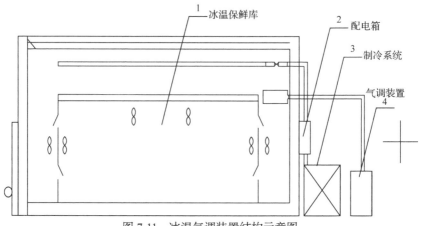

图 7-11　冰温气调装置结构示意图

藏，调节库中氧气和二氧化碳的体积浓度至目标浓度。该装置可明显降低西梅细胞组织的新陈代谢，保持其良好的原有品质；同时采用气调保鲜方法使西梅始终处于适宜的气体环境中，延缓了西梅软化、失水和腐败等品质劣变过程，达到了贮藏保鲜的目的。该装置中冷链温度最好为 10～20℃，对西梅的贮藏时间为 20～50 天。

　　2) 应用实例 2——广东省某研究中心的冰温装置

　　广东省某研究中心使用冰温装置研究了南美白对虾的冰温保鲜过程，其装置实物如图 7-12 所示。装置主要由低频电场发生装置、发射器和控制模块等部分组成。低频电场发生装置产生的低频电场会与食品中的水分子发生共振，干扰水分子之间氢键的形成与稳定维持，从而抑制食品内部水分结冰。施加低频电场可以在设备温度波动较大的情况下避免食品中水分的冻结，从而降低冰温保鲜对温控的要求。恒温恒湿箱装置由输入控制模块、电场信号发生模块、输出控制模块、电场发生模块和安全保护模块组成，其箱体内部上下两端平衡放置有两块发射器，外部的低频电场发生装置通过传导线与箱内发射器连接。根据理化指标变化和水分迁移规律，施加低频电场后，有利于延长南美白对虾冰温保鲜的货架期 3～5 天。

图 7-12　低频电场恒温恒湿箱实物图

7.3　蓄冷型冷藏运输技术

　　目前，我国冷藏运输方式以陆地运输为主，公路冷藏运输市场需求旺盛，运输货物周转量逐年递增。在市场需求增加、国家政策支持的情况下，我国铁路冷藏运输发展整体取得了突破性进展，铁路冷藏运输基础设施建设、铁路冷藏运输新线路开通、铁路冷藏运输时间优化等方面均有明显改善，铁路冷链物流的运送能力得到大幅提升，尤其是长距离冷藏运输优势日益明显。

2016 年,中国国家铁路集团有限公司发布的《铁路冷链物流网络布局"十三五"发展规划》提出,到 2020 年,铁路冷藏运输量约为 2×10^7t,冷库容量规模为 $3 \times 10^6 \sim 5 \times 10^6$t,冷链物流营业总收入为 500 亿~700 亿元,这些发展目标均已实现。随着生鲜电商、跨境食品贸易等市场的崛起,铁路、水路、航空等冷藏运输方式将发挥更大的优势,多种方式相结合的冷藏运输模式将在冷链物流市场中发挥更重要的作用。

7.3.1 蓄冷型冷藏运输设备

冷藏运输是指运用冷藏、保温和通风等方法,快速且优质地运送易腐货物。我国土地辽阔,易腐货物种类繁多,平均运输里程长,因此冷藏运输组织工作复杂,成本较高。冷藏运输中要求设备本身能够维持一定的低温环境,并能保持一定的时间。目前主要的冷藏运输设备有冷藏车、保鲜库、保温箱和冷藏集装箱等;冷藏运输方式可以是公路运输、水路运输、铁路运输、航空运输,也可以是多种运输方式组成的综合运输方式。

1. 蓄冷板冷藏车

蓄冷板冷藏车是指隔热的车体装有含相变蓄冷材料的蓄冷板,车内的持续低温依靠相变蓄冷材料发生固-液相变来保持的冷藏保鲜运输设备。受益于我国冷链物流市场需求的激增,冷藏车保有量飞速增长。但目前冷藏车市场较散乱,区域发展极不平衡,冷藏车非法改装和超载的事件屡次出现。为了更好地管理冷藏车市场,相关部门制定了蓝牌新规,它对轻卡的总重、冷藏车发动机排量、货箱尺寸等方面制定了明确的要求。蓝牌冷藏车在冷藏车市场中占比较大,新规的实施将推动冷藏车市场规范化。

冷藏车的制冷方式包括冰、干冰、蓄冷板、低温制冷剂系统和机械制冷等多种方式,其中机械制冷已经成为公路冷藏运输的主要制冷方式。蓄冷板冷藏车分为整体式和分体式两种。整体式冷藏车即机械冷板冷藏车,其制冷系统由制冷机组和冷冻板等部分组成,实物如图 7-13 所示。分体式冷藏车的蓄冷板必须依赖地面的制冷设施进行充冷,充冷管道需要拆装连接,制冷系统容易泄漏。蓄冷板冷藏车相比传统冷藏车,运输成本降低;蓄冷剂

图 7-13 整体式冷藏车实物图

泄漏、温度调控不准确等问题也可以通过整体式冷藏车独立的制冷系统、送风系统来解决。当分体式冷藏车的蓄冷板为陆地定点充冷时，可以根据运输时间的长短来确定相变蓄冷材料的放置数量。

美国某大学开发了一种用于 $-18℃$ 冷冻冷藏车的相变蓄冷材料，其融化温度为 $-26.8℃$ 时，潜热为 154.4kJ/kg。相变蓄冷材料通过封装管道集中在一起，并对使用这种新型材料的冷藏车进行了测试，冷藏车的长、宽、高均为 1.22m。测试结果表明，要维持车内 $-18℃$，运输 10h 在不开门和开门 20 次的情况下，分别需要 250kg 和 360kg 的相变蓄冷材料，与传统机械冷藏车相比，运输成本降低了 86.4%。

2. 移动保鲜库

移动保鲜库，又称为可移动冷库或便携式冷库，是一种能够在不同地点快速部署和使用的冷藏设施，实物如图 7-14 所示。结合蓄冷技术之后，移动保鲜库比传统冷库成本更低，并且库内温度稳定性更好，再加上其灵活的移动设计，能够为各种需要临时或移动冷藏空间的场景提供解决方案。移动保鲜库的最大特点是能按需轻松移动，适应不同地点和场景的需求。无论是为了满足季节性需求还是应对突发事件，移动保鲜库都能够快速部署，满足冷藏要求。移动保鲜库采用先进的制冷技术，能够在短时间内达到预设的冷藏温度，确保货物的新鲜度和质量。多数移动保鲜库都采用了环保型制冷剂和节能设计，具有较低的能耗和更高的环保性能，减少了对环境的影响。移动保鲜库易于维护、结构紧凑、操作简单。移动保鲜库通常采用模块化设计，拆卸和组装简便，便于运输和安装。

图 7-14　移动保鲜库实物图

3. 蓄冷型运输保温箱

现有的移动式双温数显蓄冷保温箱箱体隔热保温材料大多采用聚氨酯泡沫塑料，厚度一般在 50mm 左右，保温箱较为厚重，为了保持箱体内部有效容积，箱体外形尺寸须做得较大。如果采用真空绝热板(热导率小于 0.003W/(m·℃))作为保温箱的隔热保温板，保温板厚度会大幅降低，可使用更少量的蓄冷剂，提高箱体有效容积。但真空绝热板受到外力时极易损坏，单独使用时对固定和防护也有较高要求。移动式双温数显蓄冷保温箱采用聚氨酯与真空绝热板复合隔热结构，具有绝热性良好、重量轻、体积小等优点，实物如图 7-15 所示。箱体上设置有温度显示器，温度显示器连接有无线数显温控组件，可无线读取箱内产品中心温度和环境温度。

图 7-15　移动式双温数显蓄冷保温箱实物图

　　针对现有物流保温箱存在空载时不能折叠、隔热效果不理想和不能标准化运输等问题，设计了可拆卸式蓄冷保温箱体。可拆卸式蓄冷保温箱体采用聚氨酯与真空绝热板复合隔热结构，保温性能更佳，箱体热导率低于 0.004W/(m·℃)，而同厚度聚氨酯材料为 0.017W/(m·℃)，保温时间是同厚度聚氨酯蓄冷保温箱的 2.3 倍。该保温箱在未使用时可以折叠，能节省 60%的运输空间，便于装载运输及仓库存放，解决了现有保温箱结构空载运输空间大的问题。

　　通过研制新型相变蓄冷材料，并结合真空绝热板和聚氨酯复合隔热结构，可以提高蓄冷保温效果。三种不同温度的相变蓄冷剂在 29℃环境温度下的性能如表 7-2 所示，它们可满足不同温度的市场需求。同等条件下，0℃蓄冷剂保温性能比市面板状蓄冷剂性能提高了 80%。

表 7-2　三种不同温度的相变蓄冷剂在 29℃环境温度下的性能

相变温度/℃	相变潜热/(kJ/kg)	性能
0	318.5	维持从 0℃上升至 3℃为 3 天
−10	254.2	维持该温度段 1 天左右
−20	279.1	维持该温度段 1 天左右

　　虽然蓄冷型保温箱内放置合适的蓄冷板可以延长生鲜食品的货架期，但其仍存在许多问题，如蓄冷板充冷场合受限、蓄冷型保温箱回收困难、在不同的外界温度条件下难以保持箱内温度恒定等，这些方面都会造成蓄冷型保温箱的前期成本增加，未来需要研发更加先进的工艺和运输方式来降低蓄冷型保温箱的成本。

　　4. 蓄冷型冷藏集装箱

　　蓄冷型冷藏集装箱是指具有制冷或保温功能，利用相变蓄冷材料的相变储存或释放冷量，并用于运输冷冻或低温货物，在运输过程中保持温度不变以保障货物运输质量的集装箱，实物如图 7-16 所示。集装箱运输的对象主要为生鲜食品或对温度敏感的货物，包括肉及肉制品、水产品及其制品、蛋类及其制品、乳类及其制品、水果及蔬菜以及医药类产品等。该类集装箱具有隔热的箱壁(包括端壁和侧壁)、箱门、箱底和箱顶，能阻止内外热交换。蓄冷型冷藏集装箱的核心组件包含能源系统、制冷系统、保温系统、相变材料系统、辅助模块五大系统。蓄冷型冷藏集装箱在很大程度上已经实现了标准化，不过为了适应不同的场景需求，也会进行一定的调整。

图 7-16　蓄冷型冷藏集装箱实物图

从运行动力的角度，蓄冷型冷藏集装箱主要分为耗用冷剂式冷藏集装箱、机械式冷藏集装箱、制冷/加热集装箱、隔热集装箱和气调冷藏集装箱等。从是否有冷源的角度，可以分为有源冷藏箱(所有机械制冷冷藏箱都是有源冷藏箱)和无源冷藏箱，无源冷藏箱又可以分为纯隔热保温箱和蓄冷保温箱。纯隔热保温箱利用箱体隔热性能减缓运输过程中货物温度的变化，用于装运对温度有一定要求而又不太敏感的货物(如啤酒、牛奶、常温肉品等)。该种箱体保温性能好，漏热率为 34W/℃，夏季 24h 升温 0.7℃，冬季则降温 1.2℃，并且能适应 1100mm×1100mm 托盘化运输。箱体结构简单，无机械设备，能实现零能耗零排放，节能环保。蓄冷保温箱主要用于鲜货的公路、水路和铁路联运，它利用地面电源前置充冷，无耗能且无须机械部件维护，运输管理便捷。蓄冷元件采用封闭模块化设计，充冷时间短、续航长，保障食品运输安全和品质。从能源角度，蓄冷型冷藏集装箱可以分为油电一体冷藏箱、插电式冷藏箱和锂电池冷藏箱等。油电一体冷藏箱主要运输鱼虾、肉类、果蔬、蛋白质、药品等易腐蚀或对温度要求较高的物品。插电式冷藏箱主要用于装运冷藏和保鲜物品。锂电池冷藏箱主要用于运输冷藏、保鲜、冷冻的全系列冷链货物，采用纯电动、低功耗、变频制冷机组和铁路冷链装备电控系统，零排放、环保节能。

7.3.2　蓄冷型高效制冷技术

1. 高效制冷技术简介

传统的蒸气压缩式循环制冷技术作为目前最为常见的制冷手段之一，已经占据了大部分制冷市场。然而，作为该技术核心的制冷剂的使用却带来了严重的环境问题。研发安全、高效、环境友好的新型制冷剂或制冷技术，是当今应对环境问题的重要措施。其中，基于热效应的制冷技术是具有重要发展潜力的制冷手段。热效应通常定义为材料在外部场作用下产生响应，从而引起体系热量变化的过程。例如，磁热效应通常指磁场作用下，材料产生磁化现象从而引起热量变化的过程。根据外界场强形式的不同，热效应主要分为磁热效应、电热效应、压热效应和弹性热效应四种，分别对应四种不同的制冷手段。然而，这类技术存在外加应力场强大、绝热温度变化小、效率低等问题，从而限制了其广泛应用。

2. 磁制冷技术

磁制冷是一种利用磁性材料的磁热效应来实现制冷的新技术，磁热效应是指外加磁场发生变化时，磁性材料的磁矩有序排列发生变化，即磁熵改变，导致材料自身发生吸、放热的过程。在无外加磁场时，磁性材料内磁矩的方向是杂乱无章的，表现为材料的磁熵较大；有外加磁场时，材料内磁矩的方向逐渐趋于一致，表现为材料的磁熵较小。磁制冷技术由于绿色环保、能量利用率高等优点，受到研究者的广泛关注。根据制冷原理，磁制冷系统可以简单分为磁工质和磁制冷机两部分。广州市某公司设计了一种旋转式磁制冷机，最高的制冷温跨为 11.6℃，制冷功率为 162.4W。在磁热材料方面，他们以 $(Mn,Fe)_2(P,Si)$ 磁热材料为研究对象，利用直接铸造法一步成型，采用成分优化、微观组织调控和元素共掺杂等手段来调整居里温度和磁热效应。另外，为了直接表征磁热效应，他们研制了不同类型的绝热温变测试仪，一类可以测试大温跨、高场强条件下的温差；另一类是永磁场式的、可变频的旋转绝热温变测试仪，它可以最大限度地模拟实际情况。

3. 离子热效应制冷技术

离子热效应是指物质由于周围的离子环境发生变化而产生固-液相变，利用相变潜热的吸收或释放而产生热量变化的过程。离子热效应伴随的热力学循环示意如图 7-17 所示，借助其热力学循环过程，系统便可达到连续制冷的目的。离子热效应的本质是利用固-液相变潜热提供热量变化进而实现冷却，离子浓度变化是驱动相变产生的原因，但诱发离子浓度变化的因素却不局限于电场一种形式。由于理论上离子热效应中的相变过程能够产生相较

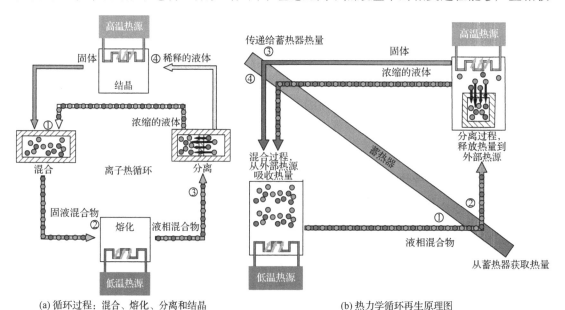

(a) 循环过程：混合、熔化、分离和结晶　　(b) 热力学循环再生原理图

图 7-17　离子热效应伴随的热力学循环示意图

于传统电热效应更大的热量变化及熵变，因此以离子热效应为基础构建的制冷方法能够具备更好的制冷效果和更高的制冷效率。从实际应用角度考虑，离子热效应及其热力学循环仍存在制冷功率低、离子混合速度慢的问题，接下来需要进一步解决这些问题，使离子热效应制冷技术成为一种成熟、高效、安全、环保的制冷技术。

7.3.3　蓄冷型设备隔热层技术

1. 隔热层技术简介

隔热层技术主要通过在蓄冷型冷藏设备中添加隔热相变材料，确保商品运输时形态的稳定性，从而提高冷藏设备的保温性能，减少冷量的损失。隔热相变材料分为多孔材料、热反射材料和真空材料三类。多孔材料利用材料本身所含的孔隙隔热，因为孔隙内的空气或惰性气体的热导率很低，如泡沫材料、纤维材料等；热反射材料具有很高的反射系数，能将热量反射出去，如金、银、镍、铝箔或镀金属的聚酯、聚酰亚胺薄膜等；真空材料利用材料内部真空阻隔对流来实现隔热。不同的隔热相变材料还可以进行混合处理，制备出更加稳定的新型材料。

2. 隔热层技术应用实例

1) 应用实例 1——福建省某公司的冷藏车隔热层

福建省某公司在冷藏车中使用了一种新型隔热层，其结构示意如图 7-18 所示。该隔热层设置在冷藏车的车体外壳和储物空间之间，具体由顶部隔热层、底部隔热层和至少两块拼接而成的真空绝热板组成。两块真空绝热板具有一定高度差，这使得两块真空绝热板在拼接处局部重叠，然后通过连接件固定连接。侧壁隔热层分为设置在顶部隔热层和底部隔热层的长边之间的弧形隔热层、设置在顶部隔热层和底部隔热层的短边之间的背部隔热层和面部隔热层。弧形隔热层由至少两块真空绝热板经过斜面拼接而成；面部隔热层与储物空间的舱门位于同一侧，其中安装有保温门板；顶部隔热层、底部隔热层、侧壁隔热层的真空绝热板，在朝向储物空间的一侧复合有高强度面材。该结构增强了不同形状的隔热层与冷藏车外壳内壁的贴合度，也增大了冷藏车的有效容积。

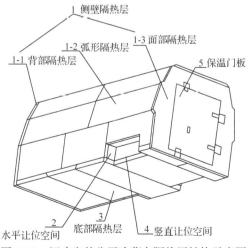

图 7-18　福建省某公司冷藏车隔热层结构示意图

2) 应用实例 2——天津市某公司的冷藏车隔热层

大多冷藏车仅在内部设置一个冷藏箱,在长时间的日晒下,冷藏箱效果会下降。天津市某公司在冷藏车内部添加了隔热装置,设计了一种新型冷藏车隔热层,其结构示意如图 7-19 所示。冷藏车的内部设置了带有隔热装置的隔热腔,外部车身内设置有拆装装置。该冷藏车隔热层的隔热腔中四个拐角处安装了四块隔板,冷藏箱的箱壁也安装了隔热板,每块隔热板均与两个滚轮接触。并且在隔热腔中设置了带有制冷剂的制冷盒,制冷剂通过制冷孔挥发到隔热腔内部。当需要更换隔热板时,摇动摇杆令螺纹杆在车身内壁开设的螺纹槽内转动,随着螺纹杆的转动,螺纹杆逐渐将隔热板从隔热腔中推出,推出一部分后,通过拉杆将隔热板取出进行更换,这样有效保证了冷藏车的使用寿命。

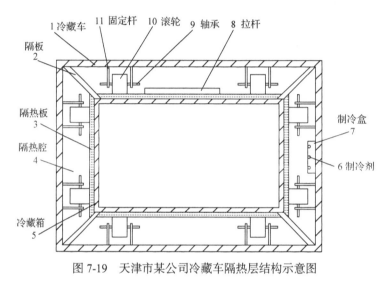

图 7-19　天津市某公司冷藏车隔热层结构示意图

7.4　蓄冷型销售末端技术

冷链物流销售末端是生鲜等产品销售渠道的最末端,是食品的终点站或最接近终点的中转站。销售末端装备是在全程冷链物流最后环节保障食品品质的关键装备,从使用场景来划分,目前主要的末端设备有超市冷柜、生鲜配送柜、冷链零售柜、厨房(酒店)冰箱和家用冰箱等。

7.4.1　蓄冷型设备中的空气幕技术

1. 空气幕技术简介

冷链物流的销售末端设备通常需要频繁打开和关闭库门,但此操作不仅会增加设备的额外制冷负荷,还会产生雾气影响人员安全通行。为了解决该问题,人们通常选择安装空气幕。空气幕是局部送风的另一种形式,产生空气隔层,减少和阻隔室内外空气的对流,既能满足设备所需的控温要求,又体积小巧。空气幕的运行效率受射流出口风速、射流厚度和出风角度等诸多因素的影响,该技术目前已有一定的应用范围。

2. 空气幕技术应用实例

1) 应用实例 1——天津市某大学的空气幕冷库

传统冷库空气幕通常以出口风速的研究为提高阻断效率的重点,对射流风速在沿程上的持续性缺乏关注。天津市某大学通过对空气幕装置进行三次针对风速优化的结构性设计改造(改进安装小型静压箱和渐缩喷口、在静压箱中安装导流叶片、设置回风系统)以减缓空气幕射流沿程的快速衰减。其设计的三层空气幕示意如图 7-20 所示。通过搭建空气幕性能测试实验台,对所设计空气幕的沿程风速衰减情况进行测量,使用气体示踪法计算了不同配置空气幕的阻断效率。结果表明:加装静压箱和渐缩喷口对送风前半程的风速提升较大,安装导流叶片对风速门后半程的风速优化影响较大,回风系统会使后半程风速显著提高;冷风渗透实验中,单层空气幕、双层空气幕和三层空气幕的密封效率分别为 0.16、0.19 和 0.22,单层循环空气幕、双层循环空气幕和三层循环空气幕的密封效率分别为 0.29、0.38 和 0.43。

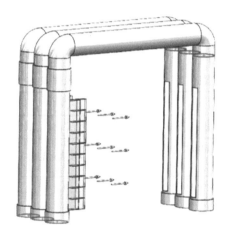

图 7-20　三层空气幕示意图

2) 应用实例 2——天津市某公司的空气幕冷库

天津市某公司采用了一种应用于冷库门的正压式低温空气幕,结构示意如图 7-21 所示。空气幕设置在冷库内,空气泵组位于冷库外,空气泵组通过压缩气体管与引射器连接,引射器通过混合气体管道与空气幕连接。空气幕包含空气幕管,其两端设有端板,空气幕管的内腔为静压室,侧壁开有喷孔。引射器包含接受室,接受室前端依次安装有混合室、喉管和扩压室,接受室内设喷嘴,喷嘴连接压缩气体管,扩压室连接混合气体管道,接受室连接低温气体管道,低温气体管道延伸至冷库内。该空气幕在一定程度上阻隔了冷库外的湿热空气流入冷库内,为空气幕技术的发展提供了参考。

7.4.2　蓄冷型设备中的解冻技术

解冻技术的复杂性远远超过冷冻技术。在解冻过程中,必须确保食品内所有细胞和组织能够均匀且同步地解冻,这需要极高的技术和设备支持。目前,在这一领域还面临巨大的困难和挑战。即便细胞在冷冻状态下保持完好无损,在解冻时,如果不能精确控制解冻速度和温度变化,细胞依然可能会受到损害。目前我国食品工业在解冻方面以传统解冻技术为主,各解冻技术的原理及优缺点如表 7-3 所示。

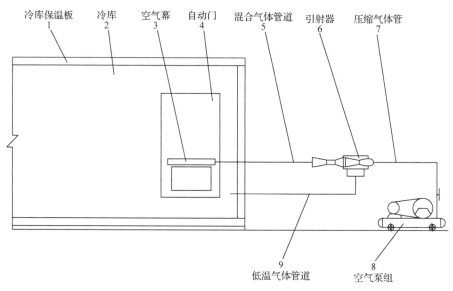

图 7-21　正压式低温空气幕结构示意图

表 7-3　各解冻技术的原理及优缺点

解冻技术	原理	优点	缺点
空气解冻	空气移动、自然对流或强制对流换热	操作简单、不需要设备、成本低廉	解冻速度慢、需要足够的空间
水解冻	通过热传导在解冻介质和食品间进行热交换	解冻速度较快、脂质氧化程度低、成本低	营养成分易渗出、易造成微生物污染
真空解冻	预设压力下，蒸气释放到真空室中，在食品表面冷凝并释放热量	解冻快、表面温度低、易控制和清理	外观不好、成本高
接触解冻	通过平行金属板加热解冻	不直接接触解冻介质，可控性好	拆装盘耗时长
新型解冻	施加电流、电磁波和超声波等达到解冻目的	解冻效果好	应用有待拓展

　　传统解冻技术存在解冻时间长、解冻后产品品质变化大等缺点，新型解冻技术可以弥补这些缺陷。组合解冻可以综合两种解冻技术的优点来减少产品解冻后的品质变化，但目前研究较少，需要进行深入的研究。不同的产品所需的解冻方法不同，在实际生产中应根据需要选择适宜的解冻方法来避免产品品质的变化。

7.4.3　蓄冷销售末端设备

　　1. 蓄冷型生鲜配送柜

　　随着互联网触角不断深入人们日常生活的各个角落，近两年，生鲜配送开始流行起来，给人们生活带来了便利。生鲜配送柜主要是针对生鲜食品(适用于蔬菜、水果、肉类、乳制品等)配送设计的智能配送柜，如图7-22所示。生鲜配送柜是集冷藏、保鲜、智能配送及网络化管理于一体的设备，它和生鲜电商及冷链物流紧密结合，能够实现生鲜食品网络智能化配送功能，并很好地解决配送保鲜问题。目前生鲜配送柜有两种经营模式。一种是自助配送模式，用户在网上可随时下单，下单之后店家安排配送员将生鲜物品配送至柜内，柜子会给用户发送取物通知和验证码，用户用验证码到配送柜自取。另一种是自动售卖模式，用户在附近的生鲜配送柜中自助购买生鲜产品，柜子会对产品进行分类计重收费，用户扫码付费后售卖流程结束。相较于前者来说，具有自动售卖功能的生鲜配送柜保鲜性更好，但建造和运营成本较高。

图 7-22 生鲜配送柜

2. 蓄冷陈列柜

这里的蓄冷陈列柜多指超市冷柜，它是一种由制冷系统冷却的陈列柜，可存放、陈列冷藏和冷冻食品，并使存放的食品温度保持在规定的范围内，最大限度地保证食品质量，减少食品的损耗，现已成为超市及餐饮行业中必不可少的设备之一。

按照储存物品的种类，陈列柜可分为果蔬类制冷陈列柜、乳制品制冷陈列柜、肉制品制冷陈列柜和冷冻制冷陈列柜。果蔬类制冷陈列柜主要用于贮存蔬菜、水果等物品，贮存温度一般为 5~10℃。乳制品制冷陈列柜主要用于贮存乳制品、饮料等物品，贮存温度一般为 0~10℃。浙江省某公司制备了一种针对乳制品的低温蓄冷剂，该蓄冷剂可以替代直接制冷设备，比传统制冷设备投资小且能源消耗少，能够较好地保证乳制品的品质。肉制品制冷陈列柜主要用于贮存熟食类制品等，温度一般为-2~3℃。冷冻制冷陈列柜主要用于存放冷冻肉类制品、水产品、冰淇淋等冷冻产品，温度一般在-18℃以下。

按照制冷系统设置，陈列柜可分为独立式机组陈列柜与分装式机组陈列柜。独立式机组陈列柜的压缩机、冷凝器等不分开设置，而是集中放置在一个柜体内，即自携式冷凝机组。分装式机组陈列柜的压缩机、冷凝器等设备与陈列柜分开设置，一般不放在同一室内，即远置式冷凝机组。也可依据冷柜结构对蓄冷陈列柜进行分类。按门的设置可分为敞开式陈列柜(图 7-23)和封闭式陈列柜；按陈列柜外形又可分为立式陈列柜、半高立式陈列柜、卧式陈列柜、推入式陈列柜和组合式陈列柜。敞开式陈列柜通常采用冷风幕来阻隔敞口处与外界环境之间的热湿交换，能够最大限度地减少陈列柜柜内冷量散失。由于该类型陈列柜为敞口式设置，相较于封闭式陈列柜，其耗能相对较大。封闭式陈列柜周身箱体呈封闭型，柜内储物架能起到展示和存放食物的作用，把玻璃柜门做成开门或者开盖形式，用来展示商品，供顾客选择拿取食品，封闭式陈列柜也分立式和卧式两类。该类陈列柜柜内温度分布均匀、波动小、耗能少，成本较敞开式陈列柜低，柜内食品卫生条件好。此类陈列柜适合存放冷冻肉类制品、冰淇淋、熟食制品以及蛋糕等。

图 7-23　敞开式陈列柜

本 章 小 结

　　蓄冷技术通过直接存储和释放冷能，在冷链物流行业绿色和可持续发展方面具有重要技术优势。就冷链设施、设备和装备的开发而言，蓄冷技术已作为制冷系统的重要组件和集成部件，在主动和被动制冷场景中均已得到成熟应用，同时，由于能源环保更高与更急迫的要求，预计蓄冷技术在冷链物流行业中将获得更大的市场接受度和更广泛的应用前景。

课 后 习 题

7-1　怎样看待蓄冷技术与冷链物流应用场景之间的结合？

7-2　蓄冷型冷加工(预冷和速冻)技术的指标有哪些？在实际应用中要如何考虑？

7-3　冷冻冷藏环节的特点有哪些？与蓄冷技术结合存在哪些优势？

7-4　冷藏运输用冷面临的挑战有哪些？蓄冷技术可以起到哪方面作用？

7-5　试分析蓄冷型隔热层的传热过程并尝试绘制热阻热容网络图。

第 8 章　蓄冷技术在其他领域的应用

蓄冷技术可以避开日间用电高峰，在夜间制冷并在白天用冷，在节能上具有巨大的潜力。因此，除了暖通空调与冷链物流外，蓄冷技术还在纺织工业、数据中心冷却、建筑节能与热舒适、地下工程等领域也越来越受到关注，且发展迅速。

8.1　纺织工业蓄冷技术及应用

随着社会生活水平的不断提高和服装文化的日益发展，人们对服装热舒适性能的要求越来越高。纺织服装作为"第二皮肤"，在调节人体热舒适度的过程中发挥着重要的作用。人体热舒适度主要由热湿舒适性决定，皮肤和最内层衣物之间的空气层(微气候区)存在最适宜条件(最佳微气候)，微气候区的温湿度与人体热舒适度之间的关系如图 8-1 所示，可以看出，最佳微气候条件为温度(32±1)℃、湿度 50%±10%。

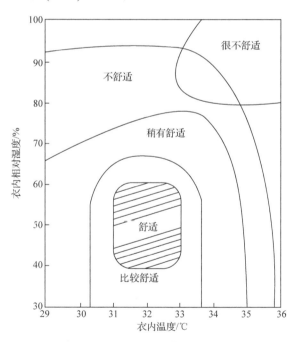

图 8-1　微气候区的温湿度与人体热舒适度之间的关系

根据环境温度和人体热平衡之间的关系，通常把 32℃以上的生产劳动环境称为高温环境。高温环境往往会引起人体产生一系列生理问题，如缺氧、注意力分散、记忆力减弱、抗荷耐力和反应灵活性下降，严重时甚至会导致心理问题，因为高温会对人体下丘脑情绪调节中枢的影响明显增强，导致情绪和认知行为的紊乱，感到心烦气躁、思维紊乱。在当代生活中，由于作业需求和工作性质的不同，有大量人员的工作环境经常处于高温环境下，如消防员、矿井工人、环卫工人、交通警察、医务人员、航天员等，他们不得不面对高温环境，必须想办法提升这些人员的热舒适度。

提高人体热舒适度往往有两种方法，第一种方法是增加人体的散热，第二种方法是减少输入人体的热量。人体的散热机制主要是靠汗液的分泌、蒸发、辐射、对流等途径来散发热量的。但人体长时间处于高温环境，人体的散热机制会大大降低，这时候需要借助外部的降温措施。常用办法是降低周围环境的温度，如采用空调制冷，营造低温环境。

但上述人员往往处于特殊工作环境下，如消防员、医务人员穿着密闭性防护服，交通警察、环卫工人处于烈日之下，矿井工人面对地下高温地热等，利用空调制冷降温来降低人体温度的代价较为昂贵或难以实现，这时候就需要对每位工作人员进行个体降温。在此背景下，调节服装内微气候使人体感到舒适的技术越来越引起人们的重视。近年来，可实现微气候温度调节功能的智能蓄冷调温纺织品——降温服，受到了业界的广泛关注与推崇。得益于各种蓄冷材料的研发，多种调节方便、便于携带、结构简单的蓄冷型降温服越来越多。

现有降温服按照冷却方式可分为 3 类：气体降温服、液体降温服、蓄冷降温服。气体降温服和液体降温服将风和水引入服装内，通过风和水的循环带走人体热量以起到降温作用，这种降温服制作工艺简单，但该降温服往往需要配置额外的风冷和水冷循环设备，其重量(液体降温服还需要加上水的重量)会增加工作者的负担，不便于随身携带。蓄冷降温服能发挥蓄冷材料大比热容的优势，可在一定时间内使服装内微气候保持在一定温度范围内，具有轻质、便携和更换灵活的特点。

蓄冷降温服本质上属于相变调温纺织品，利用相变材料在相态转换过程中的吸、放热实现温度调节。相变调温纺织品与人体皮肤间的热调节过程如图 8-2 所示。当外界温度达到纺织品中所含相变材料的熔点时，相变材料吸热，从固态转换成液态，使纺织品升温滞后；当外界温度达到纺织品中所含相变材料的结晶点时，相变材料放热，从液态转换回固态，所释放的热量可延缓降温。因此，当人们穿着相变调温纺织服装时，相变材料的相态转换可缓冲皮肤的瞬间温度变化，为人体提供相对稳定的微气候环境，保证使用者的热舒适感。此外，可以通过调整相变材料的数量和位置对微气候进行灵活调控，如图 8-3 所示。

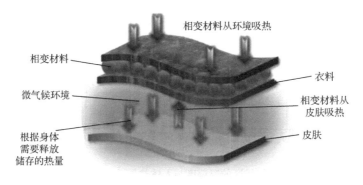

图 8-2　相变调温纺织品与人体皮肤间的热调节过程

表 8-1 反映了 3 种不同降温服的不同特性。除此之外，还有集成各类降温技术于一体的混合降温服。图 8-4 所示为基于蓄冷技术和通风技术的混合降温服。为达到最佳冷却效果，使用该混合降温服时，首先要保证通风风扇进风口与人体保持一定距离且距出风口距离较

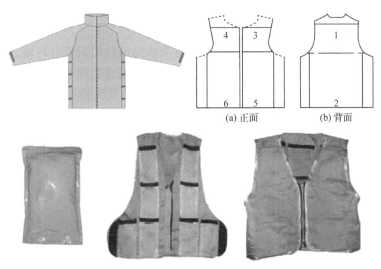

图 8-3　典型蓄冷降温服及蓄冷材料分布位置(位置 1～6)

远(即保证通风风道较长且通过面积足够大，有利于增强汗液蒸发)，此外，还要保证相变材料与人体各部位贴合性较好且不宜排列过密，为通风提供风道。

表 8-1　3 种不同降温服的不同特性

名称	降温方式	优点	缺点	适用场合
气体降温服	蒸发散热、对流散热	气源丰富、便携、效果好	需电源、制冷器，影响工作人员操作	无防电、防爆要求的场合
液体降温服	传导散热	效率高、可持续降温、温度可控	体积大，质量重，需电源、制冷器	无防电要求的场合
蓄冷降温服	传导散热	无电子设备、操作简单、效果好	降温时间有限、温度不可控、需反复蓄冷	无限制

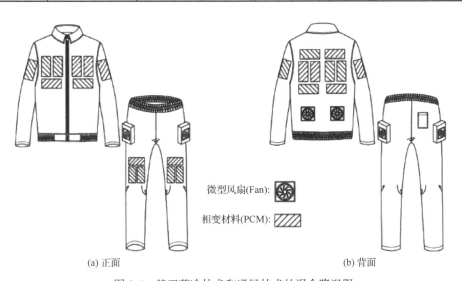

微型风扇(Fan):

相变材料(PCM):

(a) 正面　　　　　　　　　　　　　(b) 背面

图 8-4　基于蓄冷技术和通风技术的混合降温服

8.1.1 不同用途降温服

消防降温服：火灾救援场景下，消防员常常面临高温热辐射复合环境，同时伴随一定强度的劳动，这往往会引起消防员的热应激反应，甚至造成晕厥和伤亡等。热感觉和热舒适严重影响消防员的作业效率和有效救援时长，因此消防员配备消防降温服很有必要。

矿井作业降温服：随着矿井开采深度的增加，热害愈加严重。在矿井深部的工作中，温度高且湿度大都在 90%以上。大面积的机械制冷降温方式能耗高且投资大，降温服是除机械降温手段外一种个体防护降温的新型降温方式，且降温成本仅为其他降温成本的 20%左右，它可大大降低人体热负荷，减缓体温上升速率，延长人员在高温、高湿场合中的作业时间。蓄冷降温服在服装上封装相变材料或者利用微胶囊技术将相变材料镶嵌在服装中，通过相变材料的相态变化吸收人体热量，实现对人体的降温。

医用降温服：医用防护服是医务工作者的防护装备之一，医用一次性防护服无须经历多次穿用、洗涤和消毒，阻隔性和物理机械性能稳定可预测，有助于降低交叉感染风险。但是当前一次性防护服存在透气性差、无法调节温度、夏热冬冷、影响医务工作者穿着舒适度的问题。医务工作者的身体不得不长时间处于封闭状态，身体产生的热量不能与外界进行热交换，轻则皮肤发红疹、瘙痒疼痛，重则出现头痛、胸闷、心慌等症状。长期如此会影响医务工作者的身心健康，因此通过给医务工作者配备蓄冷降温服，可改善防护服内微环境，从而提升医务工作者长时间劳动时的舒适性。

军用降温服：作为军需纺织品的重要组成部分之一，军服包含通装和特装两大类，通装部分包括礼服、常服、作训服、工作服、鞋靴、帽子等；特装部分包括防酸工作服、耐高温阻燃工作服、水溶性工作服、高空飞行服、跳伞越野服、防爆毯、防爆服、排雷服、防切割手套、防寒服、防毒衣、防毒斗篷、防毒靴套、核辐射防护服、核污染防护服等。不同类型的军服，须符合不同的训练和战斗条件，但军服的最基本要求就是舒适性。当前，在作战方式愈加多样、作战环境条件愈加复杂的背景下，为缓解士兵在长期作战训练或是严苛环境下的不适感，采用蓄冷技术的降温服可以最大限度地满足舒适性，是提高军队战斗力的一个重要保证。

8.1.2 降温服的制备

1. 相变材料的选取

制备智能调温纺织品最重要的步骤之一就是选择适宜的相变材料，选择相变材料须遵循以下几个原则。首先，要根据应用领域和使用环境，选择具有合适的熔融-结晶温度的相变材料；其次，要根据纺织品的加工工艺，考虑相变储能材料的稳定性和可加工性，选择化学稳定性高、热稳定性较好、可加工性强的相变材料；最后，相变材料的储能密度、灵敏性、安全可靠性、经济性、环保性等性能也是选择相变材料的重要考量因素。

2. 相变纺织材料的制备

通过新材料、新技术实现相变材料与纺织品的有效结合，是目前开发相变调温纺织品的主要思路。相变调温纺织品的制备方式主要有两种：一种是将相变材料制成纤维材料后再加工成相变调温纺织品；另一种是相变材料整理后附着于织物使其具备智能调温功能。

相变调温纤维的制备技术主要是研究相变材料与纤维基体间的有效结合，目前制备相变调温纤维材料的方法主要有微胶囊共混纺丝法、皮芯复合纺丝法和中空纤维填充法。

微胶囊共混纺丝法是以微胶囊相变材料为功能性添加剂、以高分子聚合物为基材，通过溶液熔融纺丝制得相变调温纤维的。该方法起步早且技术成熟，是目前获得相变调温纤维的主要技术。相变调温纤维前期主要用于开发宇航员服装和太空试验精密仪器外罩，目前在户外服装和床上用品中也有广泛应用，但缺点是不耐碱、不耐热、吸湿性能差。皮芯复合纺丝法以高分子聚合物为皮层、以相变材料为芯材，可提升相变材料在纤维基体中的含量。皮芯复合纺丝法的优点在于其特殊的芯鞘结构，相较于微胶囊共混纺丝法可显著提升相变材料的含量；缺点是相变材料未封存，若皮芯纤维的皮层破裂，易造成相变材料外渗。中空纤维填充法是将相变材料通过物理吸附填充至纤维空腔区域，纤维基体的浸润性和相变材料的流变性能决定其储热性能和封装效果。该方法的优点是相变调温纤维材料熔值高、储热性能优异；缺点是对中空纤维的强度、弹性和质地均匀度要求高。

8.1.3　降温服应用的问题

尽管含相变材料的降温服能有效地改善人体与服装间的微气候，但由于当前技术发展的限制，仍然存在以下问题：第一，相变材料的温度难控制，相变材料温度必须在人体舒适范围内，做到精准控制温度，还有待研究；第二，调温时间短，调温纤维中的相变材料一般用量较少，调温纺织品的调温时间也较短，如果需要延长调温纺织品的调温时间，则需要提高相变材料的性能或增加相变材料的用量；第三，相变材料的种类选择影响调温效果，相变材料种类繁多，每种相变材料都有不同的相变方式、相变潜热和相变温度范围；第四，对于医用降温服，还须考虑相变材料对医用防护服防护性能的影响，由于部分相变材料具有腐蚀性，但医用防护服对防护性、阻隔性要求较高，需要保证相变材料在提高医用防护服热舒适性的同时又不破坏防护性。

8.1.4　蓄冷纺织品的测试表征方法

温度调节能力是调温纺织品最重要的功能指标，当前国内外相关研究人员多采用热分析法、动态升降温法和暖体假人法来表征调温纺织品的调温能力。

1. 热分析法

当前调温纺织品测试所用的热分析法主要基于标准 GB/T 19466.3—2004《塑料 差示扫描量热法(DSC)第 3 部分：熔融和结晶温度及热熔的测定》的差示扫描量热法。该方法适用于纤维、纱线和织物等各种形态的纺织品。通过 DSC 测试，可以获得纺织品的温度-热量曲线，根据该曲线的波峰、波谷可以初步判断样品是否具有调温性能，并确定相变材料的热熔值、相变峰值温度和相变温度范围。但 DSC 表征只能客观地判断相变材料的相变性能，模拟的是纺织品在平衡状态下的热量传递性能，无法体现实际穿着的真实感受。

2. 动态升降温法

动态升降温法主要用于表征纺织品的相变调温性能,参考团体标准 T/CTES 1005—2017《纺织用相变调温微胶囊及其应用功能评价》，通过测试纺织品的最高温度调控值ΔT_{max} 并

结合相变温度来衡量纺织品的调温性能。具体测试方法为：首先将测试样与对比样置于规定的环境中平衡后，将两个试样包裹在温度传感器外围，在最外层包裹聚乙烯自黏保鲜膜以排除试样吸湿发热造成的影响；然后将试样置于恒温恒湿试验箱，使温度从 10℃ 升高到 50℃，获得动态升温测试数据，同理，使温度从 50℃ 降低到 10℃ 并获得动态降温测试数据；最后，将数据绘制成动态升/降温曲线，分别计算同一时刻测试样与对比样温差的绝对值，获得最高温度调控值 $\Delta T_{max} = \max|T_i - T_j|$，当 $\Delta T_{max} \geqslant 5.0℃$ 时为优等品，$\Delta T_{max} \geqslant 4.0℃$ 时为一等品，$\Delta T_{max} \geqslant 3.0℃$ 时为合格品。该测试方法可直观地表征纺织品的调温幅度，但必须制备与测试样规格、风格一致的对比样，这提高了测试难度，也不利于比较不同调温纺织品间的调温能力差异。

3. 暖体假人法

暖体假人法基于标准 GB/T 18398—2001《服装热阻测试方法 暖体假人法》。暖体假人模拟的是真人尺寸，假人身上各加热器可根据人体温度分布特点模拟出与真人接近的温度，因此暖体假人法测试是与人体实际穿着感最为接近的。暖体假人法测试时不需要对服装进行裁剪，只需要暖体假人穿上服装产品即可直接测试，可以全面反映纺织品在外界温度变化情况下的温度指标，评价方法准确、有效，缺点是操作复杂、成本高、检测周期长。

8.2　数据中心蓄冷冷却技术及应用

随着大数据、云计算、物联网、人工智能、5G 等技术的发展，互联网数据中心的建设和运营规模迎来了爆发式增长。数据中心要消耗大量的电能，然而 IT 设备的耗电最终要转化成热量，设施中安装的设备越多，产生的热量就越大。又因为数据中心制冷系统需要全年不间断工作，所以寻求合适的数据中心散热方式是目前降低运行成本的一个重要方法。数据中心冷却是指通过冷却技术确保数据中心设施内适宜温度和湿度水平的集体设备、工具、系统、技术和流程。适当的数据中心冷却可确保为整个设施提供足够的冷却、通风和湿度控制，以使所有设备保持在所需的温度范围内。

传统的服务器冷却技术主要分为两种：风冷却和液冷却。风冷却通过空气循环系统将热量带走，这通常是通过设置大型机房的机架来完成的。每个机架上都会设置风扇和柜门，以确保空气流通，并且通过现场安装更多的空调系统来维持温度。传统风冷式空调只能对机房整体或局部环境温度进行调节，但机柜内部的服务器设备中不同发热器件存在较大的发热功率梯度，如图 8-5 所示，CPU 芯片的发热功率远高于其他发热器件。因此，传统风冷式空调会导致不同发热器件出现"过冷"或"过热"的现象，只能通过加大机房空调制冷量或降低送风温度等方式来降低发热器件的温度，这必将导致能耗过高。

液冷却技术使用液体(如水)利用热交换来带走热量，从而将热量转移至现场的冷却塔或其他冷却设备，以确保数据中心的操作温度始终保持在更佳状态。

为了满足各种类型和规模数据中心的冷却需求，冷却技术仍在不断发展，其中蓄冷冷却技术近年来得到了快速发展。蓄冷系统多按照蓄冷介质的种类进行区分，主要可分为水、冰和共晶盐蓄冷系统，3 种蓄冷介质的主要技术特点如表 8-2 所示。

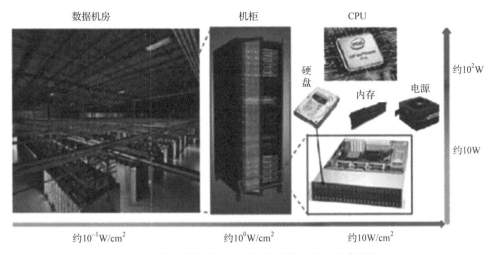

图 8-5　服务器设备中不同发热器件的发热功率梯度

表 8-2　3 种蓄冷介质的主要技术特点

蓄冷介质	温度参数		技术特点
水	供回水温差为 5～11℃	优点	初投资低、维修费用低、技术要求低，蓄冷罐的储水温度与系统的供水温度一致，可直接使用
		缺点	蓄冷装置体积较大、冷耗较大(为储冷量的 5%～10%)、保温及防水措施要求高
冰	供水温度可接近 0℃	优点	单位蓄冷装置体积小，适用于短时间内需要大量释冷的建筑
		缺点	至少配置 1 台双工况冷水机组，且制冰工况下 COP 有所降低
共晶盐	相变温度为 5～7℃	优点	蓄冷装置体积介于水、冰蓄冷系统之间
		缺点	对相变材料要求较高，且设备投资较高，目前应用较少

8.2.1　数据中心水蓄冷冷却系统

　　水蓄冷冷却系统由冷却塔、冷却水泵、冷水机组、冷冻水泵、蓄冷装置、板式换热器、蓄冷水泵和放冷水泵组成，是目前数据中心蓄冷冷却技术中最常见的技术，优势主要有以下几点。

　　(1) 水蓄冷系统可与原空调冷却系统"无缝"连接，无须再额外配置蓄冷冷源，节省初投资。

　　(2) 数据中心所需的供回水温度与水蓄冷系统的供回水温度最为贴近，水蓄冷系统的冷水机组可直接按照末端供水温度设定出水温度，无须额外配备双工况冷水机组即可实现供冷及蓄冷工况的有机结合。此外，数据中心冷冻水供/回水温度多为 14℃/19℃，冷水机组的 COP 可达到较高水平。

　　数据中心对于蓄冷系统的安全可靠性要求较高，相比于冰和共晶盐蓄冷，水蓄冷通过并联或串联的方式直接接入系统，无须增加中间换热器等专用蓄冷设备，若出现紧急状况可及时投入使用，这不仅降低了蓄冷系统的复杂性，还节约了投资和维护成本。

　　在数据中心运行的初期，负荷率较低、制冷机组效率很低，利用水蓄冷系统夜间满负荷蓄冷、白天放冷，避免主机喘振并降低运行能耗。

1. 数据中心典型水蓄冷系统

按照蓄冷装置接入蓄冷系统的方式不同，主要可分为串联和并联(图 8-6)。串联接入方式又可根据冷水机组和蓄冷装置的相对位置关系，分为冷水机组在蓄冷装置下游的串联形式和冷水机组在蓄冷装置上游的串联形式。

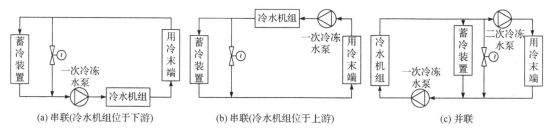

(a) 串联(冷水机组位于下游)　　　　(b) 串联(冷水机组位于上游)　　　　(c) 并联

图 8-6　水蓄冷系统接入蓄冷装置的形式

在串联形式中，系统多采用一次冷冻水泵形式，蓄冷装置采用闭式蓄冷装置。当正常运行时，蓄冷装置在系统内在线运转，放冷阶段无须进行切换，一次冷冻水泵需要在电源带载条件下正常运转，便于为用冷末端提供不间断冷量。对于冷水机组，在一定范围之内，进水温度越高，越有利于冷水机组的高效率与节能运行，因此串联系统广泛采用冷水机组位于上游的串联形式。

在并联形式中，系统多采用二次冷冻水泵形式，蓄冷装置可根据实际情况选用开式或闭式装置。当正常运行时，冷冻水在一次冷冻水泵的作用下，一路流经蓄冷装置以蓄存和维持不间断冷量，另一路在二次冷冻水泵的作用下流至用冷末端；在放冷时，冷水机组和一次冷冻水泵因失电而停止运行，仅依靠二次冷冻水泵的运转为用冷末端提供冷量，因此二次冷冻水泵应由电源带载。由于冷水机组和蓄冷装置分别处于相对独立的环路中，操作控制更为灵活，可以实现多种运行模式，较好地发挥冷水机组与蓄冷装置的均衡供冷能力。

蓄冷装置的串、并联接入方式各有优劣，需要结合数据中心的实际情况进行设计选型。对于标准机架数超过 3000 个的超大型和大型数据中心蓄冷系统，宜采用更为灵活可靠的并联形式；对于标准机架数小于 3000 个的中小型数据中心蓄冷系统，宜考虑采用系统简单且初投资较小的串联形式。

2. 数据中心水蓄冷系统应用

图 8-7 为珠三角地区某数据中心水蓄冷系统原理图，其运行原理如下所示。

冷机单独供冷：冷机 1 开启，冷机 2 关闭。V_2、V_3 打开，其余阀门关闭。制冷系统正常运行。

单独释冷供冷：冷机 1、冷机 2 关闭。V_1、V_6、V_7 打开，其余阀门关闭。蓄水罐里的冷水在释冷水泵的驱动下依次经过 V_6 进入室内末端，在机房空调供冷后，依次通过 V_7 回到蓄水罐。

边蓄边供：冷机 1、冷机 2 开启。V_6、V_7 关闭，其余阀门打开。冷机 1 制取的冷水经过冷冻水泵进入室内末端，在机房空调供冷，高温水经过 V_3 回到冷机 1；冷机 2 制取的冷水通过蓄冷水泵向蓄水罐蓄冷，高温水经过 V_1、V_2 回到冷机 2。

直蓄直供：当室外温度较低时，冷机 1、冷机 2 关闭，冷却水直接通过水水换热器降低冷冻水温度以供冷和蓄冷。

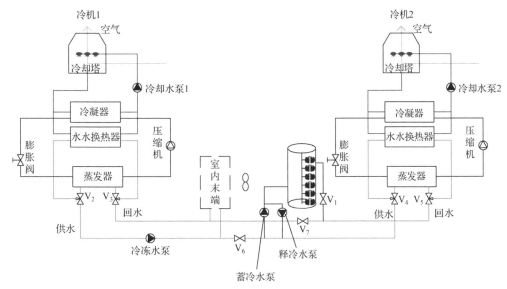

图 8-7　珠三角地区某数据中心水蓄冷系统原理图

8.2.2　数据中心冰蓄冷冷却系统

1. 冰蓄冷系统

图 8-8 为北京某数据中心 10kV 冰蓄冷系统示意图，用水冷中央空调集中供冷方式，并配置双工况制冷蓄冰机组和蓄冰池，通过制定安全、合理的运行方案，实现在谷电价时段将冷量存储在蓄冰池中、在峰电价时段再将冷量释放，达到移峰填谷、节约电费成本的目的。

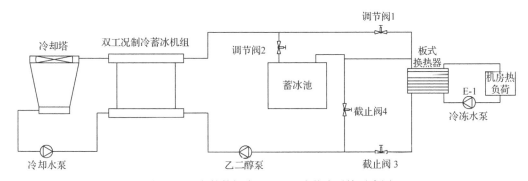

图 8-8　北京某数据中心 10kV 冰蓄冷系统示意图

在制冷工况下，双工况制冷蓄冰机组启动压机工作，系统打开调节阀 1、截止阀 3，关闭调节阀 2、截止阀 4，同时启动乙二醇泵、冷却水泵、冷冻水泵和冷却塔。主机蒸发器中产生较低温度的乙二醇溶液，乙二醇溶液再通过板式换热器将冷量传递给冷冻水，冷冻水进入机房空调表冷器给环境降温，乙二醇溶液和冷冻水流动的动力由水泵提供。在蓄冰工况下，主机压机仍正常工作，打开调节阀 2、截止阀 4，关闭调节阀 1、截止阀 3，同时开启乙二醇泵、冷却水泵和冷却塔，主机产生的低温乙二醇溶液直接进入蓄冰池，通过蓄冰池内的盘管将冷量传递给蓄冰池。融冰工况下，系统将调节阀 1 和截止阀 4 全部打开，同时关闭双工况制冷蓄冰机组和冷却塔，只开启乙二醇泵和冷冻水泵，冷量由蓄冰池传递给乙二醇溶液，乙二醇溶液再通过板式换热器将冷量传递给冷冻水，从而实现对数据中心的散热。

2. 冰蓄冷系统运行方案

以常规时间需要开启 2 台基载制冷机组运行为例，北京电网一般工商业用电峰谷平电价如表 8-3 所示，系统运行示意如图 8-9 所示。

表 8-3 北京电网一般工商业用电峰谷平电价表(京发改〔2019〕445 号)

名称	时段		价格
电力	峰段	09:00～15:00	1.2884 元/(kW·h)
		18:00～21:00	
	平段	07:00～09:00	0.7697 元/(kW·h)
		15:00～18:00	
		21:00～23:00	
	谷段	23:00～次日 07:00	0.3023 元/(kW·h)

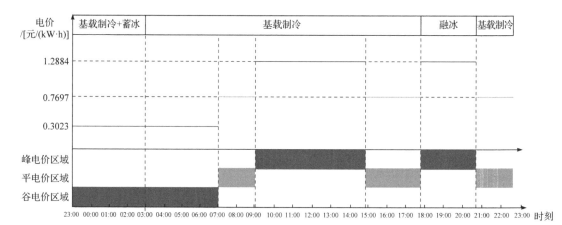

图 8-9 冰蓄冷系统运行示意图

(1) 23:00～次日 03:00 属于电网谷段，此时 2 台基载制冷机组运行，机房所需冷量全部由基载制冷机组提供。同时开启 2 台双工况制冷蓄冰机组，机组在蓄冰工况运行，产生的冷量通过乙二醇溶液传递给蓄冰池进行蓄冷。4h 后，蓄冰池蓄冷量由 30% 升至 90%。

(2) 03:00～18:00 基载制冷机组继续运行，给机房提供全部冷量，双工况制冷蓄冰机组进入停机状态。

(3) 18:00～21:00 属于电网峰段，此时关闭基载制冷机组，仅开启冷冻水泵和乙二醇泵，冰蓄冷系统进入融冰工况，冷量由蓄冰池传递给乙二醇溶液，再由乙二醇溶液通过板式换热器传递给冷冻水，机房所需冷量全部由蓄冰池提供。3h 后蓄冰池蓄冷量由 90% 降至 30%，剩余冷量还可作为后备冷源保证供冷 1h。

(4) 21:00～23:00 属于电网平段,此时开启基载制冷机组,机房所需冷量全部恢复由基载制冷机组提供。

(5) 23:00～次日 03:00 再次进入电网谷段,再次开启 2 台双工况制冷蓄冰机组进行蓄冰,往复循环工作。

3. 冰蓄冷系统电费成本

1) 蓄冰/融冰工况

23:00～次日 03:00 基载制冷机组正常运行,同时启动 2 台双工况制冷蓄冰机组,主机和乙二醇泵、双工况冷却水泵、冷却塔各 2 台。机房所需冷量全部由基载制冷机组提供,同时双工况制冷蓄冰机组给蓄冰池蓄冷。蓄冰工况主要设备运行功率见表 8-4。系统总功率为 2902kW(主机运行功率按额定功率的 85%计算),运行总能耗为 2902kW×4h=11608kW·h,电费成本为 0.3023 元/(kW·h)×11608kW·h=3509 元(此时电价为谷电价)。

18:00～21:00 冰蓄冷系统在融冰工况运行,此时基载制冷机组停止运行,整个系统只需开启 2 台基载冷冻水泵和 2 台乙二醇泵,机房所需冷量全部由蓄冰池提供,融冰工况主要设备运行功率见表 8-5。系统总功率为 160kW×4=640kW,运行总能耗为 640kW×3h=1920kW·h,电费成本为 1.2884 元/(kW·h)×1920kW·h=2474 元(此时电价为峰电价)。

表 8-4　蓄冰工况主要设备运行功率

运行设备	额定功率/kW	运行功率/kW	总功率/kW
双工况制冷蓄冰机 1	1200	1020	
双工况制冷蓄冰机 2	1200	1020	
乙二醇泵 1	160	160	
乙二醇泵 2	160	160	
冷却水泵 1	160	160	2902
冷却水泵 2	160	160	
双工况冷却塔 1	111	111	
双工况冷却塔 2	111	111	

表 8-5　融冰工况主要设备运行功率

运行设备	额定功率/kW	运行功率/kW	总功率/kW
基载冷冻水泵 1	160	160	
基载冷冻水泵 2	160	160	640
乙二醇泵 1	160	160	
乙二醇泵 2	160	160	

2) 常规制冷模式

常规制冷模式下,18:00～21:00 采用 2 台基载制冷机组制冷,同时开启冷冻水泵、冷却水泵和冷却塔各 2 台,机房所需冷量全部由基载制冷机组提供。常规制冷模式主要设备运行功率见表 8-6。

系统总功率为 2628kW(主机运行功率按额定功率的 85% 计算),运行总能耗为 2628kW× 3h = 7884kW · h,电费成本为 1.2884 元/(kW · h)×7884kW · h=10158 元(此时电价为峰电价)。

表 8-6　常规制冷模式主要设备运行功率

运行设备	额定功率/kW	运行功率/kW	总功率/kW
基载制冷机组 1	1036	883	
基载制冷机组 2	1036	883	
冷却水泵 1	160	160	
冷却水泵 2	160	160	
冷冻水泵 1	160	160	2628
冷冻水泵 2	160	160	
基载冷却塔 1	111	111	
基载冷却塔 2	111	111	

3) 两种模式对比

汇总结果见表 8-7,18:00～21:00 的 3h 机房所需冷量如果采用冰蓄冷模式需要消耗电能 13528kW · h,电费成本为 5983 元;如果采用常规制冷模式消耗电能 7884kW · h,电费成本为 10158 元。冰蓄冷模式多产生能耗 5644kW · h,电费成本反而节省 4175 元。由此可见,冰蓄冷模式本身虽不节省电能,但可节省电费。

在实际运行中,除去通信重保封网、水系统检修保养等不适宜进行模式切换的时间,以及冬季可选择水冷自然冷实现节能运行的时间,一年中实际进行冰蓄冷制冷的天数约为 240 天。按此计算,该数据中心每年可节省电费支出 100 万元,约占全年空调耗电支出的 6%,节电效果明显。

表 8-7　两种模式能耗及电费对比

对比项	冰蓄冷模式		常规制冷模式	
	能耗/(kW · h)	电费/元	能耗/(kW · h)	电费/元
蓄冰工况	11608	3509	7884	10158
融冰工况	1920	2474		
合计	13528	5983	7884	10158

8.2.3　数据中心蓄冷装置

关于数据中心蓄冷装置的选择,常用的 3 种蓄冷装置有开式蓄冷罐、闭式蓄冷罐和地下蓄冷水池。表 8-8 所示是 3 种蓄冷装置方案的对比。通过对比可知,针对大型数据中心水蓄冷移峰填谷,采用闭式蓄冷罐时经济性较差且蓄冷容积较小,一般优先考虑开式蓄冷罐或地下蓄冷水池方案。开式蓄冷罐方案的优势是经济性较好,且可采用常温蓄冷,但对室外场地条件要求较高,蓄冷容积受限。地下蓄冷水池方案施工工艺相对较复杂,但对室外地上空间和园区整体规划效果无影响，蓄冷容积一般较大，经济性相对较好，通用性更强。

表 8-8　3 种蓄冷装置方案的对比

项目	开式蓄冷罐	闭式蓄冷罐	地下蓄冷水池
保温	保温一般采用聚氨酯，外保护采用彩钢板，工艺成熟，保温施工难度小	保温一般采用聚氨酯，外保护采用彩钢板，工艺成熟，保温施工难度小	蓄冷水池保温须先采用防水材料做防水，然后用保温材料做保温，施工难度相对较大
布水	开式蓄冷罐可采用多次布水，效率较高(85%~90%)；在相同斜温层厚度情况下，由于开式蓄冷罐横截面相对蓄冷水池横截面小，因此布水效率一般高于蓄冷水池	闭式蓄冷罐可采用多次布水，效率较高(85%~90%)；在相同斜温层厚度情况下，由于闭式蓄冷罐横截面相对蓄冷水池横截面小，因此布水效率一般高于蓄冷水池	蓄冷水池可采用 H 形同程分水配水技术布水，提高布水效率；在相同斜温层厚度情况下，由于蓄冷水池横截面相对于蓄冷罐横截面大，因此效率(80%~85%)一般低于蓄冷罐，液冷越低效率越低
室内外空间	一般放置在室外地上，占用室外空间较大，蓄冷罐高度一般不低于建筑高度，对园区整体规划效果影响较大	放置在室外时常采用立式罐，占用室外空间较小，对园区整体规划效果影响较小；放置在室内时常采用卧式罐，布置较灵活，蓄冷罐较多时管线较为复杂，对层高要求高	一般放置在地下，不影响室外地上空间和园区整体规划效果。由于水位较低，地下占地面积较大，可考虑与消防水池(须当地消防部门认可)、空调补水池(平时须以市政补水为主)合用
蓄冷温度	可采用常温蓄冷或低温蓄冷，采用低温蓄冷时须增加板式换热器	一般采用常温蓄冷	一般采用低温蓄冷，须增加板式换热器
蓄冷容积	单体蓄冷容积较大，一般在 500m³ 以上，蓄冷总容积受室外地上场地条件所限	闭式蓄冷罐由于单体尺寸基本上满足整体运输，因此单体容积不会太大，一般在 350m³ 以下	蓄冷容积较大，一般在 500m³ 以上，蓄冷总容积受地下条件所限
投资	开式蓄冷罐由于单体容积较大，不承担系统压力，同时可用作定压装置，单立方造价相比于闭式蓄冷罐和蓄冷水池要低。单立方造价为 2000~5000 元，容积越大，单立方造价越低	闭式蓄冷罐由于单体尺寸较小，同时承担系统压力，单立方造价相比于开式蓄冷罐和蓄冷水池要高。单立方造价为 6000 元左右	蓄冷水池由于结构的特殊性，土建成本占比较大，单立方造价为 3000~4000 元，地下层高越高，单立方造价越高

8.3　建筑蓄冷技术及应用

将相变材料用于建筑节能领域，能使室内温度维持在舒适范围内，提高人们居住和办公的舒适度，实现节能和减少碳排放的目标。相变储能技术可以缓解建筑物的能量供求在时间、空间和强度上不匹配的矛盾，是目前国内外建筑节能研究的热点。

建筑节能领域所用蓄冷技术可根据蓄冷方式分为主动式蓄冷、被动式蓄冷和混合式蓄冷。主动式蓄冷主要通过制冷空调系统将电能或可再生能源(如太阳能)等转化并储存到蓄冷装置中，能在需要时将冷能释放出来，有助于缓解能源供需不匹配的问题。该部分内容已经在第 6 章进行了详细介绍，这里不过多赘述。本章重点介绍应用于建筑领域的被动式蓄冷和混合式蓄冷技术及应用。被动式蓄冷通过将相变材料引入建筑构成元素(墙体、地板、天花板、玻璃等)中，与建筑围护结构复合，利用相变材料的潜热储热功能，日间利用太阳辐射能进行蓄热，夜间利用低温通风蓄冷，达到建筑调温储能、蓄热/蓄冷等目的。混合式蓄冷技术将相变围护结构和冷热源(如预埋水管、预埋风管、冷却盘管)等末端装置有机集成，利用空调采暖等换热设备主动完成相变围护结构的蓄/放热，实现可再生能源的充分利用，在提高人体舒适度的同时降低成本(图 8-10)。

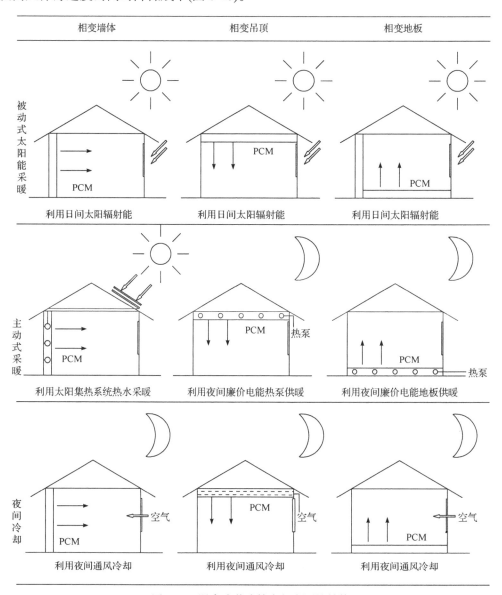

图 8-10　混合式蓄冷技术相变围护结构

8.3.1　建筑相变墙体

1. 普通相变墙体

相变墙体是将相变材料与传统材料复合制成的相变储能墙板，夏季当室内温度高于相变温度时，相变储能墙板中的相变材料融化吸收室内多余的热量，相变墙体可以减小建筑物内部的温度波动，提高室内环境的舒适度，还使得建筑物的空调冷负荷比传统建筑物低。夜间，相变材料与自然凉风进行换热，将白天吸收的热量释放到室外，该过程为蓄冷过程，实现了辅助控制室内温度，减小了建筑采暖、制冷能耗，有助于提高室内环境舒适度，并降低了空调系统的初投资和运行维护费用(图 8-11)。相变材料与建筑围护结构材料的结合方式包括直接浸泡法、掺混法、定形相变材料法等。相变材料层与墙体的组合方式有外贴相变材料层、夹层相变材料层、内贴相变材料层。

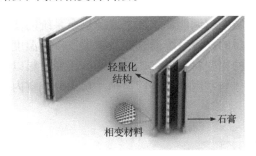

图 8-11　填充相变材料的建筑相变墙体

2. 通风相变墙体

在现有的相变墙体研究中，大多数相变材料以相变板或相变砖的形式存在于墙体中进而发挥热调节作用，该类型墙体可借助空气流通提升能效。图 8-12 所示为一种含有管式封装相变材料且与空气夹层结合的墙体结构，这种结构与现有的多数相变墙体相比较而言，空气夹层的存在增强了相变管与室内空气之间的对流换热，使得相变材料的潜热利用率增大，更有效地缓解了室内温度变化趋势，减小了室内负荷，采用空调等设备调节室内热环境时所耗电量更少。

墙体下部的进风口接有进气扇，新型相变墙体的对侧有电热膜以调整室内不同热源。当室内温度高于相变材料融化点时，相变材料开始融化并吸收储存大量潜热。当室内温度低于相变材料的凝固点时，室内空气从下部进风口进入空气夹层并与装有相变材料的铝管进行换热，相变材料逐渐凝固并释放出之前储存的热量，换热之后的空气从上部出风口进入室内，进而稳定了室内空气的波动。整个相变材料部分与基本的建筑墙体结合形成相变蓄热墙体。

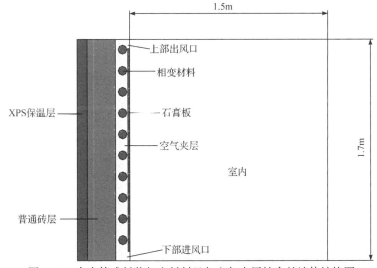

图 8-12　含有管式封装相变材料且与空气夹层结合的墙体结构图

3. 相变冷热墙辐射空调系统

图 8-13 为一种相变冷热墙辐射空调系统原理图，将相变蓄能技术、辐射空调末端、可再生能源有机结合，构建了一种相变冷热墙辐射空调系统，该系统以地源热泵为冷热源，在夜间低谷电价时段利用相变材料进行蓄能，然后白天直接将夜间所储存的能量释放到室内以满足建筑冷热负荷，减少空调能耗，加之地源热泵系统的使用，极大地减少了一次能源的消耗，达到了节能的目的。该系统通过冷热源提供一定温度的冷热水，冷热水进入置于墙内的盘管，与墙体内的相变材料进行热量交换。相变材料以相态变化的形式进行夜间蓄能、白天释能，通过墙体与室内空气进行换热，从而改变室内温度，起到夏季制冷、冬季供暖的作用。

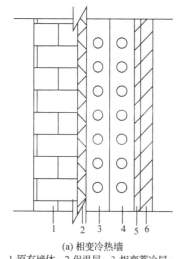 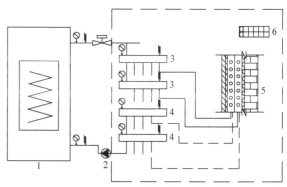

(a) 相变冷热墙　　　　　　　　　　　　　　　(b) 相变冷热墙辐射空调系统
1-原有墙体；2-保温层；3-相变蓄冷层；　　　　　1-地源热泵机组；2-循环水泵；3-分水器；
4-相变蓄热层；5-超导热纳米材料；6-水泥砂浆层　　　4-集水器；5-相变冷热墙系统；6-新风系统

图 8-13　相变冷热墙及相变冷热墙辐射空调系统

相变冷热墙由原有墙体、保温层、超导热纳米材料、相变蓄冷层、相变蓄热层、水泥砂浆层组成。将盘管分别敷设在相变蓄冷层、相变蓄热层中，相变材料浸润在盘管之间，充分接触。超导热纳米材料的主要成分为碳晶硅、活性炭，它的传热效果是普通金属材料的 6 倍，具有单向导热功能，在相变材料外敷设一层超导热纳米材料，使冷(热)量能够快速地传递到墙面，从而到达室内。保温层为热导率低、密度小的挤塑聚苯乙烯泡沫塑板，以此来最大限度地减少相变层向墙壁侧传导的热量损失。最后，在外层粉刷水泥砂浆，则形成了相变冷热墙。

对于夏季工况，夜晚为电网波谷，地源热泵机组 1 开启，利用低温的浅层地能提供所需的冷水，冷水进入室内分水器 3，然后进入相变冷热墙系统 5 的盘管内，使相变材料层降温，当温度降到相变温度时，相变材料开始凝固，并把大量的冷量存储在相变材料中，同时壁面温度降低，从而通过辐射换热降低室内的温度，为了防止结露以及维持室内空气新鲜度可开启新风系统 6。在室内温度降低的同时，相变冷热墙系统 5 内的冷水进入集水器 4，在循环水泵 2 的驱动下返回地源热泵机组 1 中，以此循环。在白天电网波峰时，关闭地源热泵机组 1，不再提供冷水，壁面温度和室内温度开始回升，当相变蓄冷层的温度上升到其相变点时，相变材料开始融化，之前储存起来的冷量被释放出来，缓解或降低壁面温度的升高，以使室内的温度波动减小，继续维持设计温度。对于冬季工况，利用高温的浅层地能提供所需的热水，使相变材料层升温，并把大量的热量存储在相变材料中，同时壁面温度升高，从而通过辐射换热升高室内的温度。

相变蓄能墙体系统(图 8-14)的热源包括太阳能集热器和空气源热泵两个部分。在冬季供暖情况下，以太阳能集热器为主，空气源热泵为辅，白天利用太阳能、夜间利用空气源热泵蓄能，满足全天供热要求。对于空气源热泵低温运行的除霜工况，利用相变围护结构的蓄热量除霜，不会影响室内温度波动与舒适性。在夏季供冷情况下，仅使用空气源热泵在夜间提供冷水并蓄冷，相变材料凝固放热；白天随着室内温度的升高，相变材料吸热融化。

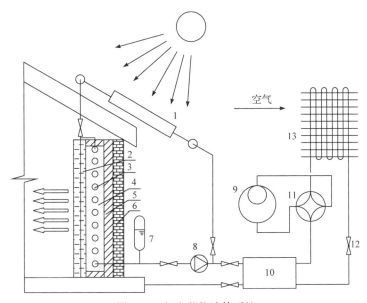

图 8-14　相变蓄能墙体系统
1-太阳能集热器；2-墙面层；3-毛细管；4-相变材料层；5-保温层；6-建筑墙体；7-定压罐；8-循环水泵；
9-压缩机；10-换热器；11-四通阀；12-膨胀阀；13-蒸发器或冷凝器

8.3.2　建筑相变地板和相变吊顶

1. 相变地板

相变地板将相变材料集成在地板中。图 8-15 所示为相变蓄冷辐射空调系统。相变蓄冷辐射空调系统由蓄冷空气源热泵、蓄冷循环水泵、新风循环水泵、新风风机、新风盘管、新风热泵、相变蓄能地板及控制系统组成。室内有新风机组和相变蓄能地板双末端，室外以蓄冷空气源热泵为夏季冷源。其控制原理如下：在晚间蓄冷时段，热泵正在开启期间，相变材料层内部温度高于融化起始点时保持运行，低于融化起始点时停止运行；在热泵关闭期间，相变材料层内部温度低于凝固起始点时停止运行，高于凝固起始点时开始运行。

图 8-16 所示为一种双层相变蓄能式地板辐射供冷/供暖末端系统，该系统将相变蓄能技术、地板辐射供冷技术、地板辐射供暖技术有机结合，能有效解决相变蓄能式地板辐射供暖系统在夏季仍须采用其他制冷设备满足供冷的问题，这降低了运行成本。

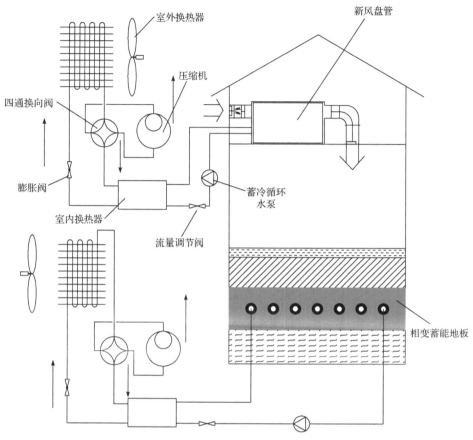

图 8-15　相变蓄冷辐射空调系统

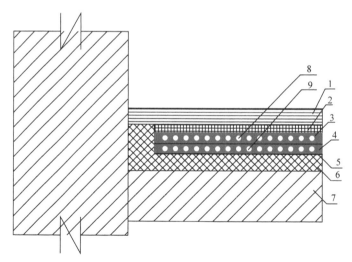

图 8-16　双层相变蓄能式地板辐射供冷/供暖末端系统

1-地板层；2-找平层；3-蓄热相变材料层；4-蓄冷相变材料层；5-反射膜；6-保温层；7-楼板层；
8-蓄热层毛细管网；9-蓄冷层毛细管网

　　双层相变蓄能式地板辐射供冷/供暖末端系统的地板结构从上到下分别为地板层、找平层、蓄热相变材料层、蓄冷相变材料层、反射膜、保温层以及楼板层。将蓄热层毛细管网铺设在蓄热相变材料层中，将蓄冷层毛细管网铺设在蓄冷相变材料层中，蓄热层毛细管网和蓄冷层毛细管网分别浸润在蓄热相变材料和蓄冷相变材料中。反射膜使用高反射率材料，起到反射以及阻隔辐射热量的作用，减少相变材料层与保温层之间的换热。保温层为热导率低、密度小的保温材料，以便减少相变材料层与楼板层之间的热量交换。

双层相变蓄能式地板辐射供冷/供暖末端系统具有两种运行模式。在冬季运行模式下，双层相变蓄能式地板辐射供冷/供暖末端系统在夜间利用低谷低价电驱动热泵机组制造热水，热水进入蓄热层毛细管网与蓄热相变材料发生传热，提高蓄热相变材料的温度，将热量储存在蓄热相变材料中，在蓄热过程结束后，蓄热相变材料将储存在其中的热量不断地释放到用户环境中，能在用户需要热量的白天将用户房间的温度维持在合适的范围，即夜间为蓄热过程，白天为放热过程。夏季运行模式下，双层相变蓄能式地板辐射供冷/供暖末端系统在夜间利用低谷低价电驱动热泵机组制造冷水，冷水进入蓄冷层毛细管网与蓄冷相变材料发生传热，降低蓄冷相变材料的温度，将冷量储存在蓄冷相变材料中，在蓄冷过程结束后，蓄冷相变材料将储存在其中的冷量不断地释放到用户环境中，以在用户需要冷量的白天将用户房间的温度维持在合适的范围，即夜间为蓄冷过程，白天为释冷过程。

2. 相变吊顶

相变吊顶系统工作原理为在夜间储存室外冷量并在白天释冷来降低室内温度。图 8-17 为夜间通风相变储能吊顶系统的原理图，该系统利用相变材料的蓄放冷特性进行夜晚蓄冷、白天释冷的过程。夜间，风机把室内冷空气输送到天花板空间的相变材料处，让其冷却固化，吸收冷量并储存起来，待室内需要制冷时，所储存的冷量便释放出来，调节室内的气温。图 8-18 所示为一种能利用室外低温空气的天花板相变材料控温系统，该系统需要加装一套空气处理机组以处理室外空气。

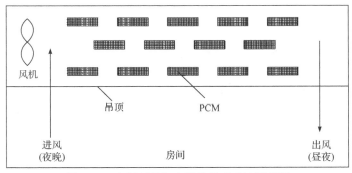

图 8-17　夜间通风相变储能吊顶系统原理图

8.3.3 储粮粮仓蓄冷控温

储粮粮仓是一种特殊的建筑,其内部温度对于粮食储藏影响巨大。当储粮温度低于 15℃ 时，粮食的呼吸作用和基础代谢会被明显抑制，同时害虫和微生物的生长繁殖基本停止，从而降低粮食陈化速度，减小虫害和霉变的发生概率。粮食的各项指标指数不会显著降低，可以保证粮食的营养物质和口感都在较高水平，还能延长粮食的安全储藏时间。因此，低温储藏(粮食平均温度<15℃，粮食局部最高温度<20℃)可以在粮仓长期储藏粮食时减少粮损，同时防止粮食品质劣化，保证粮食安全与品质。

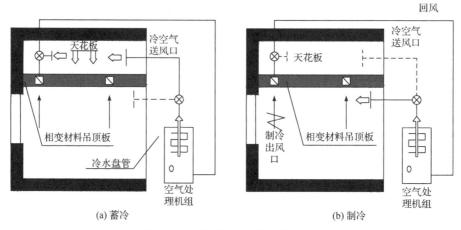

图 8-18　天花板相变材料控温系统

　　为了将粮温控制在低温储藏范围内，目前工程实践中常用的控温手段有两种，分别是机械制冷控温和冬季通风蓄冷。其中，机械制冷控温须使用制冷机和空调等冷却设备，能耗过大，产生费用较高，仅适合在夏季极端高温环境下短期开启，若全年开启，经济成本太高，难以推广。粮仓的冬季通风蓄冷是一种采用机械通风设备对仓内粮堆进行通风的手段，利用仓内机械通风系统，在低温季节将室外自然冷空气通入粮仓，对粮堆进行强制通风以快速降低粮食温度，工作方式如图 8-19 所示。将粮堆温度降低到低温储藏标准之下，然后封闭粮仓，利用粮仓围护结构的隔热性能和粮堆本身的热惰性，可有效维持粮食在粮仓内储藏期间尽可能长期的低温状态，从而确保粮食实现低温储藏，保证粮食品质，降低能耗。与机械制冷控温相比，冬季通风蓄冷充分利用了自然冷源，运行能耗低、费用低、环境负荷低，满足节能减排的环保理念，更加顺应低温储粮未来发展方向。

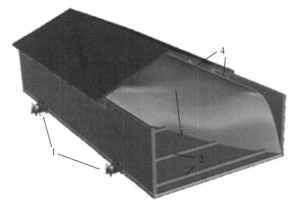

图 8-19　冬季通风蓄冷工作方式
1-通风机；2-通风地笼管道；3-散装粮堆；4-排风窗

　　冬季通风蓄冷往往与夏季内环流空气循环技术结合共同控温，更高效地利用冬季蓄冷量并提升粮仓内全年的温度均匀性。内环流控温是通过环流系统将通风系统和粮堆组成一个回路，将粮堆中的低温空气通过保温环流管道送入仓内空间，通过控制仓温从而间接降低表层粮温的。内环流系统空气循环方式：空间→粮堆→支风道→主风道→管道→空间，如图 8-20 所示。

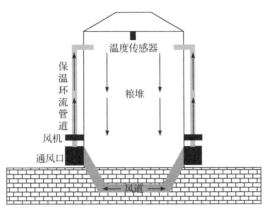

图 8-20　内环流系统空气循环方式

8.4　地下工程蓄冷技术及应用

地下工程是指深入地面以下，为开发利用地下空间资源所建造的地下土木工程。它包括地下房屋和地下建筑物，如地下铁道、公路隧道、水下隧道、地下共同沟和过街地下通道等。

8.4.1　隧道降温

1. 浅埋隧道

地铁隧道是典型的浅埋隧道。我国城市轨道交通发展迅速，截至 2023 年，运营里程达 10165.7km。地铁运行后，由于列车行驶、机器设备运行产生大量热量，部分热量通过通风系统排出隧道，一部分储存在岩土体内。地铁长期运营后，地铁隧道内会出现热堆积问题。地铁隧道内热堆积问题一方面增大地铁环控系统能耗，另一方面造成列车空调设备故障，影响地铁正常运营。地铁运营过程中，环控系统能耗约占整个地铁运行能耗的一半，封闭式区间隧道冷负荷占地铁总负荷的 75%左右。因此，解决隧道内热堆积问题对创造舒适的地铁环境、保障地铁正常运营并降低环控系统能耗具有重要意义。

地铁隧道岩土体取热蓄冷系统由取热蓄冷总成、总进出水管、水泵、热泵、建筑供暖或生活热水系统组成，如图 8-21 所示。其工作原理如下：冬季或过渡季节时，通过隧道管片中的热交换管将地表低温水的冷量传递到地铁隧道岩土体中。地铁隧道岩土体作为大型蓄冷体，可容纳大量冷量，当冷量通过热交换管传递到岩土体时，岩土体温度逐渐降低，系统结束运行后，隧道岩土体将低于原始地温。夏季地铁隧道内部通常因天气炎热而升温，此时可利用岩土体中储存的冷量吸收隧道内部热量。同时，冬季或过渡季节取热蓄冷时所取得热量经热泵提升后，可用于周围建筑物供暖或生活热水中。

2. 深埋隧道

深埋隧道是指埋深较深超过 50m 的隧道。近年来，随着我国交通网络的不断发展和完

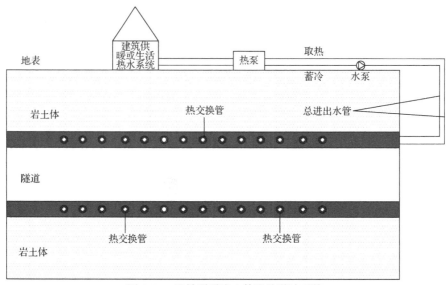

图 8-21　地铁隧道岩土体取热蓄冷系统

善，深度大于 1000m、长度超过 10km 的超深埋、超长隧道与日俱增。超深埋、超长隧道在我国西南部山岭地区尤为众多，隧道建设过程中常常会面临高岩温热害的难题。一般情况下，高岩温产生的原因主要有隧道长度较长、埋深较深以及隧道位于板块构造复杂区域、穿越地温异常构造带。根据《铁路隧道工程施工安全技术规程》要求，隧道内部环境温度不得高于 28℃。隧道内高温环境会对施工人员的安全、工作效率、隧道衬砌结构、建筑材料和机械设备等造成不利的影响。

　　隧道为线形结构，一般会穿越不同埋深地层和地质构造带，埋深的变化和地温异常会导致隧道内产生显著的地温差。地温差既可用于寒区隧道加热防冻，也可用于高岩温隧道冷却降温。隧道相变蓄冷降温技术即是受此启发，将地热能利用技术与相变储能技术有机结合，利用隧道地热能衬砌换热器将高岩温隧道低地温区段的围岩浅层地热能存储于相变板内，用于高地温区段的洞内空气降温，具体的工作原理如图 8-22 所示。在隧道低地温区

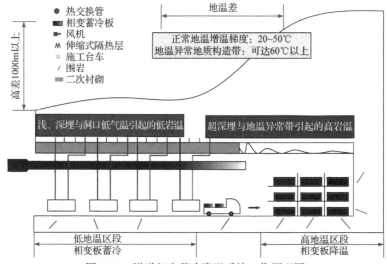

图 8-22　隧道相变蓄冷降温系统工作原理图

段的衬砌上布置热交换管，与相变板内的热交换管路连接，通过管内的传热循环介质将浅层地热能存储于相变板内，将其运至高地温区段，按需布设于施工台车、洞壁及地面，实现分散立体式降温。

图 8-23 所示为自然制冰矿井降温循环系统，系统由地面自然制冰蓄冰装置、含水层地下水循环系统和井下降温系统 3 部分组成。自然制冰矿井降温循环系统的原理为：在含水层中开凿热水井，冬季从热水井中抽出热水释放到冷却池中，冷却后的水经地面自然制冰装置换热制冰，制成的冰块储存在蓄冰装置中实现储冷；在夏季，当矿井需要降温时，将蓄冰装置中的冰块融在冷水中经管道输送至井下高温工作面，给井下高温工作面提供冷量，放热后的冷却水再次输送到热水井中，实现地表水的循环利用。

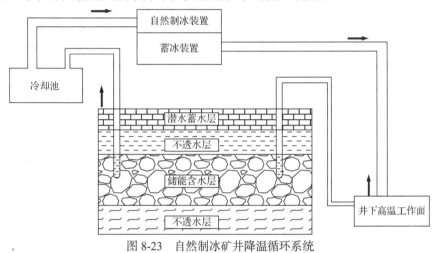

图 8-23　自然制冰矿井降温循环系统

图 8-24 所示为一种矿井移动式冰蓄冷空调，包括风系统和冰水系统两部分。其工作原理为：制冷站制取(或购买商品冰块)片冰或拳头块状冰装于储冰箱内，通过矿上运输系统用平板车将储冰箱运至轨道顺巷的发电站进风前端，与空调泵车管道相连，回水经冰融化降温后通过供水水泵加压后输送至空调器，热交换后温度升高的回水回至保温箱循环使用，多余的水经管道输送至工作面高效雾化喷嘴，经喷嘴雾化后喷入局部巷道断面对空气降温除湿；进风巷道部分热湿空气经风扇加压后用柔性风筒送至空调器降温，然后冷空气流至工作面，实现降温工作，为工作面提供良好的工作热湿环境。

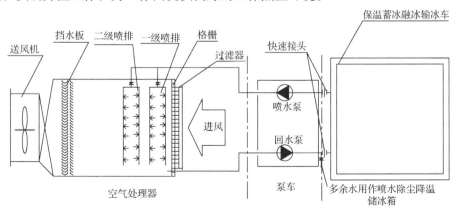

图 8-24　矿井移动式冰蓄冷空调

8.4.2　井下避险

矿难一旦发生，伴随着的就是停电。煤炭开采工作主要在井下进行，矿工随时面临着瓦斯爆炸、煤尘起火、自然发火、水害、顶板坍塌、地质松动等事故造成的危险，因此煤炭开采必须配备相应的井下紧急避险设施。井下紧急避险设施是指在井下发生灾害事故时，为无法及时撤离的遇险人员提供生命保障的密闭空间。该设施对外能够隔绝有毒有害气体，对内提供氧气、食物、水，去除有毒有害气体，抵御高温烟气，保证相对的热舒适性，创造生存基本条件，为应急救援创造条件、赢得时间。

紧急避险设施主要包括永久避难硐室、临时避难硐室、可移动式救生舱(图 8-25)。永久避难硐室是指设置在井底车场、水平大巷、采区(盘区)避灾路线上，具有紧急避险功能的井下专用巷道硐室，服务于整个矿井、水平大巷或采区。临时避难硐室是指设置在采掘区域或采区避灾路线上，具有紧急避险功能的井下专用巷道硐室，主要服务于采掘工作面及其附近区域。可移动式救生舱是指可通过牵引、吊装等方式实现移动，适应井下采掘作业地点变化要求的避险设施。《煤矿井下紧急避险系统建设管理暂行规定》对于紧急避险设施内部的温度有着明确的规定：在无任何外界支持的情况下，额定防护时间(96h)内室温不高于 35℃，湿度不大于 85%。

(a) 避难硐室　　　　　　　　　　　　　　　(b) 可移动式救生舱

图 8-25　避难硐室和可移动式救生舱

鉴于井下紧急避险设施的特殊性，运用于其中的降温系统需要满足以下四个条件。

(1) 无源。事故发生后，紧急避险设施外部电力传输可能中断。若使用蓄电池供电，则需要一个大功率本安蓄电池，而目前市面上并没有足够大功率的本安蓄电池，因此设计的降温系统需要是无源或是低功耗的系统。

(2) 安全。紧急避险设施本身就是提供安全避难的场所，因此降温系统也必须做到本质安全，即使发生一般的误操作，也不会损伤避难人员。

(3) 稳定。井下矿工在逃入紧急避险设施后会产生一定的恐慌心理，温度的大幅波动会使人员散热增多、体温升高，从而加剧这一心理，进而胡思乱想，严重时诱发精神失常，极大威胁所有矿工的生命安全，因此必须将温度控制在稳定范围内，防止温度出现较大波动。

(4) 可靠。紧急避险设施的额定防护时间为 96h，因此控温系统需要保证在 96h 内都能正常可靠的运行，不能因任何原因出现停止运行的状况。

1. 救生舱

矿用救生舱的降温设备系统是矿用救生舱生命保障系统的关键系统之一。其功能定位为在外界断电情况下，为进入救生舱内的逃生人员提供临时的温度生存环境。救生舱的外部尺寸、通风口截面以及管道布置会受到救生舱整体结构外形的约束，与其他设备设施共同构成比较复杂的内部环境，在外部高温环境、内部避难矿工人体散热和舱内设备设施产热的综合作用下舱内温度会上升较快，其温度场分布也较为复杂，这会对救生舱中的避难矿工带来严重的生命威胁。目前，已有救生舱使用蓄冷技术并且效果良好。

图 8-26 所示为一种用于救生舱的二次循环冰蓄冷空调系统，二次循环形式可将蓄冰槽与生活舱隔离，制冰机组管路布置于蓄冰槽内循环制冰，形成一次循环，乙二醇溶液循环管路布置于蓄冰槽及生活舱内，通过电机带动形成二次循环，将蓄冷量带至生活舱内，舱内换热管路依靠舱内风机形成舱内环境温度换热效果，从而控制舱内环境温湿度在合理范围内。该方式不仅降低了系统的体积从而增加了生活舱内人员的活动空间，其舱内换热器体积较蓄冰槽小很多，而且在一次循环管路出现故障的情况下，制冷介质的泄漏对舱内人员的安全没有任何影响。

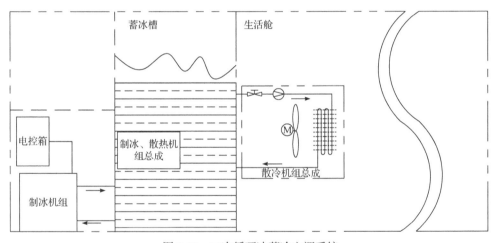

图 8-26　二次循环冰蓄冷空调系统

图 8-27 所示为一种降温设备系统，该系统由矿用防爆型压缩机、矿用防爆风机、矿用防爆型控制柜、蓄冷柜、气液分离器、矿用防爆型电磁阀等组成。蓄冷柜内温度控制由温度传感器通过矿用防爆型控制柜控制。蓄冷柜采用分体式结构以防止蓄冷膨胀变形，内部设置倾斜风道，并设置冷凝水槽回收凝结水。在矿难发生断电的情况下，矿用防爆型压缩机停止工作或者因爆炸等原因故障或摧毁，此时，蓄冷系统投入工作，保障舱内温度维持在人体生存可以承受的水平，蓄冷能力一般维持 3～4 天时间。

2. 避难硐室

图 8-28 所示为一种适用于矿井避难硐室的围岩蓄冷-相变蓄热耦合降温方法,其基本原理是：平时利用矿井周围的冷源预先对硐室内部进行通风降温，并选择合适温度的相变材料封装成相变单元，布置在避难硐室内；在避难时充分利用相变材料的潜热蓄热能力和围岩的释冷能力进行控温，达到综合控制硐室内温度的目的。

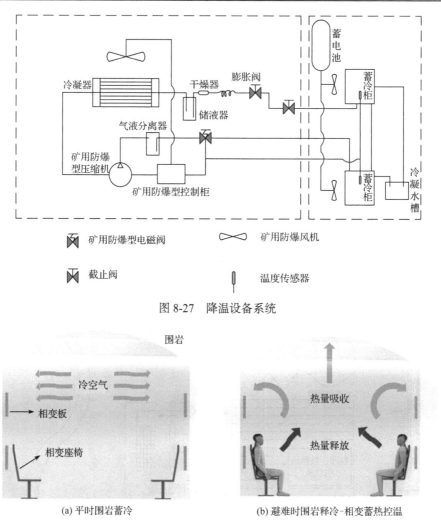

图 8-27　降温设备系统

(a) 平时围岩蓄冷　　(b) 避难时围岩释冷-相变蓄热控温

图 8-28　围岩蓄冷-相变蓄热耦合降温方法

　　基于围岩蓄冷与相变蓄热相结合的耦合降温方法的系统主要由以下部件构成：冷源、风机、压风管道、过滤装置、送风口、自动泄压阀、相变降温装置及相应配件，图 8-29 为围岩蓄冷-相变蓄热耦合降温系统示意图。该系统的运行流程包括两个阶段：平时围岩蓄冷阶段以及避难时相变蓄热-围岩释冷降温阶段。围岩蓄冷阶段，启动系统风机，利用硐室内的通风管道将低温空气经管道送入室内进行通风降温，实现围岩蓄冷过程。为节约能源、方便管理，蓄冷过程可以采用间歇蓄冷模式。相变材料可以选择安全无污染的常温相变材料，如熔点在室温附近的水合无机盐、石蜡等，封装成相变板挂在墙壁或制成相变座椅置于避难硐室内，相变装置外板可采用金属板材，增大其导热速率。避难时，系统风机处于关闭状态，人员进入矿井避难室后不断散发出热量、CO_2 并消耗氧气。室内除湿装置开始工作，人体散发的热量以及设备散发的热量在硐室内累积，使得室内温度开始上升。当室内温度上升到超过相变温度时，相变材料开始蓄热，进一步控制室内温度的上升。因此在避难时，耦合降温系统控温全程均为被动式控温，无须任何操作即可控制硐室内的温度在规定的范围内。

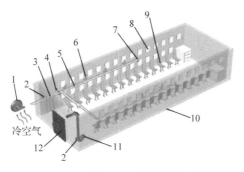 

图 8-29　围岩蓄冷-相变蓄热耦合降温系统示意图

1-风机；2-阀门；3-三级过滤器；4-减压阀；5-压风管道；6-带消音器送风口；7-法兰；8-相变板；
9-相变座椅；10-围岩；11-自动泄压阀；12-密闭门

图 8-30 所示为采用蓄冰板的避难硐室，为了保持避难硐室内温度"20～30℃"并能持续 96h 的释冷效果，设计的释冷方案如下：第一阶段，事故发生后，避难人员全部进入避难硐室，开始布置第一批蓄冰板(10 块蓄冰板)，并释冷至 11.5h，此阶段室内的初始空气温度为 28℃，当空气温度达 30℃左右时，停止这 10 块蓄冰板的释冷，更换另一批蓄冰板；第二阶段，11.5～23h，此阶段室内的初始空气温度为 30℃，放置 10 块蓄冰板进行释冷，当空气温度再次达到 30℃左右时，停止这 10 块蓄冰板的释冷，更换另一批蓄冰板；重复第二阶段 6 次，最后一个阶段释冷时间为 15.5h，经 15.5h 的模拟计算，最后时刻监测点的平均温度为 33.11℃，可保证不超过避难硐室内的设计极限温度 35℃。

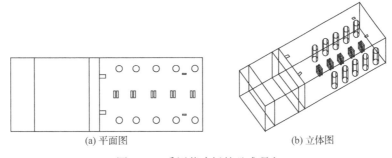

(a) 平面图　　　　　　　　　　(b) 立体图

图 8-30　采用蓄冰板的避难硐室

本 章 小 结

本章介绍了蓄冷技术在其他领域的应用。在纺织工业领域，重点介绍了采用蓄冷技术的降温服的原理、制备、测试表征以及面临的挑战。在数据中心蓄冷冷却方面，主要介绍了水蓄冷和冰蓄冷的原理、应用以及三种常见的蓄冷装置。在建筑蓄冷领域，区别于第 6 章的主动式蓄冷技术，主要介绍了被动式蓄冷技术以及主被动结合的混合式蓄冷技术，可将蓄冷技术集成在建筑墙体、地板、天花板并与可再生能源驱动的热力系统相结合，提高建筑制冷效率。在地下工程蓄冷方面，由于地下工程对制冷的特殊需求，将蓄冷技术应用于隧道降温和井下避险目前已得到大量应用。

课 后 习 题

8-1 蓄冷降温服调温的原理是什么？蓄冷材料在调温过程中会发生哪些变化？

8-2 蓄冷降温服在应用过程中会面临哪些问题？

8-3 数据中心水蓄冷技术与冰蓄冷技术的基本原理是什么？

8-4 储粮粮仓蓄冷控温技术为什么要结合内环流控温技术？

8-5 建筑控温采用主动和被动技术结合有什么优势？

8-6 地下工程蓄冷技术有哪些特点？

参 考 文 献

卜凡秀, 张明光, 孟祥喜, 等, 2015. 自然制冰蓄冷在矿井降温中的应用[J]. 煤炭技术, 34(12): 158-160.

蔡李花, 谷通顺, 王明强, 等, 2019. 矿用救生舱蓄冷型降温系统研究[J]. 煤炭技术, 38(7): 190-193.

曹海山, 2022. 热电制冷技术进展与展望[J]. 制冷学报, 43(4): 26-34.

陈欢, 2023. 冷链物流末端蓄冷式多温共配模式研究[D]. 广州: 广州大学.

陈俊文, 王瑜, 魏玲, 2023. 应用热管技术的集合风冷与真空冷却的果蔬预冷保鲜系统及方法: 中国, CN114190429B[P]. 2023-05-26.

崔艳琦, 龚方方, 张燕妮, 等, 2016. 相变材料(PCM)在建筑节能中的应用研究进展[J]. 新型建筑材料, 43(8): 26-29.

戴松元, 古丽米娜, 王景甫, 等, 2018. 太阳能转换原理与技术[M]. 北京: 中国水利水电出版社.

丁绪东, 2009. 基于模型的蒸汽压缩式循环系统的优化[D]. 济南: 山东大学.

段新昌, 2024. 管壳式换热器的发展现状及趋势[J]. 中国石油和化工标准与质量, 44(11): 93-95.

方贵银, 等, 2018. 蓄能空调技术[M]. 2 版. 北京: 机械工业出版社.

方玉堂, 康慧英, 张正国, 等, 2007. 聚乙二醇相变储能材料研究进展[J]. 化工进展, 26(8): 1063-1067.

冯旭东, 2010. 蓄水槽的形状因素对自然分层水蓄冷影响的模拟分析[J]. 节能, 29(11): 37-40.

葛凤华, 蔡鸿志, 张源, 2024. 基于 TRNSYS 的主动式建筑相变蓄冷空调系统模拟[J]. 江苏大学学报(自然科学版), 45(3): 330-336, 345.

官永忠, 彭亚平, 裴增辉, 等, 2020. 浅圆仓储粮内环流控温试验[J]. 粮油仓储科技通讯, 36(3): 26-29.

郭晨露, 2018. 西安某商城冰蓄冷空调负荷预测与多目标优化运行研究[D]. 西安: 西安建筑科技大学.

郭娟利, 徐贺, 刘刚, 2017. 相变材料与建筑围护结构蓄能一体化设计及应用[J]. 建筑节能, 45(10): 38-42, 55.

何军, 2007. 建筑节能与冰蓄冷空调研究[D]. 上海: 上海交通大学.

蒋琼艳, 2023. 板式换热器结构优化及传热流动特性分析[D]. 济南: 山东大学.

柯莹, 张海棠, 2020. 降温服的研究现状及发展趋势[J]. 服装学报, 5(1): 40-46.

赖正祥, 2023. 水合物相变蓄冷特性及中试系统研究[D]. 郑州: 郑州轻工业大学.

李连生, 2011. 制冷剂替代技术研究进展及发展趋势[J]. 制冷学报, 32(6): 53-58.

李楠, 曹红奋, 2012. 小型冰蓄冷空调研究[J]. 制冷, 31(2): 1-5.

李少华, 王丽伟, 廖明俊, 等, 2017. 碟式太阳能集热器热流密度分布特性[J]. 热力发电, 46(9): 78-82.

李先庭, 李寒春, 石文星, 2007. 基于设计周期负荷的冰蓄冷系统设计[J]. 暖通空调, 37(5): 83-88.

李晓燕, 樊博玮, 董庆鑫, 等, 2022. 一种利用压力喷射冷冻食品液流化速冻装置: 中国, CN215951894U[P]. 2022-03-04.

刘晨敏, 2021. 冷链物流用复合相变蓄冷材料研究进展[J]. 化工新型材料, 49(2): 16-19.

刘坤, 2018. 建筑空调负荷预测及水蓄冷空调系统控制技术研究[D]. 北京: 北京建筑大学.

刘萌, 2023. 太阳能和余热互补的新型混合吸收式制冷系统研究[D]. 北京: 华北电力大学.

刘启明, 高朋, 魏俊辉, 等, 2019. 典型气候区典型建筑负荷特性研究[J]. 建筑节能, 47(4): 47-50, 55.

刘树, 2014. 蓄冰板在避难硐室中应急释冷方案的研究[D]. 天津: 天津大学.

刘星月, 吴红斌, 2015. 太阳能综合利用的冷热电联供系统控制策略和运行优化[J]. 电力系统自动化, 39(12): 1-6.

陆耀庆, 2008. 实用供热空调设计手册[M]. 2 版. 北京: 中国建筑工业出版社.

吕振海, 2021. 一种满液式蒸发器的性能研究[J]. 制冷, 40(1): 61-65.

马冰奇, 2016. 相变蓄冷技术在食品冷链中的应用与进展[J]. 制冷, 35(3): 79-83.

马国远, 高磊, 刘帅领, 等, 2023. 制冷空调用换热器研究进展[J]. 制冷与空调, 23(4): 88-100.

邱天德, 刘杰, 黄宝龙, 等, 2018. 矿井局部降温系统设计研究[J]. 建井技术, 39(3): 21-24, 57.

任承钦, 王华辉, 张龙爱, 等, 2007. 板式间接蒸发冷却器热工特性的实验研究[J]. 热科学与技术, 6(4): 331-335.

盛伟, 郑海坤, 王强, 等, 2013. 蓄冷型矿用可移动救生舱降温系统性能实验[J]. 制冷学报, 34(1): 94-96.

宋佳, 2022. 新型水合物蓄冷工质及其形成特性实验研究[D]. 苏州: 苏州科技大学.

宋哲, 胡博文, 苟盼, 等, 2024. 干式蒸发器制冷剂分配与传热性能研究[J]. 制冷, 43(2): 65-69.

孙东亮, 王良璧, 2004. 含扭曲带管内流动与传热的数值模拟[J]. 化工学报, 55(9): 1422-1427.

孙婉纯, 2020. 基于水合无机盐复合相变材料的主动与被动耦合型建筑节能研究[D]. 广州: 华南理工大学.

谭羽非, 陈家新, 2003. 新型不锈钢波纹管性能及强化传热的实验研究[J]. 热能动力工程, 18(1): 47-49, 107.

汤磊, 曾德森, 凌子夜, 等, 2023. 相变蓄冷材料及系统应用研究进展[J]. 化工进展, 42(8): 4322-4339.

田金钞, 刘莹, 臧梁, 等, 2023. 不同解冻方式对水产品品质影响研究进展[J]. 食品研究与开发, 44(12): 204-210.

汪先送, 赵夫峰, 罗羽钊, 2023. 热泵平行流换热器结构参数对换热性能的影响[J]. 制冷与空调, 23(5): 72-79.

王洪利, 赵乾辉, 梁精龙, 等, 2023. 冷壁表面液滴冻结过程的数值模拟[J]. 化学工程, 51(11): 67-72.

王乃继, 朱承磊, 李美军, 2024. 水平管降膜换热器性能规律研究进展[J]. 科学技术与工程, 24(3): 879-896.

王全福, 苏德权, 王方, 2011. 内融冰式蓄冰管传热特性数值分析[J]. 低温建筑技术, 33(8): 110-112.

王如竹, 王丽伟, 吴静怡, 2007. 吸附式制冷理论与应用[M]. 北京: 科学出版社.

王文楷, 董震, 赖艳华, 等, 2020. 相变储能材料的研究与应用进展[J]. 制冷与空调, 34(1): 91-103.

王旭, 2023. 气候变化条件下计及源-荷不确定性的综合能源系统运行优化研究[D]. 北京: 华北电力大学.

王雅博, 尹玉成, 刘兴华, 等, 2023. 冷库空气幕气流组织优化及冷风渗透实验[J]. 制冷学报, 44(2): 137-143.

王吟啸, 张学伟, 盖东兴, 2024. 水蓄冷空调系统运行策略的分析[J]. 节能, 43(5): 23-26.

韦新东, 王禹崴, 张天阳, 等, 2022. 冰蓄冷空调系统的研究现状[J]. 吉林师范大学学报(自然科学版), 43(4): 82-88.

吴凯东, 2010. 干式蒸发器强化传热与节能研究[D]. 广州: 华南理工大学.

吴丽媛, 宋文吉, 高日新, 等, 2012. 基于板式冰蓄冷的冷藏库恒温特性的实验研究[J]. 制冷学报, 33(5): 66-69.

吴喜平, 2000. 蓄冷技术和蓄热电锅炉在空调中的应用[M]. 上海: 同济大学出版社.

吴业正, 朱瑞琪, 曹小林, 等, 2015. 制冷原理及设备[M]. 4版. 西安: 西安交通大学出版社.

吴元昊, 张国柱, 操子明, 等, 2023. 隧道相变蓄冷降温技术[J]. 现代隧道技术, 60(6): 80-90.

吴泽江, 庞峰, 蒋能飞, 等, 2023. 冰蓄冷系统应用评估与策略[J]. 制冷, 42(2): 24-29.

吴泽江, 王瑶, 2023. 某办公项目冰蓄冷系统设计分析[J]. 制冷与空调, 37(5): 732-736.

肖涛, 徐锋, 刘利云, 等, 2014. 冰蓄冷空调在矿用救生舱中的应用[J]. 中国矿业, 23(11): 152-155.

肖鑫, 2015. 多孔基相变蓄能材料的热质传递现象和机理研究[D]. 上海: 上海交通大学.

薛倩, 王晓霖, 李遵照, 等, 2021. 水合物利用技术应用进展[J]. 化工进展, 40(2): 722-735.

杨百昌, 何子宏, 王新南, 等, 2017. 液态食品速冻方法、液态食品速冻设备及速冻食品: 中国, CN107027882A[P]. 2017-08-11.

杨宇飞, 袁卫星, 2012. 光伏直接驱动的蒸汽压缩式制冷系统仿真[J]. 太阳能学报, 33(9): 1553-1559.

姚曙光, 夏才初, 2024. 地铁隧道岩土体取热蓄冷系统的效果及参数分析[J]. 施工技术(中英文), 53(5): 83-89.

游辉, 谢晶, 2021. 低温相变蓄冷材料及其应用于冷链的研究进展[J]. 食品与发酵工业, 47(18): 287-293.

于航, 2007. 空调蓄冷技术与设计[M]. 北京: 化学工业出版社.

余铭, 梁钻好, 陈海强, 等, 2022. 低频电场冰温保鲜对虾的水分迁移规律及品质变化的影响[J]. 食品工业科技, 43(19): 372-378.

张峰, 侯占魁, 罗奕臻, 2020. 基于负荷预测的冰蓄冷空调系统的优化运行策略[J]. 制冷与空调, 20(9): 65-70.

张丽影, 毕月虹, 李召金, 等, 2024. 太阳能吸收式制冷系统及其蓄能技术研究[J]. 制冷与空调, 24(4): 12-23, 32.

张琳邡, 纪河, 2016. 矿井移动式冰蓄冷空调的应用研究[J]. 科技创新与应用(8): 29-30.

张玲玲, 陶乐仁, 2012. 喷射式制冷的发展研究现状[J]. 制冷与空调(四川), 26(5): 504-510.

张娜, 2016. 冰蓄冷空调融冰过程模拟与评价[D]. 秦皇岛: 燕山大学.

张奇, 李永哲, 刘铠, 2023. 板式换热器结构原理和检修方法研究[J]. 中国设备工程(21): 170-172.

张群力, 狄洪发, 2012. 相变材料蓄能式吊顶辐射供冷系统热性能模拟研究[J]. 建筑科学, 28(10): 88-92.

张鑫, 赵晓莉, 杨晓伟, 2024. 离子热循环: 高效制冷技术的新突破[J]. 科学通报, 69(7): 815-822.

章学来, 2006. 空调蓄冷蓄热技术[M]. 大连: 大连海事大学出版社.

张寅平, 1997. 冰蓄冷研究的现状与展望[J]. 暖通空调(6): 27-32.

赵庆珠, 等, 2012. 蓄冷技术与系统设计[M]. 北京: 中国建筑工业出版社.

ARAMESH M, SHABANI B, 2022. Metal foam-phase change material composites for thermal energy storage: a review of performance parameters[J]. Renewable and sustainable energy reviews, 155: 111919.

CABEZA L F, CASTELL A, BARRENECHE C, et al., 2011. Materials used as PCM in thermal energy storage in buildings: a review[J]. Renewable and sustainable energy reviews, 15(3): 1675-1695.

HAN L, WANG M J, JIA X M, et al., 2018. Uniform two-dimensional square assemblies from conjugated block copolymers driven by π-π interactions with controllable sizes[J]. Nature communications, 9(1): 865.

HU X W, ZHANG Y F, WEI L L, et al., 2013. Calculation on energy saving potential of a new dry-type air-conditioning system[J]. Advanced materials research, 756: 4388-4393.

JIA L Z, WEI S, LIU J J, 2021. A review of optimization approaches for controlling water-cooled central cooling systems[J]. Building and environment, 203: 108100.

LI C C, PENG M C, XIE B S, et al., 2024. Novel phase change cold energy storage materials for refrigerated transportation of fruits[J]. Renewable energy, 220: 119583.

LI C J, HOU J, WANG Y R, et al., 2023. Dynamic heat transfer characteristics of ice storage in smooth-tube and corrugated-tube heat exchangers[J]. Applied thermal engineering, 223: 120037.

LING Z Y, LI S M, CAI C Y, et al., 2021. Battery thermal management based on multiscale encapsulated inorganic phase change material of high stability[J]. Applied thermal engineering, 193: 117002.

LIU L, ZHANG X L, XU X F, et al., 2021. Development of low-temperature eutectic phase change material with expanded graphite for vaccine cold chain logistics[J]. Renewable energy, 179: 2348-2358.

LIU Y S, YANG Y Z, 2017. Preparation and thermal properties of $Na_2CO_3 \cdot 10H_2O$-$Na_2HPO_4 \cdot 12H_2O$ eutectic hydrate salt as a novel phase change material for energy storage[J]. Applied thermal engineering, 112: 606-609.

OUIKHALFAN M, SARI A, CHEHOUANI H, et al., 2019. Preparation and characterization of nano-enhanced myristic acid using metal oxide nanoparticles for thermal energy storage[J]. International journal of energy research, 43(14): 8592-8607.

PENG H, LIU L, LING X, et al., 2016. Thermo-hydraulic performances of internally finned tube with a new type wave fin arrays[J]. Applied thermal engineering, 98: 1174-1188.

SHICHIRI T, NAGATA T, 1981. Effect of electric currents on the nucleation of ice crystals in the melt[J]. Journal of crystal growth, 54(2): 207-210.

SONG Y L, ZHANG N, JING Y G, et al., 2019. Experimental and numerical investigation on dodecane/expanded graphite shape-stabilized phase change material for cold energy storage[J]. Energy, 189: 116175.

WEN M Y, HO C Y, 2009. Heat-transfer enhancement in fin-and-tube heat exchanger with improved fin design[J]. Applied thermal engineering, 29(5-6): 1050-1057.

WU Y P, WANG T, 2014. Preparation and characterization of hydrated salts/silica composite as shape-stabilized phase change material via sol-gel process[J]. Thermochimica acta, 591: 10-15.

XIAO X, ZHANG P, LI M, 2013. Preparation and thermal characterization of paraffin/metal foam composite phase change material[J]. Applied energy, 112: 1357-1366.

XU X Y, CHANG C, GUO X X, et al., 2023. Experimental and numerical study of the ice storage process and material properties of ice storage coils[J]. Energies, 16(14): 5511.